U0184131

群体科学家在遗传密码领域的贡献

孙咏萍　著

知识产权出版社
全国百佳图书出版单位
—北京—

图书在版编目（CIP）数据

群体科学家在遗传密码领域的贡献 / 孙咏萍著. —北京：知识产权出版社，2024. 1
ISBN 978-7-5130-9018-6

Ⅰ. ①群… Ⅱ. ①孙… Ⅲ. ①遗传密码 Ⅳ. ①Q755

中国国家版本馆 CIP 数据核字（2023）第 233604 号

内容提要

本书介绍了 10 位在遗传密码领域的杰出科学家及其理论观点、历史贡献和所获荣誉。本书有自己独特的体例——每章都有引言、正文、总结、扩展阅读及参考文献。

本书试图再现科学家群体在遗传密码领域从事科学研究活动的历史图景，凝练科学家们的研究风格、特征及被誉为自身主宰的科学精神，进而使读者获得启示与激励。

责任编辑：彭喜英　　　　**责任印制**：孙婷婷

群体科学家在遗传密码领域的贡献

QUNTI KEXUEJIA ZAI YICHUAN MIMA LINGYU DE GONGXIAN

孙咏萍　著

出版发行：知识产权出版社有限责任公司	网　　址：http://www.ipph.cn
电　　话：010－82004826	http://www.laichushu.com
社　　址：北京市海淀区气象路 50 号院	邮　　编：100081
责编电话：010－82000860 转 8539	责编邮箱：laichushu@cnipr.com
发行电话：010－82000860 转 8101	发行传真：010－82000893
印　　刷：北京中献拓方科技发展有限公司	经　　销：新华书店、各大网上书店及相关专业书店
开　　本：720mm×1000mm　1/16	印　　张：16.25
版　　次：2024 年 1 月第 1 版	印　　次：2024 年 1 月第 1 次印刷
字　　数：271 千字	定　　价：98.00 元

ISBN 978-7-5130-9018-6

序　言

诺贝尔物理学奖获得者温伯格（S. Weinberg，1933—2021）曾在《终极理论之梦》讲述了对自然的统一理论的伟大追求——一个能解释从原子内部的联结到天体间彼此吸引等不同的力的理论，他希望找到解释宇宙一切现象的几条最基本的规律去圆一个“终极理论”之梦。在化学领域，科学家曾不懈寻找一切元素共同遵循的统一法则。在元素周期律的指导下，利用元素之间的一些规律性知识来分类学习物质的性质，就使化学学习和研究变得有规律可循。现在，化学家们已经能利用各种先进的仪器和分析技术对化学世界进行微观的探索，并正在探索利用纳米技术制造出具有特定功能的产品，使化学在材料、能源、环境和生命科学等研究上发挥越来越重要的作用。

相应地，在生物学领域，DNA 双螺旋结构的阐明、“遗传密码”的破译和中心法则的提出，奠定了人们从分子水平进行生物学研究的理论基础，促进了分子生物学、生物物理学和基因工程的飞速发展。无论是追求自然科学的“大统一”性，还是各学科内理论体系在本质上的深层次考察都体现了沉浸其中的专家学者们治学穷理的初衷。本书试图再现科学家群体在遗传密码领域从事科学研究活动的历史图景，凝练科学家们的研究风格、特征及被誉为自身主宰的科学精神，进而获得启示与激励。在此，首先需要澄清三个重要的问题：其一是“遗传密码”的重要地位；其二是遗传密码研究的重要价值；其三是在遗传密码研究中，人的重要作用与影响。为了回答这三个问题，下面将从研究背景（包括文献综述）、研究意义、内容和目标、研究方法层面总体阐述研究概况。

一、研究背景

世纪之交，生物界曾发生过两件轰动全球的大事。第一件当属哺乳动物克隆技术的出现——克隆羊多利诞生，而另一件则是堪比阿波罗计划的人类基因组计划（Human Genome Project）。这两件震惊全球的大事将生命科学推到风口浪尖，才有了那句“21 世纪是生命科学的世纪”。2000 年 6 月 26 日，参与国际人类基因组计划的六国，美国、英国、德国、日本、法国、中国联合宣布，人类基因组工作框架图已绘制完成，这是人类历史上“值得载入史册的一天”。2001 年 8 月 26 日，国际人类基因组计划中国版部分“完成图”提前两年高质量完成绘制。其中，文特尔（C. Venter）采用“全基因组鸟枪法”测序，节省了时间，提高了效率。人类此项生命科学的伟大行动，与阿波罗登月及曼哈顿原子弹计划，被并称为自然科学史上的“三大计划”。

人类基因组计划的最终目标是认识、分离出人的所有基因，绘制出一张包含人体所有“生命密码”的“人体地图”。脱氧核糖核酸（DNA）的排列次序就是蛋白质合成的遗传密码——基因指令。基因的改变可以导致某种蛋白质的过量生产、消失或功能的变异，如果此蛋白质在生物化学过程中发生关键作用，就会造成某些疾病或疾病倾向。完整剖开人类 10 万个基因密码是一个巨大的系统工程，DNA 测序是“上游”作业，寻找基因和开发新药则是“下游”作业。

破译人类的“生命密码”非常重要。比如，医院会对要求人工授精的夫妇打开“精子库”里由计算机控制的鉴定仪，屏幕可清晰呈现精子的活泼健康程度，也可查验出是否有遗传缺陷或疾病……后来经人工授精后，母亲成功生下了一个健康可爱的孩子。实际上，一个受精卵共有 46 条染色体，23 条归父，另外 23 条归母。每条染色体内又包含数以万计的基因，它们携带所有的遗传信息，并控制受精卵生长发育的整个过程。然而，千万勿小觑这微乎其微的基因，现代科学研究证实人与猩猩之间的基因差别仅为 1% 左右。然而，差之毫厘，失之千里，人类的全部智慧、能力和文明就是赖于这仅仅 1% 的差异。

2020 年，各国科学家纷纷致力于夯实基因测序证据，追踪新冠病毒溯源工作。现代医学还告诉我们，只要基因内的核苷酸化学物排列次序出一点儿差错，就会生育出先天愚型的低能儿。欲治某种病，就得先找这个病的基因，分离此基因。做到了这一点，这种病才能被预测、诊断，直至被最终攻克。当今世界上，癌症和肿瘤还被认为是较难医治的疾病之一。科学家研究证实：乳腺癌、骨癌等一部分癌症与基因有关，今后可采用“基因疗法”使病人恢复健康。国外有专家评述，人体基因被认为是21世纪医药学的朝阳，破译“生命密码”，将为制药行业打开一片全新的天地。

生物理论和技术应用的美好愿景可追溯至20世纪50年代伊始的遗传密码的研究。遗传密码作为重要的桥梁与纽带，将孟德尔（G. Mendel）、贝特森（W. Bateson）、摩尔根（T. Morgan）的遗传物质研究与后来的波意尔（H. Boyer）、科恩（S. Cohen）、毕晓普（M. Bishop）、瓦穆斯（H. Varmus）等的基因工程联结起来。在这个链条中，没有对“遗传密码”的充分理解和研究，基因组技术与计划显然是无法实现的。实质上，至此，我们主要说明了遗传密码在生物学中的核心地位、遗传密码研究的重要价值。然而，正如科技革命也必须和牛顿（I. Newton）、达尔文（C. Darwin）及爱因斯坦（A. Einstein）这些鼎鼎大名的人物紧密联系一样，在遗传密码研究的背后，作为个体的人同样具有不可估量的推动作用，展示出科学家群体的集体力量。科学活动的主体是科学家。围绕科学家群体的研究已经取得了不少成果，但锁定遗传密码研究领域对群体科学家进行的系统研究尚待推进。

于此，梳理遗传密码研究中群体科学家贡献的国外、国内研究进展情况。英国记者、传记作家雷利（M. Ridley）认为：“DNA造就了克里克（F. H. C. Crick），而克里克发现了遗传密码”，然而无论是DNA，还是遗传密码，都是包括克里克在内的群体科学家为生物学建立框架的经典之作。迄今出现了以揭示DNA与遗传密码为主线的一些历史研究成果。国外的研究文献主要有：美国沃森（J. D. Watson）的《双螺旋——发现DNA结构的故事》（1968）、法国学者申伯格（M. Sundberg）出版了《生命的秘密钥匙：宇宙公式、易经和遗传密码》（1973）、英国奥布（R. Olby）的论著 *The Path to the Double Helix: The Discovery of DNA*（1974）、美国贾德森（H. F. Judson）的著作《创世纪的八天》（1996）、凯（L. E. Kay）*Who Wrote the Book of Life?*

(2000)、雷利的传记 *Francis Crick: Discoverer of the Genetic Code* (2006)、美国作家扬特 (L. Yount) 的 *Modern Genetics: Engineering Life* (2006)、奥布另一部佳作 *Francis Crick: Hunter of Life's Secrets* (2009) 及德国 Soraya de Chadarevian 的成果 *Designs for Life: Molecular Biology after World War* Ⅱ (2011) 等。这些作品的重点都不是从内史角度，也未从学术专业的层面系统研究为遗传密码的发现作出突出贡献的群体科学家：克里克、沃森、布伦纳 (S. Brenner)、尼伦伯格 (M. W. Nirenberg)、霍利 (R. W. Holley)、柯拉纳 (H. G. Khorana)、奥乔亚 (S. Ochoa)、克拉克 (B. F. C. Clark) 和伍斯 (C. Woese) 的科学活动。由于年代、地域和研究方法等原因，上述工作没有过多涉猎生物物理学家伍斯、起始密码子的主要研究者克拉克以及当代突变危险性密码理论的创始人罗辽复（中国最早系统研究遗传密码的第一人，对遗传密码研究始于 20 世纪 80 年代）在此领域的突出贡献，也没有详细考虑编史学方法问题。

国内杨雨善、李建会、郭晓强、任本命、谢文纬、向义和、雷瑞鹏和辛亭转等学者在陆续公开的成果中分别涉及对生命遗传密码及部分相关科学家的介绍和评述，可追溯至 1988 年。基于对 CNKI、JSTOR、PUBMED 中英文数据库的全面检索，体现人们对克里克、沃森、布伦纳、尼伦伯格、霍利、柯拉纳、奥乔亚、克拉克和伍斯在遗传密码领域的历史性研究并不多，就《易经》与“遗传密码”的关系而言也未能从本质上进行研究。而且，目前史学界对已经取得一定国际影响力的中国学者（如罗辽复）在遗传密码领域所进行的原创性和拓展性工作（其中富含对遗传密码从局部到整体的系统理论研究和从分子水平理解“遗传密码”与《易经》关系的原理），并没有给予足够的重视。

二、研究意义、内容和目标

（一）研究意义

科学思想史研究也是一个动态发展的过程。如今即便是在充满浓厚书香气息的剑桥，当你问及大众关于沃森和克里克的事迹时，几乎所有人会立刻谈到克里克和沃森一定窃取了富兰克林 (R. Franklin) 的研究成果。人们关注的焦点似乎不是他们在发现 DNA 结构时所付出的努力，他的智慧与洞察力，更不用谈及群体科学家在后来的遗传密码研究中付出的心血与汗水了。在克里克生活的国家尚且如此，那么若在其他国家的人群里散发问卷，得到的答案可能会更令人失望。

幸运的是，在学术圈里，科学家及学者们普遍承认克里克独特的历史地位，也毋庸置疑，DNA 结构、中心法则和遗传密码成为分子生物学的基石和核心。但是，克里克、沃森、布伦纳、克拉克、尼伦伯格、霍利、柯拉纳、奥乔亚和伍斯等科学家是在怎样的情形下进行生命密码研究的呢？他们又是如何将其自然科学素养呈现在前沿科学研究中，并发挥作用的呢？他们如何面对挑战和克服困难？承载群体科学家进行自然科学研究的英美发达国家又是以怎样的土壤环境滋养他们的科学人生？如何解析科学家们对“遗传密码的发现”既是科学的必然性，又是科学的偶然性？克里克与伍斯两派对立的遗传密码“冻结偶然性”理论和“立体化学”原理对后来的密码研究产生了怎样的影响？如何在此解析科学思想的连续性和继承性？如何从分子层面说明西方遗传密码与中国古代《易经》在本质上的统一性？基于这一系列问题引发的从内史角度出发，在世界史范畴对群体科学家的科学活动进行整体和细节上的研究仍须深入进行。

综上而言，在世界历史中，对群体科学家在遗传密码领域提出的理论、研究方法及呈现的科学精神进行专业性探索的历史研究仍然是非常欠缺的，特别是中国人对中西方科学家在分子生物学遗传密码领域科学活动的历史研究并不多见。虽然在一些论著中的分子生物学、分子遗传学和生物物理学部分都会提及相关科学家的工作，但是这一群体科学家在生物学核心问题——遗传密码的研究中是如何发挥作用的，他们提出的研究方法和理论是如何产生、形成和发展的，他们的科学成就又具有怎样的史学意义？这些问题还有待进一步追问和系统地研究。

还有一个让我们聚焦于“群体科学家在遗传密码领域的历史贡献研究”的原因是来自美国从事生物学史研究的玛格纳（L. N. Magner）博士的声音。她认为 1953 年后的分子生物学发展的近况比 1953 年前的所有事件的总和还要多好几倍，不宜在生物学的一般历史中叙述，也就是说应该做一些专门主题的历史研究。因此，遗传密码的发现作为DNA结构阐明后的一个重要近况，史学研究具有很大的必要性，背后有诸多科学家的力量贡献，因此，本研究具有独特的意义，其学术价值和应用价值主要体现在以下四个方面。

第一，深入研究群体科学家克里克、沃森、布伦纳、克拉克、伍斯、尼伦伯格、霍利、柯拉纳、奥乔亚和中国学者罗辽复在密码研究中被广泛认可的方法、成就和科学精神，有助于获得和理解科学家的学术风范，传播推广科学家思想及揭示数理精神在生物学研究中发挥的特殊作用，同时可为生物物理学交叉学科的发展提供历史依据和研究范例。

第二，阐明双螺旋、适配子假说、编码问题、中心法则、三联体、信使、古密码子、冻结偶然性理论、立体化学作用原理、起始密码子和突变危险性理论等抽象化生物学知识的本质内容，深化人们对遗传密码研究的认识，揭示密码研究的历史脉络、研究进展和未来趋势，可为遗传密码进一步的理论研究及基因工程的应用性研究提供理论依据。

第三，通过国内外科学家学术研究方法、研究对象和结果的比较，说明科学思想的连续性和继承性，并对本项目的编史学方法进行辨析，旨在为伟人研究提供范式。

第四，从一个学术视角揭示西方“遗传密码”与中国古代《易经》的本质统一性，体现中西方思想的碰撞、结合和异曲同工之处，深化学术界对“遗传密码”简洁性与《易经》复杂性的理解。

（二）研究内容和目标

以理论生物学、分子生物学和分子遗传学的核心——遗传密码的发展为主线，走内史路线，研究和揭示群体科学家精英在这一领域的历史贡献，凝练科学精神，获得启示和激励是我们研究的内容主线、指导，更是目标。

以研究大科学家克里克为例，本项目以2004年英国Wellcome图书馆收藏的一切已经分类归档的克里克生前文字、音像材料以及项目负责人在克里克科学活动的主要场所——英国剑桥搜集和整理的照片和人物专访等第一手材料为基础，通过对克里克在遗传密码领域发表的37篇原始论文及4部主要论著的研读，并对实地采集照片和专访材料进行整理，旨在梳理和完善研究克里克的科学人生；对克里克个人的学术思想和风格，其在科学研究中的诸多理论、假说等科学思想的学术价值及影响进行深入探索，进而诠释克里克的学术研究思想，重点分析和说明他的自然科学研究素养对克里克生物物理学研究的促进作用和指导意义。

在此基础上，辐射性阅读为遗传密码的破解、起源与进化等进一步理论研究作出杰出贡献的科学家：沃森、布伦纳、克拉克、伍斯、尼伦伯格、霍利、柯拉纳、奥乔亚和中国学者罗辽复的作品，研究群体科学家的学术成就、科学及时代精神；澄清克里克与伍斯提出的两派密码起源理论的本质与异同点；比较中西方科学家罗辽复与克里克在不同历史时期对密码研究的异同；辨析本项目研究的编史学方法；从学术专业的视角揭示西方“遗传密码”与中国古代《易经》的本质统一性。研究的基本框架详见专著目录。

三、研究方法

首先，本研究应用内史研究的路线。总体研究主要采用了文献研究法、人物专访、概念分析法、比较研究法及综合研究法。

接下来，具体研究思路如下。

（1）基于文献研究法，给出密码研究的历史脉络、密码研究中存在的焦点问题和未来发展趋势，将遗传密码研究的焦点问题（反常密码子、密码的扩张问题、密码起源问题和密码子多态性）和研究趋势（数理分析工具在研究中的广泛使用，以及遗传密码在生物信息学、分子遗传学、理论生物学、哲学和科学概念普及和推广中地位的上升）做一个系统考察，以深化学术界对密码研究的全面认识。

（2）充分利用档案资料和所采集图片（科学家们的生活居住地、办公地和纪念馆）和人物专访，如对克里克同事布雷切尔（Bretscher），劳伦斯（Lawrence）、儿子迈克尔·克里克（M. Crick）和女儿加百利·克里克（G. Crick）的人物专访，力求真实、全面和生动地解析所列各位科学家的科学人生，并解析科学研究中理性精神。

（3）利用概念分析法、文献研究方法、比较研究方法及综合研究方法将群体科学家的科学思想和理论，如双螺旋、中心法则、适配子假说、无逗号密码、编码问题、三联体、摆动假说、UGA终止密码子、古密码子和冻结偶然性理论、立体化学作用原理和突变危险性理论等进行梳理，澄清在研究中科学研究洞察力所发挥的作用和指导意义。

（4）选择学术界关注的热点话题进行深层次思考。例如，以“中国人如何看待克里克?”“是否应该认为沃森也将遗传密码研究进行到底?”“为什么全程参与遗传密码的研究的克里克没有因此获得诺贝尔奖?”等为议题进行内史方面的研究，从而满足学术界对科学史中争议问题的追问、思考和解密。

（5）重点考察克里克与伍斯两派的密码起源观——冻结偶然性理论与立体化学作用原理；重点比较研究克里克与中国学者罗辽复密码研究的异同点；从学术视角揭示西方“遗传密码”与中国古代《易经》的本质统一性，说明中西方思想的碰撞与异曲同工之妙。

按上述方法与思路，研究力求突出以下三点创新。

第一，通过实地收集诸多科学家档案资料、采集真实图片和做人物专访的方法集合研究克里克、沃森、布伦纳、克拉克、尼伦伯格、霍利、柯拉纳、伍斯、奥乔亚及罗辽复10位直接参与密码研究的中西群体科学家的历史贡献；

第二，首次从内史的角度深入比较研究中西科学家的遗传密码理论：冻结偶然性理论、立体化学原理和突变危险性理论的本质内涵，揭示遗传密码与中国传统文化易经思想的异曲同工之妙，体现中西方科学思想的碰撞、对接与融合；

第三，揭示并分析遗传密码研究的焦点问题（反常密码子、密码的扩张问题、密码起源问题和密码子多态性）和研究趋势（数理分析工具在研究中的广泛使用，以及“遗传密码”在生物信息学、分子遗传学、理论生物学、哲学和科学概念普及和推广中地位的上升），深化学术界对密码研究的全面认识。

最后需要说明的是对群体科学家的研究方法。科学家的生活方式亦是科学共同体的生活方式，是围绕科学活动所形成的一套价值体系、制度约束、思维方式、行为准则和社会规范。科学家的生活某种程度上决定了科学文化的本质。科学家对价值理念的坚持和追求、对思维方式的引导、对科研行为的规范、对科技评价的规范、对科研成果应用的规范以及科学共同体价值理念和行为规范体现了科学文化的社会功能。对 7 个层面的科学家群体的研究，其成果已经涉及对科学发展的总趋势、科学知识的产生方式、学科领域的兴衰、社会文化对科学发展的影响等诸方面，意义远远超出了科学家群体本身。

就具体的研究方法而言，在科学家群体的现有研究中，最常见的是集体传记、群体分析和格/群分析，还有科学计量学手段。可以期待，如果新的研究方法引入到科学家群体研究中，我们一定会获得对于科学家群体的新认识。近年来，将语境论与科学史联系是当代科学史研究的一个趋向。科学史，究其本质，是探讨历史上的“事件”和“人物”（科学家）。那么，历史事件与科学家是两大核心元素。历史事件是语境论的根隐喻，追踪历史事件及其中的科学家行为，必然渗透着语境分析。因此，在研究中不可规避且自然地采用了语境论的编史学纲领，因为语境论编史学强调“语境中的行为”，这对科学史学家分析科学家的行为大有裨益。

诚然，科学史是一代代科学家行为积累的产物，对他们的行为进行分析是科学史特别是思想史研究的关键点。如果不这样来做，很难弄清科学思想、假设、原理和模型是如何形成的，也就很容易把科学史写成“成功史”。然而，“成功”的背后有大量的“失败”，著作中讨论的 10 位科学家的研究生涯皆非坦途，即科学家的“失败史”也不容忽视，那么语境论能很好地弥补这一点。当然，在对科学家的行为分析中，应保持伟人与时代精神之间的张力❶，切勿夸大或过分强调个人的作用，陷入“辉格”式的写作迹痕。当然，对作为一代伟人的科学家来讲，他们对历史的贡献即使不是巨大，也绝对不会小，美国科学史家霍尔曾指出，由于科学的进步性，科学史家不可避免地会写出“辉格”式的科学史，但极端的“辉格”式科学史不应当大力提倡，否则科学史便成了对科学家的赞扬史，科学史家也

---

❶ 魏屹东. 科学思想史：一种基于语境论编史学的探讨[M]. 北京：科学出版社，2015：33-53；李树雪. 语境论科学编史学初论[M]. 北京：科学出版社，2020：20-46.

沦为科学的卫道士。❶

在本研究中，笔者竭力客观梳理、挖掘和分析每一位科学家的成就，在审慎采用科学史领域推崇的编史学方法基础上，内心时常提醒自己切勿因科学家们的成就、精神、品质而过分崇拜他们，让研究充斥着个人感情的“辉格”色彩。这里不妨引用更有说服力的科学史家刘兵的总结之言：“在科学史中，既不能采取极端‘辉格’式的研究方法，也不能因此而走向另一个极端，去采用极端‘反辉格’式的研究方法，我们应在这两种倾向之间保持一种适度的平衡，或者说保持某种‘必要的张力’。也许只有这样，才可能带来对科学史的真正理解与把握。”❷

四、行文说明

本书是在国家社会科学基金项目——群体科学家在有“遗传密码”领域的历史贡献研究（17XSS001）和内蒙古师范大学基本科研业务费专项资金资助（2022JBHQ017）的资助下完成的。为了行文清晰、条理和内容翔实，基于申请书承诺，课题负责人在内容上做了总体安排与调整，且超额完成了研究目标。全部工作除序言与后记外，共有三篇。第一篇包括三章内容，介绍因遗传密码破译而获得诺贝尔奖的三位生物学家；第二篇共七章，讨论一张遗传密码表下的先锋人物；第三篇为思考与辨析，包含两章。本书有自己独特的体例——每章都有引言、正文、总结、扩展阅读及参考文献。

综上所述，作为课题负责人，本人有责任为近五年来的研究做一个总体的介绍。希望在此序中，研究之意义、内容、方法和新颖之处已被理清和阐明。在项目运行中，没有一天我不去思索如何才能将项目做好。我的博士生导师郭世荣教授非常关注项目的进展情况，每次师生见面，无不让我克服教学上工作繁多的困难，给出行之有效的指导性意见。在他看来，教师必须把课上好，为学生，也为自己，但是科研工作又是严肃而有挑战

---

❶ Hall A R. On Whiggism[J]. History of Science,1983,21(1):45-59.

❷ 刘兵. 触摸科学[M]. 福州:福建教育出版社,2000:23-24.

性的，更需要全心投入，查文献、证细节、落笔端皆需一丝不苟，明察秋毫。

为顺利完成项目，我竭尽所能地博览群书，做了近10万字的读书笔记，虚心向相关领域专家学者、老师、同学和学生等求教，终将此书完成。掩卷沉思：一路走来，虽跌跌撞撞，但努力之真切，意志之坚定，心气之浩然难以名状；奋斗之程，不乏《易经》之道，阴阳消长，生生不息，让我充分体验了科研工作中低谷与山巅变换之螺旋式前进的轨迹。在钻研中，深领彻悟“万物得其本者生，百事得其道者成”，唯有尊道重本，方可进步久远。

特别感谢我的导师罗辽复教授、郭世荣教授为我供资料，启智慧，正思想；感谢内蒙古师范大学科学技术史研究院及物理与电子信息学院的领导、老师们——你们给了我无尽的关怀、莫大的鼓励和恒久的支持！特别感谢我的父母，是他们给了我健康的身体，培养了我豁达的个性和乐观的心态，让我从容面对人生挫折与挑战！感谢我的丈夫和女儿，是他们的尊重与信任、包容与理解、体贴与宽慰支撑我坚持不懈、笔耕不辍。最后，我不得不聆听内心深处的声音，它让我卸去疲惫，蓄积力量，相信我会一直成长，继续进步！

目录

第一篇｜获得诺贝尔奖的遗传密码破译者

第二篇 | 一张遗传密码表下的先驱者

第三篇 | 思考与辨析

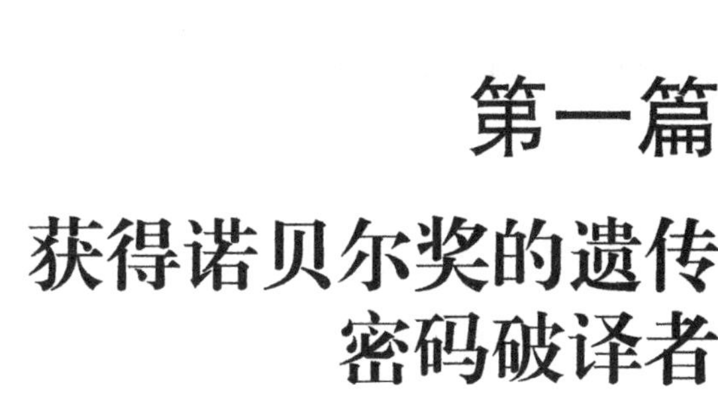

第一篇

获得诺贝尔奖的遗传密码破译者

我专注于解决正在研究的问题，专注于有效地工作，而不是为了胜利或失败。竞争促使我变得更加专注，取得的成就远远超过缺席竞争之时。从一开始，我就发誓：绝对不以偷工减料或降低实验的严格程度去赢得比赛。因此，在整个破译遗传密码的过程中，我们的工作质量一直都很高。❶

——M. 尼伦伯格

❶ Nirenberg M. Historical review: Deciphering the genetic code—a personal account[J]. Trends in Biochemical Sciences, 2004, 29(1): 46-54.

第 1 章　尼伦伯格（Nirenberg）

1953 年，沃森和克里克提出 DNA 双螺旋结构❶，从而确立了作为遗传信息载体的 DNA 成为分子生物学研究的基础，但 DNA 如何发挥生物学功能尚不得而知。1958 年，克里克提出著名的中心法则，认为 DNA 中遗传信息最终转化为蛋白质的结构信息。❷ 当时已知构成 DNA 遗传信息的为四种碱基 A、T、G、C 的排列顺序，而构成蛋白质结构信息的则是 20 种氨基酸的排列。“碱基顺序决定氨基酸顺序”的特性被称为编码关系，但具体的对应配对未知，这成为 20 世纪 50 年代末分子生物学领域迫切需要解决的重大问题之一。

1961 年，美国分子生物学家尼伦伯格率先破译了第一个密码。在随后的 5 年中，他领导的研究小组最终阐述了 20 种氨基酸对应的遗传密码，确定了 DNA 和蛋白质之间的信息关联。20 世纪 60 年代，生化领域中突出的课题就是遗传密码问题。遗传密码是一个“大团队”集体智慧的产物，推动整个生命科学的发展向前迈进了一大步。❸ 尼伦伯格凭此荣获了 1968 年的诺贝尔奖。❹ 鉴于尼伦伯格研究组的重要贡献，本节将系统厘清尼伦伯格在遗传密码研究中的科学活动、科学思想和科学精神。

---

❶ Watson J D, Crick F H C. Molecular structure of nucleic acids: a structure for deoxyribose nucleic acid[J]. Nature, 1953(71): 737-738.

❷ Crick F H C. On protein synthesis[J]. Symp. Soc. Exp. Biol., 1958(12): 138-163.

❸ Maciej Szymański, Jan Barciszewski. The Genetic Code-40 Years on[J]. Acta. Biochimica. Polonica., 2007, 54(1): 51-54.

❹ 任本命，王虹. 遗传学简史[M]. 西安：西安地图出版社，1999：222-227.

1.1 生平简介

尼伦伯格（1927—2010），美国生物化学家，遗传密码之父。1927 年 4 月 10 日，尼伦伯格生于纽约市布鲁克林区。1939 年，由于他患风湿热的缘故，举家迁至佛罗里达州的奥兰多市，希望可利用当地气候来缓解病情。尼伦伯格从小就对生物学产生了极为浓厚的兴趣，十几岁就对自然界充满了美学、科学上的欣赏，很善于观察周围的生命世界，如植物、动物等，并将观察结果详细地记录下来。在奥兰多，他喜欢探索沼泽及洞穴，收集大量蜘蛛来做研究。

1945 年，尼伦伯格考入佛罗里达大学读动物学专业，并于 1948 年获得学士学位。此后，他先后作为生物学教学助理和营养实验室研究助理工作了两年。1950 年，他回到佛罗里达大学进行研究生学习，1952 年获得动物学硕士学位，其论文是《果蝇的解剖学和分类学研究》。除动物学外，尼伦伯格还对生物化学产生了兴趣，因此，进入密歇根大学生物化学系跟随霍格（Hogg）进行博士阶段的学习，主要研究腹水肿瘤细胞摄取己糖的机制；1957 年获得生物化学博士学位。由于在肿瘤方面的研究，博士毕业的尼伦伯格获得了美国癌症学会授予的博士后奖学金，得以进入美国卫生研究院（NIH）的关节炎、代谢和消化疾病研究所开展博士后研究，先后在小斯特腾（D. Stetten）实验室和雅各比（Jakoby）实验室工作，进一步掌握了生物化学的基础知识和实验方法。[1] 1958 年，汤姆金斯（Tomkins）为尼伦伯格在代谢研究所提供了一个可以独立搞科研的位置，这个机会给尼伦伯格带来了人生的最大转折。汤姆金斯在科研上的智慧、幽默和表达能力让尼伦伯格很受感染。[2] 1959 年，尼伦伯格转入 NIH 的代谢酶研究所工作，并于翌年正式加入 NIH，并工作至退休。

遗传密码的破译[3]在分子生物学史上具有十分重要的意义。该项目的完成使科学家们认为分子生物学领域的基本问题已解决，因此，许多著名分子生物学家纷纷离开去选择其他更具挑战性的研究领域，其中神经生物学

---

[1] 任本命. 马歇尔·沃伦·尼伦伯格[J]. 遗传,2004(5):565-566.

[2] Nirenberg M. Historical review:Deciphering the genetic code—a personal account[J]. Trends in Biochemical Sciences,2004,29(1):46-54.

[3] Hayes B. The Invention of the Genetic Code[J]. American Scientist,1998(86):8-14.

是最热的一个研究方向，如克里克、布伦纳（S. Brenner）等，尼伦伯格也选择了神经生物学。之所以选择该领域，是因为尼伦伯格意识到神经生物学是遗传密码外另一个涉及信息加工、处理的生物学系统。神经生物学领域充满了太多未解的新谜团、新问题，喜欢挑战的尼伦伯格再一次转换了研究领域。

1967 年，神经生物学领域的一大空白是关于神经密码的特征。当时，神经生物学家认为，与遗传信息类似，神经信息加工也可能通过某种神经密码来完成。尼伦伯格利用破解遗传密码时所熟悉的理论和实验方法来研究神经密码，努力寻找神经密码的一般特征、神经系统使用信息的基本单位和神经系统所包含的内部逻辑等。他花费了一年多时间考虑了神经密码的方方面面，但最终这些想法都被否定，从未发表任何相关论文。尼伦伯格在最初撰写诺贝尔奖颁奖典礼的演讲稿时，曾考虑将遗传密码和神经密码类比的内容写入，但考虑到严谨性，最终删除了这些材料。尼伦伯格关于神经密码的研究虽然仅停留在理论阶段，但这些想法极大地激发了他对“大脑和神经系统”形成机制的好奇心。

神经细胞瘤是一种由发育中的神经元构成的肿瘤，20 世纪 60 年代，它主要被作为研究抑制癌细胞生长的实验模型。然而，尼伦伯格别出心裁，创造性地将这些细胞用于神经发育的研究。发育完全的神经元已分化成执行特定功能的特化细胞，无法用于神经发育过程的探索，尼伦伯格则认为肿瘤神经元仍可保持分裂神经元的特性，是一个较理想的研究模式。他首先需要完成神经细胞瘤的组织培养，但因以前根本没有受过相应训练，所以尼伦伯格要向周围同事经常请教、咨询和交流。他的同事尼尔森（Nelson）是一位神经生理学家，两人决定合作研究。一方面尼尔森教给尼伦伯格神经细胞瘤的培养方法，另一方面尼伦伯格教给尼尔森分子生物学的相关知识，最终二人实现了凭借分子生物学方法来研究体外组织培养的神经细胞瘤。这项进展可允许神经生物学家在离体条件下用显微镜及其他仪器观察、研究神经细胞的发育。尼伦伯格还制备了不同类型的肿瘤细胞系，为此建造了储存多种细胞系的细胞库，并提供给世界各地的科学家进行研究。

肿瘤细胞系的建立为尼伦伯格进一步研究神经发育提供了极大便利，他用这些细胞系追踪神经元的快速生长，观察神经元对吗啡的感知能力，研究特定神经递质的合成等。他还根据神经递质的合成能力开发出一种区分神经元的新方法，从而使神经元分类更加精细。尼伦伯格对神经细胞瘤进行了十余年的研究，用多种实验方法探索神经细胞内部精妙的调节过程，将自己在生物化学、分子生物学方面的经验拓展且应用到了一个全新领域。

20 世纪 70 年代中期，尼伦伯格决定去研究鸡视网膜神经突触的形成机制。他发现视网膜细胞在体外分离后仍可重新结合，并产生突触，而分离神经元不再形成突触，于是将视网膜细胞开发为突触形成机制研究的重要模式。在神经生物学方面，尼伦伯格研究了 20 多年，共发表论文 70 多篇，取得了一系列重要进展。纵然这些成就无法与对破译遗传密码的贡献相媲美，但是，尼伦伯格在研究中呈现出常人无法企及的科学思维、精神、魄力与格局。

尼伦伯格是美国科学院院士和美国艺术与科学院院士。除诺贝尔奖外，他还获得许多重大科学奖励，如美国科学院分子生物学奖（1962 年）、美国国家科学奖章（1965 年）、盖尔德纳基金会国际奖（Gairdner Foundation International Award，1967 年）、富兰克林奖章（Franklin Medal，1968 年）、霍维茨奖（Louisa Gross Horwitz Prize，1968 年）和拉斯克基础医学奖（Albert Lasker Award for Basic Medical Research，1968 年）等。尼伦伯格先后获得密歇根大学、芝加哥大学和哈佛大学等多所大学的荣誉博士学位。

尼伦伯格对个人荣誉、得失并不在意，而是关注科学研究本身。NIH 主任科林斯（Collins）称尼伦伯格为“科学巨人之一”。莱德（Leder）对尼伦伯格的评价是“满腔热情，充满魅力，每隔两三分钟就会拿出一个点子来”❶。同事和学生都认为尼伦伯格是一位拥有非凡科学眼光的优秀导师，同时还是一位难得的挚友。2010 年 1 月 15 日，尼伦伯格因患一种罕见的神经内分泌肿瘤在曼哈顿家中去世，享年 82 岁。

1.2 尼伦伯格的遗传密码研究

1.2.1 遗传密码研究之缘起

首先，尼伦伯格具有“破译密码子”的强烈兴趣与动机。1958 年，分

❶ 吕吉尔. 马歇尔 · W. 尼伦伯格(1927—2010)[J]. 世界科学,2010(3):48.

子生物学圣盘——中心法则经由克里克之手得以确立。克里克在《论蛋白质的合成》一文中明确阐明遗传信息的传递方向和途径，即“中心法则”。“半保留复制”说明 DNA 将所携带的遗传信息通过双螺旋结构的半保留复制而不间断地准确传递；“中心法则”则表明 DNA 转录至 RNA，再通过翻译合成蛋白质，表明了遗传物质信息的流向。1959 年，莫诺（Monod）和雅各布（Jacob）的基因调控实验明确提出了信使 RNA 的概念，这更加激发了尼伦伯格迫切的研究热情，促使尼伦伯格从正在研究糖的转运、糖原代谢和酶的纯化问题转向信使 RNA 研究。正如尼伦伯格所说：“在我看来，1959 年分子生物学中最激动人心的工作是 Monod 和 Jacob 关于编码缺乏半胱氨酸的基因调控的遗传实验，这样我就可以探索基因的作用机制。我认为在没有半胱氨酸的情况下青霉素酶的合成可能继续进行，而大多数其他蛋白质的合成可能会减少。”尼伦伯格看到一流的生化学家都在研究无细胞系统的蛋白质合成。虽然他在基因调控方面和蛋白质合成方面都没有经验，但是他对克里克预测的连接 DNA 和蛋白质信息之间的 RNA 充满好奇。当时，这项工作困难重重，很多人劝他放弃，甚至一个同事还认为：尼伦伯格开创一个新领域的选择无异于“学术自杀”。然而，真正的科学家不畏艰险，他仍然坚持去研究这个中间物——信使 RNA。因此，从前面科研背景的回顾不难得出结论：从事遗传密码破解是尼伦伯格的兴趣使然。

1.2.2　克里克的“三联体”实证的启发

为了研究信使 RNA，尼伦伯格首先选定大肠杆菌无细胞体系为研究对象。两个合作者的适时加入为他的研究带来两个阶段的实质性突破。第一个合作者是德国化学家马特伊（Matthaei，图 1-1），第二个是美国医学博士莱德（Leder，图 1-2）。❶

1960 年，马特伊加入了尼伦伯格团队。他们都对在试管里创造蛋白质合成的条件问题产生了兴趣，在受控条件下可以探测到细胞各部分的活动。他们将无细胞体系进行了革新，分离掉系统内部的内源信使。二人的思路非常清晰，他们首先检验到底是 DNA 还是 RNA 参与蛋白质的合成。他们将

❶ Nirenberg M. Historical review: Deciphering the genetic code—a personal account[J]. Trends in Biochemical Sciences, 2004, 29(1): 46-54.

大肠杆菌无细胞体系保温一段时间后破坏原来细胞中的DNA和RNA，此时蛋白质合成几乎停止，接着分别加入DNA和RNA，发现只有RNA可以加快蛋白质的合成（图1-3）。因此，实验结果也验证了克里克的RNA模板的预测——RNA直接指导着蛋白质的合成。

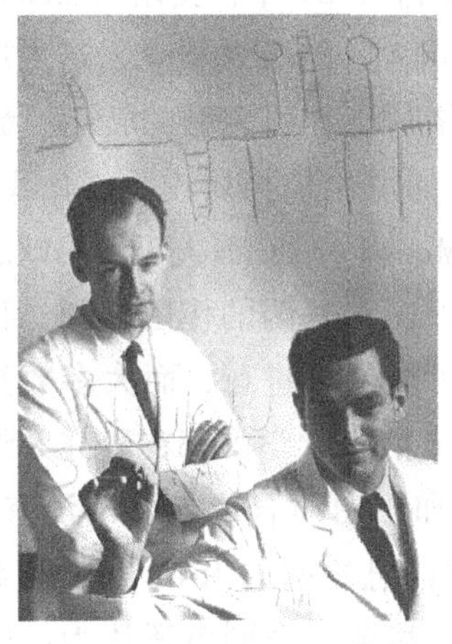

图1-1　1962年，德国生化学家马特伊（左）和美国生化学家尼伦伯格（右）

图1-2　美国遗传学家莱德

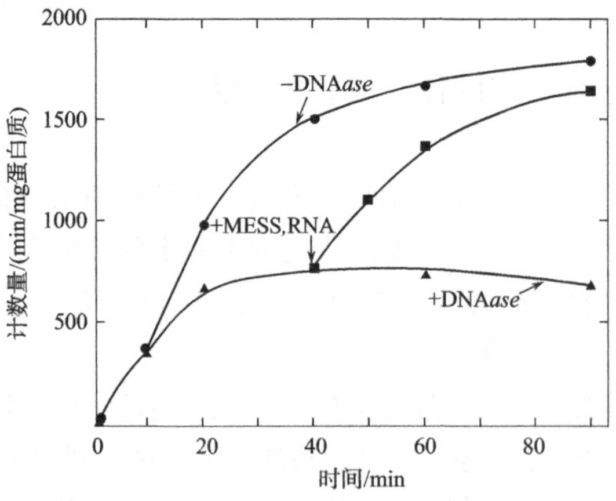

图1-3　RNA在蛋白质合成中的影响

在此基础上，尼伦伯格认为，如果把已知序列的RNA加入无细胞体系，将会合成特定氨基酸构成的蛋白质。他的这一想法被制定成一个实验程序由马特伊实施。1961年5月，在实验中，尼伦伯格和马特伊发现：在包含

核糖体等蛋白质合成原件的无细胞蛋白质合成系统中加入多聚尿苷酸（...U U U U U U...）后，合成出了带有“放射性元素标记”的多聚苯丙氨酸（...Phe-Phe...）（图 1-4）。这个结果最终发表在《美国科学院院刊》上，它不仅证实了信使的存在，还显示了多聚尿苷酸成为遗传信息的携带者，否定了克里克的无逗号密码理论。

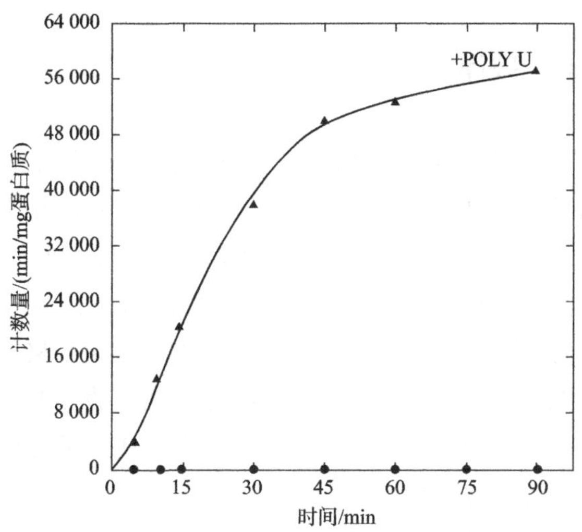

图 1-4 第一个密码子 UUU 的破译❶

1961 年 8 月，尼伦伯格将这一结果带到了在莫斯科召开的国际生物化学大会上。❷ 其惊人的实验结果引起了梅塞尔森和克里克的注意，克里克总是能把握住每一个美妙而重要的时刻，他听了尼伦伯格的报告后联想到自己正在亲手操作的移码突变的实验。确定了三联体“UUU”是编码氨基酸“Phe”的密码子，这样第一密码子就被破解了。克里克还给尼伦伯格加了一场报告会，尼伦伯格和马特伊的实验结果引起了很大的轰动效应。他们合作的实验被称为“尼伦伯格-马特伊”实验。实际上，这个经典的实验为完全阐明每一个密码子的含义提供了有力的佐证。

1961 年年末，克里克发表了一篇具有分水岭意义的重要论文，阐明了密码子为三联体的本质特征。在克里克的启发下，尼伦伯格破解密码子的

❶ Nirenberg M W, Matthaei J H. The dependence of cell-free protein synthesis in E. coli upon naturally occurring or synthetic polyribonucleotides[J]. PNAS, 1961, 47(10): 1588-1602.

❷ 卢良恕. 世界著名科学家传记 · 生物学家. Ⅱ[M]. 北京: 科学出版社, 1966.

实验工作更加迅速了，后来用同样的方法发现多聚腺苷酸（AAA），多聚胞苷酸（CCC）和多聚鸟苷酸（GGG）分别导致多聚赖氨酸（Lys）、多聚脯氨酸（Pro）和多聚甘氨酸（Gly）的合成，即“AAA”编码“Lys”、“CCC”编码“Pro”和“GGG”编码“Gly”。64个密码子中还有60个没有解决其编码关系。

1.2.3 密码子的破译

莫斯科会议后不久，尼伦伯格在曼彻斯特技术研究所发表演讲。突然有人向听众讲到尼伦伯格的报告内容并不新奇，实际上相同的实验结果在奥乔亚实验室早已产生过。在奥乔亚实验室也进行过类似的利用随机多聚核苷酸被催化合成蛋白质的实验的事实使得尼伦伯格相当沮丧，他面临的选择就是要么终止这项研究，要么与其展开竞赛，尼伦伯格选择了后者。

1961年，尼伦伯格与奥乔亚相遇。奥乔亚相当肯定尼伦伯格的成果，他们协调确定了当时破解密码的一些经验公式❶，获得了编码每种氨基酸的碱基组成❷，但是密码序列的次序问题依旧悬而未决。例如，丝氨酸（Ser）和酪氨酸（Tyr）的密码子碱基组成分别是2U1C和2U1A，但不知编码Ser的是UUC、UCU、还是CUU，也未知编码Tyr的是UUA、UAU和AUU的哪一个，即无法确定“CUU”编码“Ser”及“UAU”编码“Tyr”。后来，奥乔亚退出了这场友谊赛。尼伦伯格猛然间感到，在科研中，当竞争者面临同一个问题时，其实无所谓输赢，重要的是能尽快得到问题的答案。

尼伦伯格开创性的密码子破解工作吸引了更多的研究者申请加入他的团队。尼伦伯格组建了一个20人的研究团队，开始全面破译遗传密码，但是，当破解“GGG”时遇到了麻烦。在无细胞系统中检测不到任何放射性氨基酸，这显示此方法还有缺陷，特别是针对不同碱基构成的三联体密码子。因此，破解工作进行得相对缓慢，尼伦伯格需要在试验方法上进行改进。1963年，第二个合作者莱德的到来再次打开了破解密码子工作的新局面。

---

❶ 宣建武. 认识基因之路[M]. 北京：科学出版社，1989：22-266.

❷ Lengyel P, Ochoa S. Synthetic polynucleotides and the amino acid code, IV[J]. PNAS, 1962, 47(3): 1936-1942.

莱德与尼伦伯格设计了三联体-核糖体结合体实验，也叫莱德-尼伦伯格实验。这个实验开发了新的方法❶，将当时发现的三种 RNA（tRNA，rRNA，mRNA）集合到一个实验中进行密码子与氨基酸间关系的识别，其结果与克里克的“连接子假说”完全一致。实验原理是在参考霍利的研究结果的基础上，将人工合成的密码子（核苷酸三联体）“种在”在核糖体上，这个人工密码子便像天然的 mRNA 一样，从介质中“拾起”完全确定的 tRNA 及它所携带的氨基酸。莱德最先破解的是缬氨酸（Val）的密码子序列。

尼伦伯格研究组的破解密码工作大致分为两个阶段：1961—1963 年❷和 1963—1967 年❸。由于实验技术、人员变动等客观条件问题，64 个密码子不是一下子就被破解出来的。密码破解在 1961—1963 年经历了“缓慢”发展的过程❹。1965 年，在研究组人员的协作努力下给出了密码表结构（表 1-1）。

尼伦伯格相当肯定团队的力量，指出在不同的阶段，团队的研究者们（图 1-5：至今唯一保存的团队合影）：琼斯（Jones）、马丁（Martin）、克拉克（Clark）、辛格、格伦伯格（Grunberg）、赫佩尔（Heppel）、莱德、伯恩菲尔德（Bernfield）、布里马科姆（Brimacombe）、卡斯基（Caskey）和马歇尔（Marshall）等在随机多聚核苷酸序列制剂的配制❺、蛋白质合成的起始信号❻、多核苷酸磷酸化酶的体系环境优化❼、三联体的合成❽、密码子

---

❶ Kaji A, Kaji H. The history of deciphering the genetic code: setting the record straight[J]. Trends in Biochemical Sciences, 2004, 29(6): 293.

❷ Nirenberg M W, et al. An Intermediate in the Biosynthesis of Polyphenylalanine Directed by Synthetic Template RNA[J]. PNAS, 1962(48): 104-109.

❸ Nirenberg M, Leder P. RNA Codewords and Protein Synthesis. The Effect of Trinucleotides upon the Binding of sRNA to Ribosomes[J]. Science, 1964(145): 1399-1407.

❹ Martin R G, et al. Ribonucleotide Composition of the Genetic Code[J]. Biochem. Biophys. Res. Commun., 1961(6): 410-414.

❺ Nirenberg M W. On the Coding of Genetic Information[J]. Cold Spring Harb. Symp. Quant. Biol., 1963(28): 549-557.

❻ Clark B F C, Marcker K A. The Role of N-formylmethionyl-sRNA in Protein Biosynthesis[J]. J. Mol. Biol., 1966(17): 394-406.

❼ Nirenberg M W. RNA Codewords and Protein Synthesis. On the General Nature of the RNA Code[J]. PNAS, 1965(53): 1161-1168.

❽ Leder P, Nirenberg M W. RNA Codewords and Protein Synthesis. II. Nucleotide Sequence of a Valine RNA Codeword[J]. PNAS, 1964(52): 420-427.

第三碱基摆动导致的简并性❶及密码的统一性❷问题等不同方面为破解 64 个密码子作出了重要的贡献。如前所述，这一时期尼伦伯格研究组的实验进展为克里克在理论上进一步研究密码子提供了信实而丰富的实证。

表 1-1 遗传密码表

密码子	氨基酸	密码子	氨基酸	密码子	氨基酸	密码子	氨基酸
UUU	Leu	UCU	Ser	UAU	Tyr	UGU	Cys
UUC	Leu	UCC	Ser	UAC	Tyr	UGC	Cys
UUA	Phe	UCA	Ser	UAA	Gln	UGA	?
UUG	Phe	UCG	Ser	UAG	Gln	UGG	
CUU	Leu	CCU	Pro	CAU	His	CGU	Arg
CUC	Leu	CCC	Pro	CAC	His	CGC	Arg
CUA	Leu	CCA	Pro	CAA	Gln	CGA	Arg
CUG	Leu	CCG	Pro	CAG	Gln	CGG	Arg
AUU	Ile	ACU	Thr	AAU	Asn	AGU	Ser
AUC	Ile	ACC	Thr	AAC	Asn	AGC	Ser
AUA	Ile	ACA	Thr	AAA	Lys	AGA	?
AUG	Met	ACG	Thr	AAG	Lys	AGG	
GUU	Val	GCU	Ala	GAU	Asp	GGU	Gly
GUC	Val	GCC	Ala	GAC	Asp	GGC	Gly
GUA	Val	GCA	Ala	GAA	Glu	GGA	Gly
GUG	Val	GCG	Ala	GAG	Glu	GGG	Gly

注：UUA、CUA、AUA、GUA、GUC、GUG、UCA、CCG、GCA、GCG、UGG、CGG、AGG、GGC、GGA、GGG、GAG17 个密码子的编码关系是基于实验结果推测出来的，并非直接来源于实验。

❶ Nirenberg M W. The RNA Code and Protein Synthesis[J]. Cold Spring Harb. Symp. Quant. Biol.,1966(31):11-24.

❷ Marshall R E,et al. RNA Codewords and Protein Synthesis. XII. Fine Structure of RNA Codewords Recognized by Bacterial,Amphibian,and Mammalian Transfer RNA[J]. Science,1967(155):820-826.

图 1-5　破解遗传密码的尼伦伯格团队及其配偶们的合影❶

1.3　分析与启示

1.3.1　科学精神：求真

从尼伦伯格的科学研究历程——兴趣与热爱、发现与挑战、质疑与求真、合作与成功，我们不难看出一种科学精神的涵养与科学家责任的担当。科学精神就是指由科学性质所决定并贯穿科学活动的基本的精神状态和思维方式，是体现在科学知识中的思想或理念。科学精神是人们在长期的科学实践活动中形成的共同信念、价值标准和行为规范的总称。一方面，它约束科学家的行为，是科学家在科学领域内取得成功的保障；另一方面，又逐渐地渗入大众的意识深层，涵养思想，内化行为。

西湖大学校长施一公对科学精神有过专门的演讲。他曾引用爱因斯坦的一段话——真正对一个科学问题的提出才是关键，并不是问题的解决，因为问题的提出，包括对一个老的科学问题的重新描述、崭新的描述是真正对世界的贡献。因此，科学精神就是求真，英文为 truth seeking，即实事求是。求真不是简单的对错，而是在人类知识最前沿进一步求真、去探索。

❶　Nirenberg M. Historical review：Deciphering the genetic code—a personal account[J]. Trends in Biochemical Sciences，2004，29(1)：46-54.

2021年1月24日，《科技日报》的一名记者就科学精神的问题采访了英国皇家学会成员、伦敦大学学院（UCL）的理查森（Richardson）教授。英国是世界上最重要的创新型国家之一，其研发效率居世界第一——仅占世界人口的0.9%，研发投入的2.7%，研发人员的4.1%，其论文产出占世界的6.3%，论文下载量占9.9%，论文被引占10.7%，高水平论文被引占15.2%。由数据可见英国的科学研究水平。那么，在研究领域，英国如何做到始终坚持科学精神？理查森曾言：英国教育鼓励年轻人跳出思维定式，打破思想的枷锁。英国皇家学会于1660年成立，人们的思想得到了解放，他们开始认为“地球的年龄可能比他们所认识的年龄要大”。这就是英国科学精神的起源——人们以某种方式摆脱了对思维的各种限制。没有独立思考，从事科学研究永远不会有创造性。英国是历史上第一个打破这一限制的国家，因此获得了巨大的优势。英国的另一个优势是英语已经成为科学交流的语言，这使得英国科学家更容易发表研究结果。然而，在第一次世界大战之前，德语也被用作科学界的交流语言。将来，汉语也可能成为一种更加全球化的语言。

理查森还讲到：从历史上看，我们一直擅长冲破思维定式、追求真知。这是由于英国良好的教育体系——鼓励年轻人跳出固有的思维模式，而不是被限制或被迫以传统方式（或类似方式）思考；另一个重要方面是在科研中不能无条件地接受已有的作品和文献成果。因为知识只是一些人的想法，有些甚至是错误的。现有文献只是人们对事物的现有理解或最佳理解，不一定是终极真理；英国科学家有勇气、有能力涉足不同的学科。例如，起初学习物理，后来参与生物物理学、分子物理学、细胞和发育生物学，现在，从事神经科学研究。参与不同学科的科学家将以一种新颖的方式带来他们自己的信息和想法，给这个领域带来前所未有的新事物。20世纪五六十年代，研究物理的科学家完成了对脱氧核糖核酸双螺旋结构的发现——因为他们能够以一种全新的方式自由思考。科学研究方向的选择不能太功利。此外，年轻的研究人员不应该害怕涉足不同的科学领域。如果你涉足不同的领域，你的经验和知识也能在新领域发挥重要作用。[1] 当然，进攻全新的领域，不畏学术“自杀”的尼伦伯格做到了在兴趣与热情驱使下的质疑与求真。

---

[1] https://www.sanhe.com/10411.

1.3.2 科学精神：独立与合作

科学的发展经常需要科学家的通力合作。这种合作不局限于团队内部的支持，更依赖团队之间的合作，甚至跨时代、跨行业、跨地区的运作。遗传密码的研究历程提供了大团队合作经典生动的案例。尼伦伯格感悟："We deciphered the genetic code over a period of about five years, from 1961 to 1966. This was a group project and the post-doctoral fellows in my laboratory during this period (Table 2)[1] contributed in many important ways. In addition, Robert Martin, Leon Heppel, Maxine Singer and Marianne Grunberg-Manago played major roles in deciphering the genetic code, and Ochoa and Khorana and their colleagues also contributed to the deciphering of the genetic code." 其中也包含有益的竞争，尼伦伯格从合作与竞争中收获了成功的满足。正如尼伦伯格所言："我专注于解决我们正在研究的问题，专注于有效的工作，而不是为了胜利或失败。竞争促使我变得更加专注，我取得的成就远远超过它的缺席。从一开始我就发誓：绝对不以偷工减料或降低实验的严格程度去赢得比赛。因此，在整个破译遗传密码的过程中，我们的工作质量一直都很高。"

当然，这里仍然需要科学家保持独立的思考。独立与合作是重要科学精神的体现。两者看似矛盾，实际是完全统一在一起的。所谓独立，是指任何一个重要的科学发现往往来自少数人，甚至个别人、一个人，而这些人在重大科学发现的过程中经常会经受一些磨难，经常会遇到一些不同意见，他们必须坚持自己的观点才可以最后成功，因此，科学家需要独立的思考，亦呼唤高效的合作。

1895 年，荷兰科学家伦琴发现了 X 射线的穿透力，最后在医学上带来了广泛的应用。但是，伦琴没有指出 X 射线还可以发生衍射，而这一现象是在 20 世纪被德国科学家劳埃（Laue）发现的。劳埃发现了衍射，却并没有意识到 X 射线还可以帮助人类把物质结构解析得清楚可辨。这一结果是 1913 年英国物理学家布拉格父子（W. H. Bragg, W. L. Bragg）得到的，他们父子携手合作，推演出了著名的布拉格公式。这个公式最后被应用于分子

---

[1] 表中列出了所有合作贡献者的名字。

结构解析，让我们可以窥探生命的奥秘。他们四人分别获得了1901年、1914年和1915年的诺贝尔物理学奖。可见，这种跨时代的合作把人类整个文明往前推进了一大步，所以，科学精神于此彰显了“合作”精神。

施一公还应用自己研究领域一个基因测序的例子鼓励青年科学家去传播科学精神。基因测序技术现已广泛应用于临床，可以说是精准医疗的一个典型的方法。整个基因测序当然是用测序仪来做，而测序仪是由一位科学家发明的，他叫罗思伯格（Rothberg）。测序仪的发现来自测序技术的发现，第一个测序技术的提出者是桑格（Sanger，他也是1980年诺贝尔化学奖的获得者）。如果再往前追溯的话，人类之所以可以对基因进行测序，是因为DNA双螺旋是非共价结合（可以打开、测序、复制）。而这个发现又是20世纪50年代由沃森、克里克和富兰克林（R. Franklin）共同完成的。所以施一公意在说明基因测序发现的整个过程更是一种合作、是一种最原始科学精神的体现。

施一公对科学精神的阐述贯通古今、联结中西、案例丰富。他深受中国近代著名的思想家、教育家，也是政治家梁启超先生的影响。梁启超在20世纪初把科学精神和中国文化连在一起，他这样描述科学和科学精神——“有系统之真知识，叫做科学”。大家不要忘了，他特别强调真知识，也就是创新前沿。梁启超讲：“可以教人求得有系统之真知识的方法，叫做科学精神。”大家可以理解成科学精神就是一种态度、一种方法。在梁启超先生的启发下，人们可以这样想：所谓科学精神就是通过一言一行将科学精神辐射至大众观念，滋养大众的思想，内化大众的行为；让科技工作成为富有吸引力的工作，成为大家尊崇向往的职业，鼓励更多人投身到科学事业当中来；希望努力实现前瞻性基础研究，作出引领性的原创成果和重大突破，为人类文明作出中华民族应有的贡献。[1]

实际上，最重要的科学精神就是批判性的思维，即质疑。在这种质疑声中，人们的思想不断碰撞，不断改进提高，不断加深合作，最后推动科学往前发展。从哥白尼的日心说到达尔文的进化论，都是非常典范的质疑，最后带来了科学重大进展。纵观科学史，可以总结出这样一个简单的规律，那就是任何一个新兴产业的出现和发展，往往依赖于一项核心技术的创新。任何一项核心技术的创新，无一例外源自一开始的重大原创性的科学理论

[1] https://xw.qq.com/cmsid/20191028A08BJG00？f=newdc.

的突破，就是原始科学发现，而原始科学发现完全依赖于科学精神、科学方法。所以总结人类工业革命以来的一些重大发现、一些产业革命，从纺织、铁路、汽车、计算机到生物技术，它的源头都是重大的理论创新。随后经过三四十年的孕育期，进入广泛应用和指数增长，给人类社会带来很多福祉，最后改善我们的生存环境和空间。大家可以想象，如果没有电磁理论，就不会有当今的无线通信；如果没有微生物的发现，就不会有今天的疫苗；没有牛顿发现的三大定律，也不会有航天器升空；没有DNA，没有遗传密码就不会有今天的基因疗法、基因工程和人类基因组计划。因此，当今世界更需要科学精神。

1.3.3 科学家责任与社会声誉

尼伦伯格充分利用自己的声望积极参与社会事务。作为一直想通过科研献身社会的人，他积极呼吁科学家应该担负起一定的社会责任。1998年2月，尼伦伯格签署了美国细胞生物学学会给美国时任总统克林顿和国会反对人类克隆的信。尼伦伯格还意识到科学家科研工作具有广泛的社会影响力，他认为公众需要知道并理解科学进展，以更好地决定如何正确运用知识。尼伦伯格热衷于担当科研与社会的纽带，先后加入几个科学团体、警告核军备竞赛的疯狂后果、利用公共媒体鼓励科学文化等。

尼伦伯格有时被称为遗忘的“遗传密码之父”❶。2006年，关于克里克的传记《克里克：遗传密码的发现者》（*Francis Crick: Discoverer of the Genetic Code*）出版，深刻讲述了“克里克是遗传密码发现者”的视角。公正地讲，尽管克里克提出了遗传密码的构想、编码方案，证明密码子的本质、特征，建立和绘制密码表，思考遗传密码甚至生命的起源问题，但尼伦伯格才是真正在实验室破解遗传密码的人。实际上，尼伦伯格在密码研究中的实验室工作、他的智慧才能及科学家精神得到了广泛认可。然而，《克里克：遗传密码的发现者》一书有令尼伦伯格显得逊色之嫌。其原因可能是：一方面，与克里克相比，尼伦伯格害羞、不喜欢到学术圈外向公众宣传自己的个性；另一方面，遗传密码这个名词过于抽象且内容复杂，远不及DNA双螺旋形象，所以，沃森和克里克在公众心中的知名度要高一些。考

❶ Ed Regis. The Forgotten Code Cracker[J]. Scientific American,2007,297(5):50-51.

虑这一点，本章的重要意义也就愈加显得明晰——公允地道出科学家的历史轨迹；当对则对，应错则错，旨在真实呈现他们在人类科学史上留下的图景与印记。

参考文献

卢良恕,1966.世界著名科学家传记·生物学家.Ⅱ[M].北京:科学出版社.

吕吉尔,2010.马歇尔·W.尼伦伯格(1927—2010)[J].世界科学(3):48.

任本命,王虹,1999.遗传学简史[M].西安:西安地图出版社.

任本命,2001.马歇尔·沃伦·尼伦伯格[J].遗传(5):565-566.

宣建武,1989.认识基因之路[M].北京:科学出版社.

Clark B F C,Marcker K A,1966. The Role of N-formylmethionyl-sRNA in Protein Biosynthesis[J]. J. Mol. Biol. ,(17):394-406.

Crick F H C,1958. On protein synthesis[J]. Symp. Soc. Exp. Biol(12):138-163.

Hayes B,1998. The Invention of the Genetic Code[J]. American Scientist,(86):8-14.

Kaji A,Kaji H,2004. The history of deciphering the genetic code:setting the record straight[J]. Trends in Biochemical Sciences,29(6):293.

Leder P,Nirenberg M W,1964. RNA Codewords and Protein Synthesis. II. Nucleotide Sequence of a Valine RNA Codeword[J]. PNAS(52):420-427.

Lengyel P,Ochoa S,1962. Synthetic polynucleotides and the amino acid code,IV[J]. PNAS,47(3):1936-1942.

Maciej Szymański,Jan Barciszewski,2007. The Genetic Code-40 Years on[J]. Acta. Biochimica. Polonica,54(1):51-54.

Marshall R E,et al. ,1967. RNA Codewords and Protein Synthesis. XII. Fine Structure of RNA Codewords Recognized by Bacterial,Amphibian,and Mammalian Transfer RNA[J]. Science(155):820-826.

Martin R G,et al. ,1961. Ribonucleotide Composition of the Genetic Code[J]. Biochem. Biophys. Res. Commun. (6):410-414.

Nirenberg M W,et al. ,1962. An Intermediate in the Biosynthesis of Polyphenylalanine Directed by Synthetic Template RNA[J]. PNAS(48):104-109.

Nirenberg M W,Matthaei J H,1961. The dependence of cell-free protein synthesis

in E. coli upon naturally occurring or synthetic polyribonucleotides[J]. PNAS, 47(10):1588-1602.

Nirenberg M W, 1963. On the Coding of Genetic Information[J]. Cold Spring Harb. Symp. Quant. Biol. (28):549-557.

Nirenberg M W, 1965. RNA Codewords and Protein Synthesis. On the General Nature of the RNA Code[J]. PNAS(53):1161-1168.

Nirenberg M W, 1966. The RNA Code and Protein Synthesis[J]. Cold Spring Harb. Symp. Quant. Biol. (31):11-24.

Nirenberg M, Leder P, 1964. RNA Codewords and Protein Synthesis. The Effect of Trinucleotides upon the Binding of sRNA to Ribosomes[J]. Science(145): 1399-1407.

Nirenberg M, 2004. Historical review: Deciphering the genetic code—a personal account. [J]. Trends in Biochemical Sciences, 29(1):46-54.

Nirenberg M, 2004. Historical review: Deciphering the genetic code—a personal account[J]. Trends in Biochemical Sciences, 29(1):46-54.

Watson J D, Crick F H C, 1953. Molecular structure of nucleic acids: a structure for deoxyribose nucleic acid[J]. Nature(171):737-738.

拓展阅读

1. Marshall Nirenberg, Biologist Who Untangled Genetic Code, Dies at 82 (https://www.nytimes.com/2010/01/21/us/21nirenberg.html).
2. Marshall Nirenberg Biography (http://www.jewishvirtuallibrary.org/marshall-nirenberg).
3. Marshall Warren Nirenberg Biography (http://www.bookrags.com/biography/marshall-warren-nirenberg-wob).
4. Marshall Nirenberg (http://www.jewishvirtuallibrary.org/marshall-nirenberg).
5. Membership Directory, 2010, Pi Lambda Phi Inc.
6. Profiles in Science: The Marshall W. Nirenberg Papers. Biographical Overview (https://profiles.nlm.nih.gov/spotlight/jj/feature/biographical-overview).
7. National Library of Medicine (https://web.archive.org/web/20200410031733/https://profiles.nlm.nih.gov/spotlight/jj/feature/biographical-overview).

8. Biographical Information (https://profiles. nlm. nih. gov/ps/retrieve/Narrative/JJ/p-nid/21).

9. About Us(http://www. consejoculturalmundial. org/about-us/).

10. Letter from Bob Dole and Joe Biden to Marshall W. Nirenberg(https://profiles. nlm. nih. gov/ps/retrieve/ResourceMetadata/JJBBWG#transcript).

11. RNA Codewords and Protein Synthesis, III. On the Nucleotide Sequence of a Cysteine and a Leucine RNA Codeword (http://www. pnas. org/cgi/reprint/52/6/1521).

12. Proceedings of the National Academy of Sciences (https://ui. adsabs. harvard. edu/abs/1964PNAS...52. 1521L).

13. Polyribosomes and DNA-dependent Amino Acid Incorporation in Escherichia coli Extracts(https://doi. org/10. 1016%2FS0022-2836%2864%2980073-5).

14. An electron microscopic study of a DNA-ribosome complex formed in vitro (https://doi. org/10. 1016%2FS0022-2836%2865%2980172-3).

15. RNA Codewords and Protein Synthesis: The Nucleotide Sequences of Multiple Codewords for Phenylalanine, Serine, Leucine, and Proline(https://ui. adsabs. harvard. edu/abs/1965Sci...147..479B).

16. RNA Codewords and Protein Synthesis, Vi. On the Nucleotide Sequences of Degenerate Codeword Sets for Isoleucine, Tyrosine, Asparagine, and Lysine (https://ui. adsabs. harv ard. edu/abs/1965PNAS...53..807T).

17. Degeneracy in the amino acid code (https://doi. org/10. 1016%2F0005-2787%2866%2990198-5).

18. RNA codons and protein synthesis. IX. Synonym codon recognition by multiple species of valine-, alanine-, and methionine-sRNA (https://ui. adsabs. harvard. edu/abs/1966PNAS...55..912K).

19. The Thrill of Defeat: What Francis Crick and Sydney Brenner taught me about being scooped(https://nautil. us/issue/72/quandary/the-thrill-of-defeat-rp).

20. Obituary: Marshall Nirenberg (1927—2010) (https://ui. adsabs. harvard. edu/abs/2010Natur. 464...44 C).

21. Retrospective. Marshall Warren Nirenberg(1927—2010) (https://pubmed. ncbi. nlm. nih. gov/20167780).

22. The PolyU Experiment(http://history. nih. gov/exhibits/nirenberg/HS4_polyU. htm).

23. Profiles in Science: The Marshall W. Nirenberg Papers (https://profiles. nlm. nih. gov/JJ).

24. on Nobelprize. org Marshall Nirenberg Papers (1937—2003) (http://oculus. nlm. nih. gov/cgi/f/findaid/findaid - idx? c = nlmfindaid; id = navbarbrowselink; cginame=findaid-idx;cc=nlmfindaid;view=reslist;subview=stan dard;didno=nirenberg566).

25. The Marshall Nirenberg Papers(https://profiles. nlm. nih. gov/JJ).

26. Free to View Video Interview with Marshall W. Nirenberg(http://www. vega. org. uk/video/progr amme/129).

27. The Life and Scientific Work of Marshall W. Nirenberg. (https://web. archive. org/web/20100502 012333.

28. The Official Site of Louisa Gross Horwitz Prize(http://www. cumc. columbia. edu/horwitz).

29. The Forgotten Code Cracker (https://ui. adsabs. harvard. edu/abs/2007SciAm. 297e..50R).

第 2 章　霍拉纳(H. G. Khorana)

与这位伟大的科学家和人们的交往，极大地影响了我对科学、工作和努力的观念与态度！

——H. 霍拉纳

霍拉纳（1922—2011），美籍生物化学家，基因合成的奠基人。在标志性的科学史事件——遗传密码的破译❶中，哈尔·葛宾·霍拉纳（H. G. Khorana）的历史贡献可圈可点，堪称破解遗传密码的功臣。虽然在一些分子生物学、分子遗传学和生物物理学论著中都会提及霍拉纳的工作，但是，他在实验室的密码破解中是如何发挥作用的，其研究方法、技术是如何进行和发展的，他的科学成就又具有怎样的史学意义？这些问题还有待进一步追问。

遗传密码字典的构建是 20 世纪生命科学中的重大突破，为此，霍拉纳绝对是助推生命之帆的领军人物。他离世时，学生和同事在多家杂志上发表讣告❷怀念这位科学大师，多家报纸，如《纽约时报》和《华盛顿邮报》等也刊登了相关文章。霍拉纳是分子生物学领域的一位巨人，麻省理工学院（MIT）生物系主任凯撒（Kaiser）对他的评价是“一位杰出且具开创精神的科学家”❸。基于霍拉纳在遗传密码领域的历史贡献，于此撰文，既彰

---

❶ 吕吉尔. 哈尔·G·科拉纳(1922—2011)[J]. 世界科学,2012(1):64.

❷ Ansari A Z,Rosner M R,Adler J. Har Gobind Khorana 1922—2011[J]. Cell,2011,147(7):1433-1435;Sakmar T P. Har Gobind Khorana(1922—2011):chemical biology pioneer[J]. ACS Chem. Biol.,2012,7(2):250-251;Rajbhandary U L. Har Gobind Khorana(1922—2011)[J]. Nature,2011,480(7377):322.

❸ 郭晓强. 基因合成的奠基人——哈尔·戈宾德·科拉纳[J]. 自然杂志,2013,35(2):153-156.

显那段不平凡的岁月，又表达对伟人的敬仰与纪念。

2.1　霍拉纳生平简介

霍拉纳（图2-1），生于1922年1月9日，卒于2011年11月9日，是一位印度裔美国生物化学家。霍拉纳自幼受到了良好的家庭教育，激发了他对学习的热忱，为后来开创分子生物学、生物化学研究奠定了坚实的基础。在获得诺贝尔奖后的自述中，霍拉纳曾这样讲道：“虽然我们非常贫穷，但是父亲却不遗余力地把全部精力放在教育我们几个孩子身上，我们是整个村子的100多人中唯一一个识字的家庭。”❶ 他抚养了三个子女，享年89岁。

图2-1　哈尔·葛宾德·霍拉纳

图片来源：wikipedia

霍拉纳是一位非常勤奋且高产的科学家，一生发表了论文450余篇。他对科学的贡献，尤指分子生物学领域，特别是合成核酸，为许多重要后期的新发现铺平了道路。霍拉纳个人职业履历饱满丰富，在多所大学——利物浦大学、瑞士联邦理工学院、剑桥大学、不列颠哥伦比亚大学、威斯康星大学麦迪逊分校和麻省理工学院都留下了自己科学研究的足迹，赢得了荣誉学位。获奖颇丰：除获得诺贝尔奖（1968年）外，霍拉纳还获得大量重要奖项和荣誉，如默克奖（1958年，加拿大化学研究所授予）、因合成有机化学创造性工作而荣获的美国化学学会奖（1958年）、Dannie-Heinneman奖（1967年）、Remsen奖（1968年，约翰霍普金斯大学授予）、拉斯克基础医学奖（the Lasker Foundation Award for Basic Medical Research，1968年）、Willard Gibbs奖（1974年）及美国国家科学奖章（1987年）。

1943年，霍拉纳获得学士学位，并于1945年在拉合尔的旁遮普大学取得硕士学位。1948年，他申请到在英国利物浦大学攻读博士学位的奖学金。

---

❶ L. N. 玛格纳. 生命科学史[M]. 天津：百花文艺出版社，2001：636-638.

随后，霍拉纳前往瑞士苏黎世与普雷洛格（Prelog）教授合作一年。

在20世纪60年代早期，霍拉纳合成了以精确结构而闻名的核酸分子。❶ 核酸分子可以通过添加适当的物质来合成。将这些蛋白质与核酸的结构进行比较，蛋白质的每个部分都有“编码”。1954年，霍拉纳用碳二亚胺（carbodiiide）结合了二磷酸腺苷（ADP）和三磷酸腺苷（ATP）。在接下来的数年里，霍拉纳和他的同事合成了一系列的核苷酸化合物，包括不对称的环核苷酸、核苷酸和其他重要的生物分子。最重要的进展是在1959年。霍拉纳和莫法特（Moffat）使用碳二胺合成乙酰辅酶A。乙酰辅酶A是一个最复杂的辅助因子，传统的方法是从酵母中提取出来，不仅价格贵且耗时，然而霍拉纳实现了乙酰辅酶A的合成，大大降低了生产成本，这让霍拉纳拥有极高的国际声誉。

霍拉纳合成的核苷酸序列这一重要成果引来了众多科学家的访问，如伯格（Berg，1980年诺贝尔奖得主），科恩伯格（Kornberg，1959年诺贝尔生理学或医学奖得主）和肯尼迪（Kennedy）等。通过和科学家沟通，霍拉纳了解到生物化学的最新进展。1955年，霍拉纳意识到奥乔亚（Ochoa，1959年诺贝尔生理学或医学奖得主）发现了聚合物核苷酸磷酸化酶，当时科恩伯格正在进行DNA酶的研究工作，这些成果将进一步激励霍拉纳投入核酸合成研究。1959年，在不列颠哥伦比亚大学，霍拉纳和他的同事莫法特合作进行辅酶A在人体新陈代谢中的合成。1960年，霍拉纳来到了威斯康辛大学的酶学研究所，成为入籍美国公民。他继续研究核苷酸合成和解码遗传密码，最先阐明核苷酸在蛋白质合成中的作用。❷ 后来在这项研究中，霍利、霍拉纳和尼伦伯格（图2-2）共同获得了1968年的诺贝尔生理学或医学奖。应该说，美国的这三个实验室在英国生物物理学家克里克的协调下进行沟通与交流，为遗传密码的实验室破解作出了重要而关键性的贡献。

---

❶ Ohtsuka E. Achievement of Dr. H. G. Khorana and nucleic acids chemistry[J]. Tanpakushitsu Kakusan Koso Protein Nucleic Acid Enzyme, 1995, 40(10): 1674-1676.

❷ Caruthers M H. Gene synthesis with H G Khorana[J]. Resonance, 2012, 17(12): 1143-1156.

图2-2　1968年因诠释遗传密码及其功能而获诺贝尔奖的
霍利（左）、霍拉纳（中）和尼伦伯格（右）

2.2　霍拉纳的遗传密码研究

霍拉纳是参与研究第一个遗传密码的众多科学家之一。当然，该基因密码吸引了许多科学家在1961年加入遗传密码研究。霍拉纳先生拥有自己的独立实验室和研究团队，前期研究使他对酶学、综合核苷酸生化知识经验和熟练的寡核苷酸有机合成有深入的了解，这些是最终破解遗传密码的先决条件，提供了强有力的保证。❶

事实上，尼伦伯格密码子破解工作吸引了霍拉纳。当面临密码子排列次序的问题时，霍拉纳从化学方法中积极寻找解决问题的路径。例如，由重复的三核苷酸序列（AAG）合成的同型多肽：（1）由多聚赖氨酸（Lys）组成的链；（2）由多聚精氨酸（Arg）组成的链；（3）由多聚谷氨酸（Glu）组成的链。但是，无法断定3个密码子AAG、AGA、GAA中，哪个是Lys、Arg和Glu？

以分析“Lys”由哪一个密码子编码为例，霍拉纳组在分别增加这些三核苷酸量的情况下，测量了C_{14}赖氨酸结合核糖体上的量。发现三核苷酸AAG特别促进结合，从而确定三联体“AAG”是“Lys”密码子。用同样的方法他们确定了“AGA”是“Arg”的密码子，“GAA”是“Glu”的密码子。

---

❶　Farrens D L, Sakmar T P. Contributions of H G Khorana to understanding transmembrane signal transduction[J]. Resonance, 2012, 17(12): 1165-1173.

实验结果为：（1）AAG-AAG-AAG-AAG 为由（AAG）*n* 多聚赖氨酸（Lys）组成的链；（2）AGA-AGA-AGA-AGA 为由（AGA）*n* 多聚精氨酸（Arg）组成的链；（3）GAA-GAA-GAA-GAA 则是由（GAA）*n* 多聚谷氨酸（Glu）组成的链。结合上述重复二核苷酸序列（AG）*n* 合成的共聚肽的结果，很快就可以判断出“GAA”也是“Glu”的密码子。❶ 霍拉纳的实验结果使克里克阐明的密码子“三联体”的本质特征又增加了实验论据。

霍拉纳按照事先的设计合成具有特定核苷酸排列顺序的人造 mRNA（这个结果本身已是卓越的成就），并用它来指导多肽或蛋白质的合成，以检测各个密码子的含义，证实了构成基因编码的一般原则和单个密码的词义。❷ 他的化学方法与尼伦伯格的三联体-核糖体结合体实验完全不同，但是他们都各自独立地破解了全部密码子。霍拉纳指出，在一个分子中，每个三联体密码子是分开读取的，互不重叠，密码子之间没有间隔。截至 1965 年 10 月，尼伦伯格研究组的辛格和莱德基于尼伦伯格和霍拉纳两个研究组的进展情况将密码表组成再次更新，见表 2-1。

霍拉纳将酶（DNA 聚合酶和 RNA 聚合酶）与化学方法相结合，以对遗传密码进行解码。在 1964 年合成了 64 种核苷酸链，利用这些寡核苷酸为模板作为肽的合成。遗传密码是根据多肽链合成中的氨基酸序列来确定的。霍拉纳合成的双核苷酸重复多核苷酸链，只能包含两种类型的遗传编码，即 UCU、CUC，并获得多肽丝氨酸和亮氨酸，他们的团队已经确定 UCU 是一种丝氨酸密码，则 CUC 为亮氨酸密码。由霍拉纳进一步合成了 3 个核苷酸和 4 个重复的多核苷酸链，如 UAC，可包含 3 个编码 UAC、ACU 和 CUA 的基因。通过对合成肽和氨基酸序列的分析，确定了编码 20 个氨基酸的 61 种密码。

此间，克里克与霍拉纳也通过信件交流彼此的实验数据。❸ 例如，霍拉纳经常将实验中取得的碱基比例与不同氨基酸关系的进展情况拿去与克里克分享，克里克也基于他和合作者布伦纳（S. Brenner）在无义密码子研究

---

❶ Khorana H. Nucleic Acid Synthes is in the Study of the Genetic Code[M].//Nobel Lectures: Physiology or Medicine (1963—1970). Beijing: World Scientific Publishing Co. Pte. Ltd., 2003: 350-356.

❷ Khorana H G. Total synthesis of a Gene[J]. Science, 1979, 203(4381): 614-625.

❸ http://profiles.nlm.nih.gov/SC/Views/AlphaChron/series/016805.

的进展情况为霍拉纳的实验给予了有力的指导。1966年，霍拉纳宣布基因密码，即密码子与氨基酸的编码关系已全部被破译❶。同年，克里克在密码表总结报告中给出表样，其中，两个组的实验结果都显示UAA、UAG和UGA不编码任何氨基酸。密码表得到了再次更新，见表2-2，至此，布伦纳已经确定UAA和UAG为无义密码子❷。

表2-1　遗传密码表

密码子	氨基酸	密码子	氨基酸	密码子	氨基酸	密码子	氨基酸
UUU	Leu	UCU	Ser	UAU	Iyr	UGU	Cys
UUC	Leu	UCC	Ser	UAC	Iyr	UGC	Cys
UUA	?	UCA	Ser	UAA	?	UGA	?
UUG	Phe	UCG	Ser	UAG		UGG	Trp
CUU	Leu	CCU	Pro	CAU	His	CGU	Arg
CUC	Leu	CCC	Pro	CAC	His	CGC	Arg
CUA	?	CCA	Pro	CAA	Gln	CGA	Arg
CUG	Leu	CCG	Pro	CAG	Gln	CGG	Arg
AUU	Ile	ACU	Thr	AAU	Asn	AGU	Ser
AUC	Ile	ACC	Thr	AAC	Asn	AGC	Ser
AUA	?	ACA	Thr	AAA	Lys	AGA	Arg
AUG	Met	ACG	Thr	AAG	Lys	AGG	?
GUU	Val	GCU	Ala	GAU	Asp	GGU	Glv
GUC	Val	GCC	Ala	GAC	Asp	GGC	Gly
GUA	Val	GCA	Ala	GAA	Glu	GGA	Gly
GUG	Val	GCG	Ala	GAG	Glu	GGG	Gly

注：此表基于尼伦伯格和霍拉纳两个研究组的实验结果绘制而成。

❶ Khorana H G, Büchi H, Ghosh H, et al. Polynucleotide synthesis and the genetic code[J]. Cold Spring Harb. Symp. Quant. Biol., 1966(31): 39-49.

❷ Brenner S, Stretton A O W, Kaplan S. Genetic Code: The ‘Nonsense’ Triplets for Chain Termination and Their Suppression”[J]. Nature, 1965, 206(4988): 994-998.

表 2-2 遗传密码表

密码子	氨基酸	密码子	氨基酸	密码子	氨基酸	密码子	氨基酸
UUU	Leu	UCU	Ser	UAU	Iyr	UGU	Cys
UUC	Leu	UCC	Ser	UAC	Iyr	UGC	Cys
UUA	Phe	UCA	Ser	UAA	Ter	UGA	?
UUG	Phe	UCG	Ser	UAG	Ter	UGG	Trp
CUU	Leu	CCU	Pro	CAU	His	CGU	Arg
CUC	Leu	CCC	Pro	CAC	His	CGC	Arg
CUA	Leu	CCA	Pro	CAA	Gln	CGA	Arg
CUG	Leu	CCG	Pro	CAG	Gln	CGG	Arg
AUU	Ile	ACU	Thr	AAU	Asn	AGU	Ser
AUC	Ile	ACC	Thr	AAC	Asn	AGC	Ser
AUA	Ile	ACA	Thr	AAA	Lys	AGA	Arg
AUG	Met	ACG	Thr	AAG	Lys	AGG	Arg
GUU	Val	GCU	Ala	GAU	Asp	GGU	Glv
GUC	Val	GCC	Ala	GAC	Asp	GGC	Gly
GUA	Val	GCA	Ala	GAA	Glu	GGA	Gly
GUG	Val	GCG	Ala	GAG	Glu	GGG	Gly

以上实验方面的密码破解工作在科学史上是令人震惊的。密码子的破解展现出实验方面从简到难、循序渐进的破解过程。这个过程使科学家从定性到定量、从模糊到明确，最终确定了每一个密码子与氨基酸间的编码关系。1967 年，布伦纳和克里克等对第三个不能编码任何氨基酸的密码子 UGA“无义密码”的身份做了最终认定。❶

1968 年，克里克集合三个实验研究组的密码子数据及自己与布伦纳的密码子理论推测，建立了“小字典”——遗传密码表。克里克谦虚地认为自己仅仅是个整理者，这种工作没有什么技术含量。然而，从编码问题的研究历程上看，足以证明无论在理论上，还是在实验中，克里克对这张反映密码子和氨基酸或终止信号间关系的密码表问世的贡献之大。虽然克里

❶ Brenner S L, Barmett E R Katz, Crick F H C. UGA: a Third Nonsense Triplet in the Genetic Code[J]. Nature, 1967(213): 449-450.

克在密码研究中主要从事理论工作，但是他非常关注相关理论在实验室中所起到的作用和实验工作者密码破译工作的进展。他多次从实验角度与尼伦伯格、霍拉纳基于密码子破解问题进行分析、讨论和交流，根据尼伦伯格、霍拉纳二者实验室的工作并行地开展密码性质方面的理论研究，有力促进了密码研究的理论与实验紧密联合，也显示出实验工作者发挥的重要作用。因此，从反向来讲，霍拉纳的工作确实有力促进了克里克在理论方面的研究。

除了破解遗传密码外，霍拉纳还鉴定出了若干基因编码特征；例如，进一步为遗传密码提供直接证据、DNA 到蛋白质是利用中介分子 RNA 传递信息等。在遗传密码的过程中读取 RNA 的翻译，两个代码之间没有重叠也没有间隔。遗传编码的面纱逐步被揭开后，霍拉纳随即洞察到研究重点须转移到“基因的结构和功能”之间的关系，并且随即研究 DNA 和蛋白质之间的相互作用问题。为了更好地理解基因表达，霍拉纳开始研究 DNA 的合成。在蛋白质合成过程中，霍拉纳意识到 tRNA 的重要性，并决定合成酵母菌的转运核酸编码，即 tRNA。

1970 年 6 月，霍拉纳在威斯康辛大学宣布了他的里程碑式的研究结果。1976 年，霍拉纳宣布全功能的人工基因的合成，这是人类第一次认识到人工基因。人工基因片段是建立在基因结构和功能机制的基础上的 DNA，里面包括所有的成分表达需要的并能正常转录在大肠杆菌。人工基因也是遗传工程的重要且具有可行性的途径。如今，DNA 合成被生物学家和生物化学家广泛应用于 DNA 测序、基因克隆以及聚合酶链反应放大的实验中。1980 年后霍拉纳扩大了研究重点，专注于研究分子生物学，他倡导的技术对基因工程的广泛进行和生物技术产业化具有举足轻重的作用。

2.3　影响与启示

2.3.1　热爱科学，献身科学

从学习和工作经历来看，霍拉纳热爱科学，并对科学研究有着独特的兴趣、渴望与热情。1943 年，霍拉纳以优异成绩从旁遮普大学毕业，获得化学专业理学学士学位，两年后又获得生物化学专业的硕士学位。在大学期间，霍拉纳一直勤奋刻苦、认真钻研，取得不菲成绩，毕业后凭借印度政府奖学金进入英国利物浦大学读博士。在利物浦大学，霍拉纳主要开展生物碱合成、细菌色素紫色杆菌素（violacein）的结构研究，导师是比尔（Beer）教授。基于获得的成果，1948 年，霍拉纳获得有机化学博士学位；期间，他开始对核酸生物化学产生了浓厚兴趣。

在博士学习结束后，霍拉纳只身来到瑞士苏黎士联邦理工学院，向著名有机化学大师 1975 年的诺贝尔化学奖获得者普雷洛格寻找博士后职位。在随后的近一年里，霍拉纳以实验室为家，主要靠大米和未消毒牛奶为生。普雷洛格虽根据霍拉纳之前的工作业绩同意他留下，但并没有提供科研基金。因此霍拉纳的生存环境、条件等很简陋，但是他有持续研究的渴望与热情。经过艰苦卓绝的努力，霍拉纳不仅与普雷洛格建立了长期的科研、学习联系，而且确信普雷洛格是影响自己未来科学研究和思维的最伟大导师。当时，有机化学方面的知识与研究进展是霍拉纳的弱项，因此他利用大量时间在图书馆翻阅德国在有机化学方面的文献，偶然间，发现一种鲜为人知的合成试剂（碳二亚胺）。当时，几乎没有用英文描述这种试剂的资料，可见，碳二亚胺并未引起太多研究者的关注。尽管霍拉纳也无法知晓此试剂的具体功能，但正是这种试剂为霍拉纳在科研上的成功发挥了关键性作用。

之后，从核酸的合成研究到将化学方法和酶学方法（DNA 聚合酶、RNA 聚合酶）有机结合去破译遗传密码，再至人造基因的合成，霍拉纳积累了丰富的生物化学知识和实验经验。其科学活动蕴含了追求真相的兴趣、渴望及热情，充满着热爱科学和献身科学的丰硕成果。

2.3.2 科学家群体的团队合作精神

霍拉纳非常珍视群体科学家的团队合作精神。在 1968 年的诺贝尔演讲词中，我们可以清晰地感受他对“遗传密码研究的成功得益于多国科学家共同努力”的肺腑之言。此情绝非出于礼节层面上的形式表达，而是对受惠于“大科学”研究的科学家群体团队合作精神的客观讲述与感动。霍拉纳在演讲中强调：构成本次讲座内容的工作是一次协同合作的努力。他深深地感谢这些能有幸愉快交往的热心的同事、化学家和生物化学家。

霍拉纳开宗明义：“Recent progress in the understanding of the genetic code is the result of the efforts of a large number of workers professing a variety of scientific disciplines. Therefore, I feel it to be appropriate that I attempt a brief review of the main steps in the development of the subject before discussing our own contribution which throughout has been very much a group effort. I should also like to recall that a review of the status of the problem of the genetic code up to 1962 was presented by Crick in his Nobel lecture."

可见，霍拉纳认为：在遗传密码方面取得的进展是大量从事各种科学研究的工作者共同努力的结果。因此，他在讨论自己的贡献之前，先要回顾一下这个主题发展过程中的主要步骤，认为这在很大程度上是一个集体的努力。至于 1962 年以前遗传密码问题的现状回顾，霍拉纳谈及了克里克的诺贝尔演讲（克里克因 DNA 结构而获诺贝尔奖，演讲主题是遗传密码）。他曾与克里克做过深入的交流，图片 2-3 为霍拉纳、克里克夫妇在冷泉港会议中的场景。

图 2-3 参加冷泉港会议的霍拉纳（左）、克里克夫妇

图片来源：http：//10.1371/journal. pbio. 1001273. g002

正如牛顿所言的“巨人之肩”，霍拉纳高度评价通往遗传密码破译之路上众多科学家，如比德尔（Beadle）和塔特姆（Tatum）、赫尔希（Hershey）和蔡斯（Chase）、托德（Todd）、克里克（Crick）和沃森（Watson）、布伦纳（Brenner）、奥乔亚（Ochoa）、霍利（Holley）、尼伦伯格（Nirenberg）及克拉克（Clark）等的奠基性贡献。

霍拉纳深知：虽然在遗传密码的某些细节方面仍然缺乏明确性，但在大家眼中，看到了在其总体结构方面达成了完全一致。这是一种最令人满意的经历，所有参与者曾致力于解决这些问题。来自各种技术、遗传和生物化学、体内和体外实验的证据都提供了现有的密码子的分配，任何编码关系都不太可能被修改。然而，在化学和生物化学水平上仍有许多工作要做，以充分了解非常复杂的蛋白质合成系统；遗传密码的问题至少在受限的一维意义（多核苷酸的核苷酸序列与多肽的氨基酸序列的线性相关）上似乎已经解决了。他希望这些知识能为分子生物学和发育生物学的进一步研究奠定基础。

霍拉纳看到：科学的工作和进步越来越相互关联依赖——当然在遗传密码的研究中也是如此。许多伟大的科学家，他们直接或间接地影响了霍拉纳于正文所回顾的工作。霍拉纳的致谢词非常真诚，他想亲自向一位科学家——普雷洛格表示感谢，因为正是被苏黎世联邦理工学院普雷洛格教授录取为博士后的幸运使他得到了快速的成长。霍拉纳坦言："与这位伟大的科学家和人们的交往，极大地影响了我对科学、工作和努力的观念与态度！"

霍拉纳对遗传密码的核酸合成研究缘起于加拿大温哥华的不列颠哥伦比亚研究委员会。在那里，这项工作得到了戈登（Gordon，时任西蒙弗雷泽大学校长）医生的支持和加拿大国家研究委员会的资助。随后的几年该研究持续得到了来自美国国立卫生研究院癌症研究所、美国公共卫生署、华盛顿国家科学基金会、人寿保险医学研究基金和威斯康星大学研究生院的慷慨支持。因此，一项科学研究的成功——遗传密码表的整体问世依赖多国科学家不计个人得失的通力合作、多方资金的支持及多领域知识与技能的融合。

最后，还需要说明的是：霍拉纳不但是一位伟大的科学家，还是一位杰出的教育家，在培养年轻科学家方面也贡献重要力量（图 2-4，图 2-5❶）。霍拉纳领导了 150 多名博士后和研究生，其中许多人已经成为世界上重要学术机构或生物技术公司的领导者。他成立的霍拉纳奖学金项目，促进了印度教育的发展，为学生之间的交流架起桥梁。他还获得了利兹大学、英属哥伦比亚大学、芝加哥大学和旁遮普大学等学校的荣誉学位。

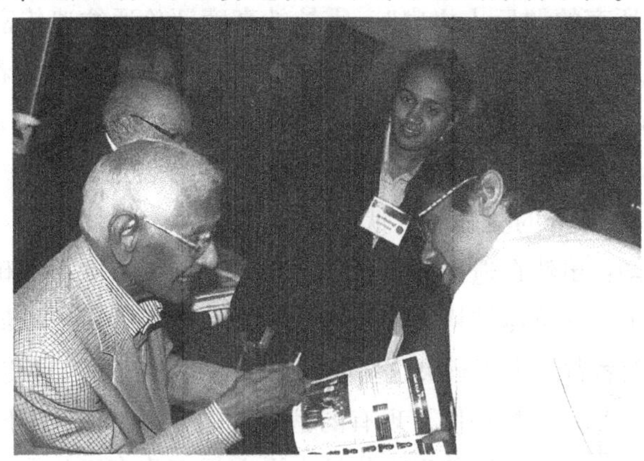

图 2-4　与青年学者交流的霍拉纳

❶ Ansari A Z, Rosner M R, Adler J. Har Gobind Khorana 1922—2011[J]. Cell, 2011, 147(7): 1433-1435.

霍拉纳一生发表450多篇论文，尤其是酵母 $tRNA^{Ala}$ 基因合成论文于1972年12月在《分子生物学杂志》上整版刊登（共15篇，313页），有力说明了霍拉纳的研究对科学界的重要性。1966年，霍拉纳成为美国公民，他非常专注于自己的工作，很少离开工作岗位，一直不知疲倦地工作，曾经连续12个春秋未曾度假。尽管已取得美国国籍，但霍拉纳还非常关注印度的发展。2007年，他创立霍拉纳奖学金计划，这是一个在印度大学学生和威斯康星大学学者之间进行交换的倡议。通过该计划，许多威斯康星大学老师来到印度，而许多印度学生可走进威斯康星大学深造，对提升印度教育具有十分重要的指导意义。

图2-5 晚年的霍拉纳

在霍拉纳的科学人生中，他不仅证实RNA的遗传密码由64个不同的密码子组成，还成功地合成了第一个人工合成的基因，并且在活细胞中澄清了人工基因的功能。霍拉纳所带来的遗传密码的破译和基因的合成是20世纪生命科学的突破，他对实验的规划、设计和分析都是一流的；科学家霍拉纳的执着、谨慎和创造性诠释了促进近代科学诞生的实验传统（物理学家同样重视），为科学研究事业呈现了经典范例！

参考文献

郭晓强，2013. 基因合成的奠基人——哈尔·戈宾德·科拉纳[J]. 自然杂志，35(2):153-156.

吕吉尔，2012. 哈尔·G·科拉纳(1922—2011)[J]. 世界科学，(1):64.

L N 玛格纳，2001. 生命科学史[M]. 李难，等译. 天津：百花文艺出版社.

Ansari A Z, Rosner M R, Adler J, 2011. Har Gobind Khorana 1922—2011[J]. Cell, 147(7):1433-1435.

Khorana H G, 1979. Total synthesis of a gene[J]. Resonance, 203(12):614-625.

Kleppe K, Ohtsuka E, Kleppe R, et al., 1971. Studies on polynucleotides. XCVI. Repair replications of short synthetic DNA's as catalyzed by DNA polymerases[J].

Journal of Molecular Biology, 56(2): 341-361.

Rajbhandary U L, 2011. Har Gobind Khorana (1922—2011) [J]. Nature, 480 (7377): 322.

Sakmar T P, 2012. Har Gobind Khorana (1922—2011): chemical biology pioneer [J]. ACS Chem. Biol., 7(2): 250-251.

Sakmar T P, 2012. Har Gobind Khorana (1922—2011): Pioneering Spirit [J]. PLoS Biology, 10(2): 1-3.

Wildenauer D, Khorana H G, 1977. The preparation of lipid-depleted bacteriorhodopsin [J]. BBA-Biomembranes, 466(2): 315-324.

拓展阅读

1. H. Gobind Khorana, 1968 Nobel Winner biochemist for RNA Research, Dies (https://www.nytimes.com/2011/11/14/us/h-gobind-khorana-1968-nobelwinner-for-rna-research-dies.html).
2. H. Gobind Khorana - Biographical (https://www.nobelprize.org/nobel_prizes/medicine/laureates/1968/khorana-bio.html).
3. The Official Site of Louisa Gross Horwitz Prize (http://www.cumc.columbia.edu/horwitz).
4. Har Gobind Khorana (1922—2011): Pioneering Spirit (https://doi.org/10.1371%2Fjournal.pbio.1001273).
5. Har Gobind Khorana: American biochemist (http://www.britannica.com/EBchecked/topic/316846/Har-Gobind-Khorana).
6. Google Doodle honors DNA researcher Har Gobind Khorana (https://www.usatoday.com/story/tech/talkingtech/2018/01/09/google-doodle-honors-dna-researcher-har-gobind-khorana/1016000001).
7. Asian Americans: An Encyclopedia of Social, Cultural, Economic, and Political History (https://books.google.com/books?id=3AxIAgAAQBAJ&q=early+life+har+gobind+khorana&pg=PA653).
8. H Gobind Khorana (https://www.telegraph.co.uk/news/obituaries/science-obituaries/8892230/H-Gobind-Khorana.html).

9. Har Gobind Khorana: Why Google honours him today (http://www. aljazeera. com/news/2018/01/har-gobind-khorana-google-honours-today-180108134719847. html).

10. Gobind Khorana, MIT professor emeritus, dies at 89 (https://news. mit. edu/2011/obit-khorana-1110).

11. All you need to know about Har Gobind Ghorana, who Google is celebrating today with a Doodle (https://www. independent. co. uk/news/world/americas/har-gobind-ghorana-birthdaywho-is-he-google-doodle-dna-science-life-career-a8148666. html).

12. Har Gobind Khorana Dies At 89 - November 21, 2011 Issue - Vol. 89 Issue 47 - Chemical & Engineering News (https://cen. acs. org/articles/89/i47/Har-Gobind-Khorana-Dies-89. html).

13. Khorana, Har Gobind (1922—2011) (https://books. google. com/books?id=3AxIAgAAQBAJ & pg=PA653).

14. History-Department of Biochemistry(https://biochem. ubc. ca/about/history).

15. Har Gobind Khorana (http://www. universetale. com/har-gobind-khorana-the-nobel-laureate).

16. Biochemist Har Gobind Khorana, whose UW work earned the Nobel Prize, dies (http://news. wisc. edu/biochemist-har-gobind-khorana-whose-uw-work-earned-the-nobel-prize-dies).

17. Total Synthesis of a Tyrosine Suppressor tRNA: the Work of H. Gobind Khorana (https://www. ncbi. nlm. nih. gov/pmc/articles/PMC2685647).

18. H. Gobind Khorana - Facts (https://www. nobelprize. org/nobel_prizes/medicine/laureates/1968/khorana-facts. html).

19. Har Gobind Khorana deciphered DNA and wrote the dictionary for our genetic language(https://www. vox. com/2018/1/9/16862980/google-doodle-har-gobind-khorana-genetics-dna).

20. Who Is Har Gobind Khorana? Why Google Is Celebrating the Nobel Prize-Winner(http://time. com/5094695/google-doodle-har-gobind-khorana/).

21. MIT HG Khorana MIT laboratory (http://web. mit. edu/chemistry/www/faculty/khorana. html).

22. HG Khorana Nobel Lecture(http://nobelprize. org/nobel_prizes/medicine/laure-

ates/1968/khorana-lecture. html).

23. Fellowship of the Royal Society 1660-2015 (https://web. archive. org/web/20151015185820).
24. Khorana Program for Scholars (http://iusstf. org/story/53-50-Khorana-Program. html).
25. History(https://www. winstepforward. org/history).
26. Golden Plate Awardees of the American Academy of Achievement(https://achievement. org/our-history/golden-plate-awards/#science-exploration).
27. Har Gobind Khorana's 96th Birthday (https://www. google. com/doodles/har-gobind-khoranas-96th-birthday).
28. Har Gobind Khorana's 96th Birthday (https://www. google. com/doodles/har-gobind-khoranas-96th-birthday).
29. Google Doodle honors DNA researcher Har Gobind Khorana(https://www. usatoday. com/story/tech/talkingtech/2018/01/09/google-doodle-honors-dna-researcher-har-gobind-khorana/1016000001).

第 3 章　霍利（R. W. Holley）

在不降低获奖乐趣的前提下，我认为，科学家最大的满足感确实来自将一项重大研究推进至得到一个成功的结论！❶

——R. W. 霍利

霍利没有真正确定密码子与氨基酸的配对关系，然而他却因密码子破译于 1968 年同霍拉纳和尼伦伯格一起得到了诺贝尔医学和生理学奖。如此可见，霍利一定在密码子破解中担当了重要角色，贡献了关键性的研究成果。本节即从内史的视角，厘清霍利在遗传密码研究中的历史贡献。本章首先介绍霍利的生平。

3.1　霍利生平简介

罗伯特·威廉·霍利（1922—1993），美国化学家。1922 年 1 月 28 日生于伊利诺伊州厄巴纳。1942 年，霍利毕业于伊利诺伊州立大学，获得化学学士学位；1947 年，获得康奈尔大学哲学博士学位，后来成为著名科学家维迪尼奥（V. du Vigneaud）的助手并从事青霉素合成的研究。维迪尼奥因最早用人工方法合成蛋白质激素——催产素和加压素而荣获 1955 年的诺贝尔化学奖。

研究生毕业后，霍利仍然与康奈尔大学保持着联系。在第二次世界大战期间，霍利在康奈尔医学院工作，从事包括合成青霉素在内的课题；1948 年，他在杰尼瓦的纽约州农业实验站谋得了一个职位；1955 年，霍利开始

❶ http://nobelprize.org/medicine/laureates/1968/holley-lecture.pdf.

从事蛋白质合成的研究，随后将工作中心转移到 tRNA 研究；1958 年，霍利计划从丙氨酸的 tRNA 开始突破；1964 年，霍利开始担任康奈尔大学的生物化学教授；1965 年，获得了酵母丙氨酸 tRNA 的一级结构；1968 年，他同霍拉纳（H. G. Khorana）和尼伦伯格一起得到了诺贝尔医学和生理学奖❶，如图 3-1 所示❷。1993 年，霍利逝世。

图 3-1　交谈中的霍利（左）、尼伦伯格（中）和霍拉纳（右）

从霍利的生平可见：他一生的科学研究涉猎的范围并不多，却获得了一项诺贝尔奖，足以证明霍利的智慧与才能；霍利也是一位品质非常高尚的科学家，尊重团队中每一个人的学术贡献，重视和认可成员（包括研究生）的劳动成果。

3.2　霍利与遗传密码研究

3.2.1　连接子

最早意识到 tRNA 分子存在的科学家是克里克。他在一份未公开发表的手稿中预言了这一神秘分子的存在。❸ 克里克深刻地思考编码问题，首先认为 DNA 不可能提供三个碱基对编码一个氨基酸的结构；接着根据氨基酸侧

❶ 生命遗传密码的发现之旅_腾讯新闻。

❷ https://www.sohu.com/a/565187301_121124303.

❸ Crick F H C. From DNA to Protein on Degenerate Templates and the Adapter Hypothesis:a Note for the RNA Tie Club,1955.

链的物理化学性质，克里克发现在核酸上没有互补特性。克里克更加肯定无论是DNA还是RNA都难以成为20种标准氨基酸的侧链的直接模板，除非有间接证据。克里克认为核酸结构可能具有的是能形成氢键的特殊原子基团。为解决上述矛盾，他提出了密码研究中第一个假说——连接体假说，他认为会存在20种连接体（分别对应每一种氨基酸），同时还有20种特殊的酶，它将某种氨基酸连接到对应的连接体上，然后这一结合物扩散到RNA模板上。克里克的合作者布伦纳建议他把这一思想称为“连接体假说”。氢键的作用是当连接体结合到核酸模板的某一特定位置时，它将连接体与模板进行固定，以便将连接个体携带的氨基酸运到正确的位置上。

当时，克里克“不止一个连接子可以连接同一种氨基酸”的观点遭到了驳斥。反对者声称：这种连接子并不存在。然而不久，哈佛医院的一位生物化学家霍格兰（Hoagland）完全独立地得出了支持这一假说的实验证据，这种连接子就是一类有运载功能的重要的RNA——转运RNA（tRNA）。1957年，在哈佛大学任教的沃森访问了扎米尼克（Zamecnik）[1]实验室（霍格兰在此工作），将他们的发现与克里克早先提出的核酸与蛋白质合成的中间环节假设“适配子”（adaptor）联系起来，认为tRNA就是“适配子”。克里克的假说和霍格兰的实验符合得相当好，只是这种tRNA分子比他想象的大些而已。tRNA的别名较多：sRNA、连接子、衔接子、应接器、分子转换器和适配子等。

3.2.2　tRNA的发现

1958年，扎米尼克、霍格兰标志着tRNA的正式发现的研究成果发表在美国的《生物化学杂志》上。正是这个发现使蛋白质合成的研究进入了黄金时代，遗传密码的破译工作就是在tRNA发现的基础上被完成的。因此，在遗传密码研究中，tRNA角色举足轻重。蛋白质合成与核酸的衔接之桥即是tRNA——推动了遗传密码的破译，有效诠释了密码子的简并性特征，并证实了中心法则的正确性。应该说，tRNA是生物化学与分子生物学高度融合的产物，它的发现和揭示是生命科学史上的标志性事件。

---

[1] 刘望夷. 转移核糖核酸发现五十年——tRNA发现者Zamecnik辞世[J]. 生命的化学，2010，30(5)：656-666.

整个发现历经 tRNA 的发现、tRNA 二级结构的确定和 tRNA 三级结构的揭示 3 个阶段。❶ 这个过程涉及的主要科学家有：克里克、扎米尼克（1996 年，荣获了有“美国诺贝尔奖”之称的首届拉斯克终身成就奖）、霍格兰（1976 年，获美国富兰克林奖）、霍利、里奇（Rich）、克鲁格（Klug）。霍利的工作有效促进了遗传密码的破解，并以此取得 1965 年的美国拉斯克奖，后又分享了 1968 年的诺贝尔生理学或医学奖。❷

于此，我们主要聚焦探索 tRNA 的二级结构方面贡献卓著的科学家霍利。霍利首先面临的是提取 tRNA 的分离技术问题，最终他采用了自己改进后的逆流分配技术。❸ 接下来是测定 tRNA 碱基的排列顺序，他决定选择与桑格（Sanger）确定胰岛素中氨基酸排列顺序相似的方法。桑格是两次获得诺贝尔奖的英国科学家❹，历经 10 年，明晰确定了蛋白质牛胰岛素的分子结构并获 1958 年诺贝尔化学奖。霍利先用核糖核酸酶把 tRNA 逐渐分解成小的片段，再分析各个片段碱基的组成及其末端。由于 tRNA 中含有不常见的碱基——修饰碱基（modified bases），因此，相比测定蛋白质，这项工作要简单些。由于他对核酸生成蛋白质的机理很感兴趣，他用与桑格在蛋白质方面的类似研究方法，试图确定天然存在的核酸的结构。最小的天然核酸分子是各种“转移核糖核酸”单元。1962 年，霍利已生产出核糖核酸的三种变体的高纯度成品，并于 1965 年 3 月确定了它们中间一种变体的完整结构。经过 9 年多的努力，霍利终于将酵母丙氨酸 tRNA（yeast alanine transfer RNA）片段拼接起来，弄清了 tRNA 是由 76 个碱基组成的大分子化合物。

1965 年，霍利研究组把题为《RNA 的结构》一文发表在同年的《科学》（*Science*）杂志第 147 期上。❺ 这篇论文不仅介绍了测定酵母丙氨酸的方法和 tRNA 的一级结构，并且利用一级结构提供的信息提出了 tRNA 的 3

---

❶ 白冠军，任衍钢，宋玉奇，等. tRNA 的发现和揭示[J]. 生物学通报，2014，49(6)：56-59.

❷ http://www.ars.usda.gov/News/docs.htm? docid=16897.

❸ 郭晓强，张海龙. 查美尼克在分子生物学方面的贡献[J]. 医学与哲学，2006，27(11)：52-53.

❹ 廖侃. 弗雷德里克·桑格（Frederick Sanger）看到的蛋白质和 DNA[J]. 生命的化学，2014，34(3)：411-413.

❺ Holley R W，Apgar J，Everett G A，et al. Structure of a Ribonucleic Acid[J]. Science，1965，147(3664)：1462-1465.

种二级结构模型，其中就有著名的“三叶草”模型（图 3-2）。

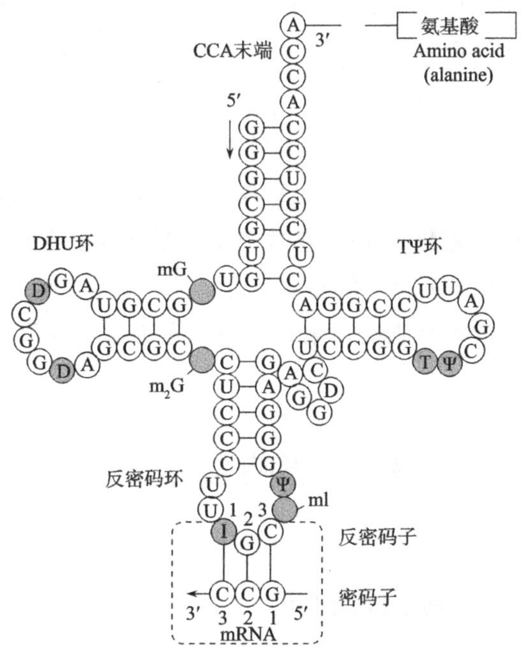

图 3-2　tRNA 的三叶草形结构图

霍利在发言中谈到：一个特别有趣的问题便是 tRNA 与 mRNA 的相互作用。推测表明，在镁离子存在的情况下，tRNA 的三维结构在适合蛋白质合成的条件下，应该有编码核苷酸的三联体，即反密码子，以允许它与 mRNA 中的三联体，即密码子相互作用的方式暴露出来；构成丙氨酸 tRNA 中反密码子的序列是序列 IGC，存在于分子中间，还包括对核糖核酸酶 T_1 攻击非常敏感的 RNA 链，在露出的位置有 IGC 序列，也有非常有趣的对称性，如“三叶草”形。

该模型认为，tRNA 的二级结构就像三叶草，由 1 个双链的“叶柄”和 3 个单链环及部分双链构成的“叶片”组成。此后，科学家进一步研究发现，无论是丙氨酸的 tRNA，还是其他氨基酸的 tRNA，其结构的共同特点都是“三叶草”形的二级结构，并且在这个结构柄端的底部都有 1 个专门结合氨基酸、由 CCA 碱基排列的单链，中央环上的碱基各不相同，是反密码子部位，另外 2 个环中的 1 个，其碱基排列顺序在所有 tRNA 上几乎完全相同，推测这个环是非专一性连接核糖体的部位❶。霍利是一位品质高尚的科学家，他在后来明确指出，关于 tRNA“三叶草”二级结构的发现并非他一个人的功劳，而是其研究团队中的一位女技术员和一位研究生分别独立绘制出来的，霍利对他的助手们给予了高度的评价。

1968 年，霍利在诺贝尔获奖词中讲道：“当然，能够解决每一个实验问题并最终完成核苷酸序列是非常令人满意的。从发现到分离，再到结构分析，我们能够处理丙氨酸 tRNA。在这个竞争激烈的研究时代，很少有科学家能满意地完成一个耗时 9 年的研究课题。在不降低获奖乐趣的前提下，我认为，科学家最大的满足感确实来自将一项重大研究成果推进至得到一个成功的结论。”

3.3 影响与启示

3.3.1 克里克的密码子摆动假说

霍利 tRNA 的研究深化了克里克对密码子问题的思考，催生了摆动假说❷的建立。图 3-2 中反密码子第一位点和密码子第三位点的配对关系是克里克摆动假说的关键。因此，对反密码子来说，克里克认为同样需要实验证据的检验，才能确保理论的正确性。反密码子中必须提供密码子自由摆动赖以存在的碱基元素。1965 年，霍利发现了大肠杆菌中丙氨酸 Ala 的 tRNA 序列，指出 IGC 可能在酵母中是丙氨酸 Ala 的反密码子：

位置 -------- pUpUpIpGpCpMeIpΨp --------

----------- 36 37 38 -----------

克里克对此也相当认同。而且，1963 年，英格拉姆等也看到，酵母中氨基酸缬氨酸 Val 的反密码子 tRNA 序列中出现了次黄嘌呤 I：

---

❶ A. 罗勒. 分子生物学入门[M]. 杨庆尧，徐思舜，译. 上海：上海教育出版社，1985：239-243.

❷ Crick F H C. Codon—anticodon Pairing: the Wobble Hypothesis[J]. J. Mol. Biol., 1966,19(2):548-555.

--------------pIpApCp--------------

1965 年，查乔（Zachau）工作组在实验中测出酵母的丝氨酸 Ser 的反密码子 tRNA 序列中也出现了次黄嘌呤 I：

-------- pΨpUpIpGpApA⁺pΨp --------（A⁺是A的修饰碱基）

克里克当时还拿到另外一个密码子与反密码子的结合证据（表 3-1），这使他对“摆动假说”更有自信。

表 3-1　次黄嘌呤 I 在 tRNA 反密码子中的出现

反密码子		密码子
AIa	IGC	GC?
Ser	IGA	UC?
Val	IAC	GU?

-------- pUpUpIpGpCpMeIpΨp --------

----------- 36 37 38 -----------

次黄嘌呤 I 在反密码子第一位点的出现可以说是密码子第三位点具有“摆动性”的一个重要证据。它使得编码同一氨基酸的密码子第三碱基可以不具有唯一性，进而对密码“简并性”的出现提供佐证。但是，次黄嘌呤并不是在每一个 sRNA 中均会出现。1963 年，霍利在与克里克的个人通信中提到，Tyr 的 tRNA 中没有 I；桑格也告诉过他，在大肠杆菌的所有 tRNA 里都没看到 I 的出现。可见，次黄嘌呤的问题在当时已经激起科学家的极大热情，目前依然是分子生物学和医学实验中研究的热点。

克里克推测密码子前两个碱基与其反密码子是标准配对，第三个碱基有一定的自由度，符合摆动假说。反密码子与密码子反平行配对，反密码子也是三联体，位于 tRNA 结构中非常近的 36-37-38 这三个位置上。从 5′到 3′的方向看，与密码子第三位碱基配对的是反密码子的第一位碱基。所以，这种结合是：

密码子　5′ACG 3′

则其反密码子　3′UGC 5′

当时有两个明显的实验验证摆动假说，其一是由霍拉纳研究组和尼仑伯格研究组进行的寻找三联体与tRNA的核糖体结合实验。困难是要确定所用的tRNA必须是纯净物，不是混合物。其二是进一步确定反密码子的位置。随着对tRNA分子序列认识的深入，这一点的确能够做到，其中的次黄嘌呤I的存在是一个特别有趣的问题。这两个实验都证实了密码子第三位点的“摆动性”。对克里克来说，他的摆动假说来源于之前的实验证据，接着又被后来的实验所证明，假说之正确性令他深信不疑。进行相关考证发现，许多实验结果和理论分析的确都支持这个假说，而且，克里克摆动假说的建立在一定程度也是集体智慧的结晶。

摆动假说意指密码子“简并性”的出现是由于tRNA（sRNA）反密码子的第一位碱基可以和信使mRNA上密码子的第三位构成摆动碱基对。常见的情况为反密码子上的次黄嘌呤I的识别性及非标准的U-G配对。那么，摆动假说是如何解释简并现象的呢？如Cys、Tyr、His、Phe、Gln、Lys、Asn、Asp、Glu均为二重简并态，根据摆动假说，反密码子G、U分别识别密码子第三位上的U，C和A，G，因此，出现反密码子所对应的tRNA携带的一个氨基酸由两个密码子编码的现象，即二重简并态；Val、Ala、Pro、Thr、Gly为四重简并态，根据表3-2和可能的两种识别模式❶，反密码子第一位点的I分别识别密码子第三位上的U、C、A、G，因此，出现反密码子所对应的tRNA携带的一个氨基酸由四个密码子编码的现象，即四重简并态。

表3-2　密码子第三位点与反密码子第一位点的配对

反密码子5′端碱基	密码子3′端碱基	反密码子5′端碱基	密码子3′端碱基
G	U或C	U	A或G
C	G	I	A，U或C
A	U		

三重简并的Ile也可以得到解释的，反密码子中I能够识别密码子第三位上的U、C、A，从而使得三个密码子编码一个氨基酸；但是丝氨酸Ser、亮氨酸Leu、精氨酸Arg为六重简并态，六个密码子编码一个氨基酸，可视为一个四重简并和一个二重简并之和，反密码子I仍然可识别密码子第三位上的U、C、A、G，但从密码分布来看，四重简并和二重简并的前两个密码

❶ 孙咏萍.弗朗西斯·克里克对遗传密码研究的历史贡献[D].呼和浩特:内蒙古师范大学,2012.

子位点却不尽相同，如编码 Ser 的密码子四重简并态是 UCU、UCC、UCA、UCG，二重态是 AGU、AGC，纵然反密码子 I 可识别密码子第三位上的 U、C、A、G，但是前两个碱基 UC 与 AG 不同，除非相应反密码子的 tRNA 均可携带氨基酸 Ser，才能很好解释六重态简并。如此可见，摆动假说的确给出一种预见——细胞内至少有 3 种 Ser 的 tRNA。它们可以识别 6 种丝氨酸密码子（UCU、UCC、UCA、UCG、AGU 和 AGC）。其他两种有 6 种密码子的氨基酸（Leu、Arg）也应该如此，都将有不同的 tRNA 来识别它们的密码子。至今为止，这些氨基酸的 tRNA 均已经被发现。

于此，重点说明摆动假说对密码子“简并性”的可行性解释，因为细致的密码子与 tRNA 反密码子的识别过程是比较复杂的。“摆动”也可能具有一定的生物学意义，“摆动”可以使 tRNA 的数目大大减少，从而使遗传信息的使用高度节约，降低蛋白质合成中的突变危险性。克里克摆动假说与后来“三中读二”的密码子阅读方式不完全相同。“三中读二”是在发现某些现象不能用摆动假说完全解释时（并非否定摆动假说）提出的一种密码子阅读方式，意指当密码子与反密码子相互作用时，只有密码子前两个碱基被反密码子识别，第三个碱基只起一种隔开的作用，以防止移码错读。该理论也是对密码简并性的一种有力的证明。这种阅读方式不仅存在于体外实验中，体内的情况可能也是如此。

3.3.2 中国酵母丙氨酸转移核糖核酸（tRNA）的人工合成

蛋白质、核酸和多糖是生物体内具有非常重要生物功能的生物大分子。我国在世界上首次（1965 年 9 月 17 日）人工合成蛋白质——结晶牛胰岛素后，随即启动了人工合成核酸工作。[1] 在 20 世纪 60 年代，阐明具有一级结构的只有转移核糖核酸（一般由 70 多个核苷酸组成）。20 世纪 70 年代初，我国决定选择来源于酵母并能接受丙氨酸的转移核糖核酸——酵母丙氨酸转移核糖核酸（由 76 个核苷酸组成）为人工合成对象。当时，在聂荣臻的支持下，中国科学院组织数个研究所开始工作，参加单位除了中国科学院 4 个研究所——生物化学所、细胞所、有机化学所和生物物理所外，还有北

[1] 邹承鲁，熊卫民. 从合成蛋白质到合成核酸[M]. 长沙：湖南教育出版社出版，2009.

京大学生物系和上海化学试剂二厂。1981 年 11 月 20 日，中国科学工作者（王德宝等）完成了人工合成酵母丙氨酸转移核糖核酸。这是世界上首次用人工方法合成具有与天然分子相同的化学结构和完整生物活性的核糖核酸。❶ 它的相对分子质量约为 26000，比牛胰岛素的相对分子质量大四倍，结构当然比胰岛素复杂得多。当然，为此作出重要历史贡献的科学家不在少数❷，至今仍令人缅怀。

酵母丙氨酸转移核糖核酸❸合成的成功标志着我国这类研究已达到国际水平。在当时科技并不发达的历史条件下❹，这为人类认识生命、揭开生命奥秘迈出了可喜的又一大步。我国研究人员应用创新的合成方法得到的合成产物与天然分子具有完全相同的化学结构：在 76 个核苷酸中包括了 7 种 9 个稀有核苷酸，所以，生物活性与天然分子相同。20 世纪七八十年代，国外的类似合成产物不含稀有核苷酸，生物活性很低，表明稀有核苷酸对转移核糖核酸的生物活性是至关重要的。

酵母丙氨酸转移核糖核酸含有 11 种核苷酸（4 种常见的和 7 种修饰的核苷酸），具有完全的生物活性，既能接受丙氨酸，又能将所携带的丙氨酸参与到蛋白质的合成体系中。鉴于 tRNA 在蛋白质生物合成中有着重要的作用，应用合成的方法改变 tRNA 的结构可观察对其功能的影响，本身又是研究 tRNA 结构与功能的最直接手段，所以酵母丙氨酸 tRNA 人工合成❺的成功，在科学上，特别在生命起源的研究上有重大意义。

3.3.3 科学史之教育价值

综合上述梳理及分析，霍利的研究与贡献影响深远，不仅具有理论与实践指导作用，且包含重要的史学意义。如今，无论是 tRNA 的结构和功

---

❶ 祁国荣. 中国科学家首次合成一个完整的核酸分子——酵母丙氨酸转移核糖核酸的人工全合成[J]. 中国科学：生命科学，2010，40(1)：11-13.

❷ 白益东. 怀念导师郭礼和先生[J]. 中国细胞生物学学报，2020，42(6)：1138.

❸ 金由辛，王德宝. 酵母丙氨酸 tRNA 的结构与功能[J]. 自然科学进展，1994(6)：25-31.

❹ 胡永畅，蒋成城，陈常庆，等. 全合成胰岛素和丙氨酸转移核糖核酸的决策和组织[J]. 生命科学，2015，27(6)：727-732.

❺ 林其谁. 中国生物化学基础研究 40 年回顾[J]. 生物化学与生物物理进展，2014，41(10)：930-935.

能、摆动假说，还是人工合成酵母丙氨酸转运核糖核酸，都已经光荣地走进了中学生物的教科书中。❶ 这些科学史史实所蕴含的科学方法、科学精神、科学探究历程无疑具有特殊而重要的教育价值。

《普通高中生物课程标准》在第四部分“实施建议”中指出：“科学是一个发展的过程。学习生物科学史能使学生沿着科学家探索生物世界的道路，理解科学的本质和科学研究的方法，学习科学家献身科学的精神。这对提高学生的科学素养是很有意义的。”高中生物科学史中蕴涵着非常丰富的教育价值，DNA 的发现、tRNA 的结构和功能、遗传密码的破译、中心法则等历史过程经常被作为教学中非常经典的案例。❷ 在教学实践中，教师发现学生对蛋白质的翻译过程很感兴趣，常常提出如下问题：科学家是怎样知道信使 RNA 碱基和氨基酸的对应关系的？如何研究不同氨基酸的密码子？因而，在课堂学习中，教师可增加“基于破译遗传密码”科学史的课堂探究活动。学生通过活动的探究性，体味科学的本质，并达到知识、能力、情感三者合一的教学目标，着实取得了非常不错的教学效果。诚然，在教学中，教师应积极挖掘并利用生物科学史资源，切实提高每个高中生的生物学科素养。

于此，以霍利的科学研究为由，突出说明生物学史的教育价值。国内《遗传》《生物学教学》《生命的化学》《生物学通报》等杂志都发表过很多反映经典生物学史及将生物学史融入课堂教学的文章。著作《追寻科学家的足迹——生物学简史》（席德强，2012）是配合中学生素质教育而编写的一本很好的课外读物。❸ 它以生命科学中各个学科的发展历史为主线，分别介绍了生命科学中细胞生物学、遗传学、分子生物学、解剖和生理学、进化论的发展史以及生命科学史的教育功能，期望对生物学教师引用生命科学史的教学有所裨益，该书将生物学发展的历史分门别类地进行了介绍。然而，作者所呈现的又不是一部枯燥的历史，作者通过一个个鲜活的故事让历史上的一个个科学巨人在我们眼前一一走过，他们的成长经历、探究过程被生动地再现出来，有很好的可读性。❹

---

❶ 王贵海，熊卫民. 回顾人工合成酵母丙氨酸转移核糖核酸工作——王贵海研究员访谈录[J]. 科学文化评论，2007(6)：90-104.

❷ 刘本举. 用科学史进行“基因表达”一节教学[J]. 生物学通报，2007(2)：32-34.

❸ 席德强. 追寻科学家的足迹——生物学简史[M]. 北京：北京大学出版社，2012.

❹ 张凯，邱念伟. 与分子生物学有关的诺贝尔奖简介[J]. 生物学通报，2012，47(8)：59-62.

《简明生物学史话》❶ 展示了科学史是科学文化的重要组成部分，是对科学家的成长经历和研究活动的回顾、反思和总结。而且，具有丰厚的文化底蕴的科学史是非常重要的教育资源。从个体发育来看，人类的个体发育简单而迅速地重演了人类的系统发育；从精神发育来看，个体的认识活动的逻辑过程与人类认识发展的历史过程，在总体上具有一致性。所以，学习科学史，不仅可对科学的发展历程进行厘清、总结和提炼，对科学活动进行探讨、追问、反思和展望，而且能让学习者迅速获得前人在科学探索中的经验教训，在以后的成长中少走弯路，加快个体成长的速度。

《生物教学中的生命科学史及其教育功能》❷ 不但可以进行通识教育和素质教育，还可以作为中学生物学教师的参考资料，而且对生物学爱好者了解生物科学的发展脉络也大有裨益。在生物学发展的历程中，我们不难看到：不管人们愿意与否，生物学的研究成果已经或正在改变人们的生活方式、生产手段及传统的价值观念等，促进人类社会经济的发展和人类文明迈上新的台阶；生物学在人类知识范围内越来越成为丰富多彩和富有魅力的科学，并引导人们去认真思考人类自身的问题。

总之，生物学史亦是生物学家奋斗的历史。在中学生物教学中，生物学发展的历史，是反映生物学科孕育、产生和发展演变规律的历史，也是科学家精神、科学思想取得胜利的历史。无论是生物学事件本身，还是科学家追求真理的努力、执着、创新与奉献精神都具有重要的教育价值——引导学生形成正确的思想；帮助学生建构知识体系；培养学生批判思维能力、合作探究能力和科学素养等。回眸生物学史上的盏盏永恒之光，虽与人类渐行渐远，但不论何时何地，这些科学史上的光亮将一直照耀着我们。因此，生物学史的育人价值必须得到教育工作者应有的重视与践行！

参考文献

白冠军，任衍钢，宋玉奇，等，2014. tRNA 的发现和揭示[J]. 生物学通报，49(6)：56-59.

白益东，2020. 怀念导师郭礼和先生[J]. 中国细胞生物学学报，42(6)：1138.

❶ 钟安环. 简明生物学史话[M]. 北京：知识产权出版社，2014.

❷ 魏丽芳. 生物教学中的生命科学史及其教育功能[M]. 北京：世界图书出版公司，2016.

郭晓强,张海龙,2006. 查美尼克在分子生物学方面的贡献[J]. 医学与哲学,27(11):52-53.

胡永畅,蒋成城,陈常庆,等,2015. 全合成胰岛素和丙氨酸转移核糖核酸的决策和组织[J]. 生命科学,27(6):727-732.

金由辛,王德宝,1994. 酵母丙氨酸 tRNA 的结构与功能[J]. 自然科学进展(6):25-31.

廖侃,2014. 弗雷德里克·桑格(Frederick Sanger)看到的蛋白质和 DNA[J]. 生命的化学,34(3):411-413.

林其谁,2014. 中国生物化学基础研究 40 年回顾[J]. 生物化学与生物物理进展,41(10):930-935.

刘本举,2007. 用科学史进行"基因表达"一节教学[J]. 生物学通报(2):32-34.

刘望夷,2010. 转移核糖核酸发现五十年——tRNA 发现者 Zamecnik 辞世[J]. 生命的化学,30(5):656-666.

A. 罗勒,1985. 分子生物学入门[M]. 杨庆尧,徐思舜,译. 上海:上海教育出版社:239-243.

祁国荣,2010. 中国科学家首次合成一个完整的核酸分子——酵母丙氨酸转移核糖核酸的人工全合成[J]. 中国科学:生命科学,40(1):11-13.

王贵海,熊卫民,2007. 回顾人工合成酵母丙氨酸转移核糖核酸工作——王贵海研究员访谈录[J]. 科学文化评论(6):90-104.

魏丽芳,2016. 生物教学中的生命科学史及其教育功能[M]. 北京:世界图书出版公司.

席德强,2012. 追寻科学家的足迹——生物学简史[M]. 北京:北京大学出版社.

张凯,邱念伟,2012. 与分子生物学有关的诺贝尔奖简介[J]. 生物学通报,47(8):59-62.

钟安环,2014. 简明生物学史话[M]. 北京:知识产权出版社.

邹承鲁,熊卫民,2009. 从合成蛋白质到合成核酸[M]. 长沙:湖南教育出版社.

Crick F H C,1966. Codon—anticodon Pairing:the Wobble Hypothesis[J]. J. Mol. Biol. ,19(2):548-555.

Crick F H C,1955. From DNA to Protein on Degenerate Templates and the Adapter Hypothesis:a Note for the RNA Tie Club.

Holley R W, Apgar J, Everett G A, et al. , 1965. Structure of a Ribonucleic Acid[J]. Science, 147(3664):1462-1465.

拓展阅读

1. Probing the Mystery of Life(http://www.ars.usda.gov/is/timeline/RNA.htm).
2. Robert W. Holley - Biography (http://nobelprize.org/medicine/laureates/1968/holley-bio.html).
3. Who was the mysterious and possibly dangerous man we call……Robert W. Holley(1922—1993)? (https://www.mun.ca/biology/scarr/C_holley_expt.html).
4. Dr. Elizabeth Keller, 79, Dies; Biochemist Helped RNA Study(Published 1997) (https://www.nytimes.com/1997/12/28/us/dr-elizabeth-keller-79-dies-biochemist-helped-rna-study.html).
5. Nucleotide Sequences In The Yeast Alanine Transfer Ribonucleic Acid(http://www.jbc.org/content/240/5/2122.full.pdf).
6. Structure Of A Ribonucleic Acid(https://ui.adsabs.harvard.edu/abs/1965Sci...147.1462H).
7. Holley's Nobel Lecture(http://nobelprize.org/medicine/laureates/1968/holley-lecture.pdf).

2

第二篇

一张遗传密码表下的先驱者

我相信，科学是对人类的聪明才智具有最大诱惑力的事业之一，并能给人类带来巨大的恩惠。然而，每一个科学家都懂得，这幸福的欢欣鼓舞的瞬间总是同失败和挫折相伴行。但是，幸福的片刻永远被牢记，而不幸却要立刻被遗忘。[1]

——S. 奥乔亚

[1] Ochoa S. The thrill of discovery[J]. Comparative Biochemistry and Physiology Part B: Comparative Biochemistry, 1980(67B):359-365.

第 4 章　奥乔亚（S. Ochoa）

1968 年，克里克汇总了破解遗传密码的所有数据，形成了今天我们普遍使用的遗传密码表。尼伦伯格、霍拉纳（H. G. Khorana）和霍利（R. Holley）也于同年因遗传密码的发现而获得了诺贝奖生理学或医学奖。然而，在这个过程中，生化学家奥乔亚（S. Ochoa）功不可没，是一位当之无愧的幕后英雄。虽然在一些分子生物学、分子遗传学和生物物理学论著及教材中都会提及奥乔亚的工作，但是，他在密码破解中是如何发挥作用的，其研究方法、技术是如何进行和发展的，他的科学成就又具有怎样的史学意义？这些问题还有待进一步追问。以下行文撰写奥乔亚在密码领域的生平及科学成就。

4.1　奥乔亚的生平简介

1905 年，塞维罗·奥乔亚（1905—1993）出生在西班牙的卢阿尔卡。他的父亲是一个律师和商人，却不幸在奥乔亚 7 岁时逝世；奥乔亚的母亲带着他搬到了马拉加，他在那里一直生活至高中毕业。高中的最后阶段，他开始对自然科学痴情着迷。奥乔亚之所以对生物学感兴趣，是因为受到了卡哈尔（S. R. Cahal）的影响。卡哈尔曾在 1906 年获得了诺贝尔生理学或医学奖，是一位西班牙的神经学家。奥乔亚于 1923 年考上了马德里大学医学院，但他与卡哈尔（已退休）共同工作的愿望没能实现。后来，奥乔亚到了美国开创性地建立了现在的“奥乔亚分子生物研究中心”。奥乔亚的勤奋、执着、才智与一丝不苟的工作态度使他成为当时一流的生物学实验学者（图 4-1、图 4-2）。

图 4-1　塞维罗·奥乔亚生前照片
图片来源：诺贝尔基金档案

图 4-2　马德里医学院外的奥乔亚雕像
图片来源：Wikipedia

奥乔亚的配偶是科维安（C. G. Cobian），他们在 1931 年完婚，相伴终老。战乱曾给奥乔亚的生活笼罩了可怕的阴影。西班牙内战爆发，他和妻子在马德里成为战场、战火烧到家门口时，于一片混乱之中迭经危难，仓皇地离开了战火纷飞的祖国，经法国去德国，1940 年，最终在美国落脚，但战争并没有淹没他的才智。

接下来重点梳理奥乔亚的学术经历。1938 年之前，奥乔亚在不同的机构与不同的人共同完成了很多工作。他曾在海德堡的马克斯·普朗克医学研究所（Max Planck Institute for Medical Research）服务一年，被任命为研究助理；1938—1941 年，他在牛津大学担任研究助理；1942 年，他进入纽约大学医学院后，随后 1945 年成为生物化学助理教授，1954 年，任生物化学部门的主席；1956 年，奥乔亚成为首位取得美国国籍的西班牙裔科学家；1959 年，与学生共获诺贝尔奖；1963 年，奥乔亚与其他生物化学家共同测出了 20 多种氨基酸的碱基组成。奥乔亚在 1979 年获得了“美国国家科学奖章”；此后直到 1985 年，他一直不间断地研究蛋白质生物的合成与核糖核酸复制；1993 年，奥乔亚在马德里去世，这位生物化学家为科研事业倾情奉献直到生命的尽头；2001 年，传记片《塞韦罗·奥乔亚——征服诺贝尔》再现了奥乔亚传奇的科研经历。这部影片忠实再现了 1959 年奥乔亚和他的学生科恩伯格（A. Kornberg）在大肠杆菌中分离出 DNA 多核苷酸磷酸酶

（DNA Polymerase），并因此被授予诺贝尔生理学或医学奖。

奥乔亚的遗产还包括：马德里城外的一个新的研究中心于 20 世纪 70 年代建成，并以他的名字命名，即 Severo Ochoa 分子生物中心；在马德里南部，一家医院及为其服务的马德里地铁站都以他的名字命名；还有一颗小行星 117435 也获得了以奥乔亚的名字命名的殊荣。在 2011 年 6 月，美国邮政局为卡尔文（M. Calvin）、格雷（A. Gray）和梅耶（M. Goeppert-Mayer）一起发行了纪念科学家的邮票（图 4-3）。

图 4-3　纪念奥乔亚的邮票[1]

作为一个科学家，奥乔亚深知自己的使命担当。他连续担任国际生物化学联合协会（International Union of Biochemistry，IUB）主席之职。[2] 1961 年，奥乔亚在莫斯科举行的国际生物化学大会上当选为 IUB 的第二任主席，一直工作至 1967 年。IUB 的成员包括所有西欧国家、苏联、美国、加拿大、日本、澳大利亚和中华人民共和国。在奥乔亚的提议下，拉丁美洲被邀请加入，在后来的几年里，IUB 的成员资格对个别拉丁美洲国家开放。在奥乔亚担任主席期间，他努力将政治排除在 IUB 之外，并保持较高的科学理想和标准。

奥乔亚对科学维系国家主权和人类关系中的独特作用深有体会。他提及曾收到了一封措辞强硬的信（来自中华人民共和国代表 IUB 理事会），内容是指责奥乔亚利用政治花招让中国台湾入会。后来情况好转了，中华人

[1] American Scientists（https://web.archive.org/web/20110404151728/http://www.beyondtheperf.com/stamp-releases/american-scientists）.

[2] Ochoa S. The pursuit of a hobby[J]. Ann. Rev. Biochem，1980（49）：1-30.

民共和国成立了一个新的生物化学学会，在与IUB执行委员会的谈判中，中国生物化学学会的代表表达了重新申请IUB会员资格的兴趣。最后，会议达成了一项协议，要求来自中国的两个附属机构：中国生物化学学会和台北生物化学学会在IUB中共存，后者（以名义）取代之前的附议机构“中央研究院”（台湾）。在1979年7月多伦多国际生物化学大会上，当地一家报纸以“中国（包括台湾在内）加入科学家团体”为题报道了这些发展。这充分彰显科学在人类关系领域可发挥出的巨大作用。

奥乔亚对科学事业的执着、热爱与推动令世界科学家艳羡与感动。他相信：“科学是对人类的聪明才智具有最大诱惑力的事业之一，并能给人类带来巨大的恩惠；每一个科学家都懂得，这幸福的欢欣鼓舞的瞬间总是同失败和挫折相伴行。但是，幸福的片刻永远被牢记，而不幸却要立刻被遗忘。”这是何等的格局与胸怀！

奥乔亚于1980年来过中国。学者刘启福曾在《生化通讯》（现名为《生命的化学》）报道了“S. Ochoa教授在桂林作学术报告”这一大事记❶，文中说明：“美国著名生化学家、诺贝尔奖金获得者Severo Ochoa于今年四月份在桂林参观游览时，应广西生理科学会桂林分会的邀请，作了题为《真核细胞内蛋白质生物合成的调节》的学术报告。报告以血红蛋白的生物合成为例，着重介绍翻译过程中的调节作用。”报告结束后，奥乔亚还同与会者就生化教学、科研和培养人才方面进行了广泛而轻松的交流。

4.2 奥乔亚在遗传密码领域的历史贡献

4.2.1 多核苷酸磷酸酶研究

奥乔亚在遗传密码领域的重要贡献首先在于揭示了多核苷酸磷酸酶在遗传密码破译中的重要性。这一点为遗传密码的整体破解提供了关键性的科学保障。酶是生命的“媒介”，对生命而言意义举足轻重。70多年来，分子生物学领域取得了一系列重大的成果，极大地拓展了人们对生命现象的理解和认识，相关知识的应用也对改善人们的生活质量产生了积极影响。

❶ 刘启福. S. Ochoa教授在桂林作学术报告[J]. 生化通讯,1980(5):41.

分子生物学研究的中心内容是 DNA、RNA 及蛋白质的信息传递和相互作用（中心法则），而酶在其中发挥了关键性作用。

1953 年后，DNA 和 RNA 这两类生物大分子的重要性开始引起科学界的关注，生物化学研究领域也逐渐从物质代谢转移到分子生物学。不久西班牙裔美国生物化学家奥乔亚就率先取得重大突破，鉴定出多核苷酸磷酸酶。他早期在西班牙马德里大学时主要研究肌肉生理学和生物化学，阐明了糖酵解的多步酶促反应；1939 年他就将兴趣放在氧化磷酸化问题研究上。基于对二氧化碳固定和柠檬酸循环中酶的研究，他积淀了扎实的实验技能。1941 年，奥乔亚来到美国，先后在华盛顿大学医学院和纽约大学医学院工作，期间主要对物质代谢特别是三羧酸循环的阐明发挥了关键性作用。他的实验室掌握了酶的鉴定、纯化和分析等技术，奥乔亚本人也成为酶学领域的核心人物之一。DNA 和 RNA 作为遗传物质（RNA 病毒）地位的确立使奥乔亚决定从营养物质代谢转向 RNA 合成研究。1955 年，奥乔亚的一名博士后在研究氧化磷酸化机制过程中，观察到醋酸菌提取液中具有磷酸和 ADP 交换活性。随后他将负责催化该反应的酶进行分离和纯化，发现该酶可催化二核苷酸（NDP）合成类似 RNA 分子的多聚核苷酸。由于该酶与多糖合成酶催化功能类似，因此被命名为多核苷酸磷酸酶（polynucleotide phosphorylase，PNPase）。❶

20 世纪下半叶，分子生物学取得飞速发展，分子生物学酶的发现和应用在其中发挥了举足轻重的作用。例如，尼伦伯格就和奥乔亚等应用 PNPase 研究遗传密码及其阅读方向。❷ DNA 聚合酶、RNA 聚合酶、逆转录酶、限制性内切酶和端粒酶等的鉴定和功能阐明拓展了对许多生命现象的认知与运用。酶的应用衍生出了重组 DNA、桑格酶法测序和聚合酶链式反应等技术——在基因操作、DNA 测序和扩增等方面得以广泛渗透与使用。因此，酶的发现和应用对当代生命科学研究仍有重要价值与意义。

---

❶ Grunberg-Manago M, Oritz P J, Ochoa S. Enzymatic synthesis of nucleic acidlike polynucleotides[J]. Science, 1955, 122(3176): 907-910.

❷ 刘新垣, 谌章群, 陈常庆. 多核苷酸磷酸化酶及其应用(下)——关于应用的研究[J]. 生物化学与生物物理进展, 1979(6): 11-16.

4.2.2 遗传密码研究

奥乔亚对多核苷酸磷酸化酶知识的积累是遗传密码破解的奠基性工作。1955 年，奥乔亚与前文提到的博士后，即法国生物学家马纳戈（M. G. Manago）发现在放有多核苷酸磷酸化酶的试管里置入作为生物能量载体的三磷酸腺苷（adenosine triphosphate，ATP）后，该酶吸收了 ATP，抛弃了核苷酸末端的两个额外的磷酸基，而把一个个核苷酸连在一起形成一条长核苷酸链。与细胞中平常发现的 RNA 相比，它是很与众不同的一种核酸。与通常一样，其主链是一串糖和磷酸根连在一起，但每个糖都带着一个同样的碱基，呈一长串没完没了的信息。例如，AAAAAA……这个多核苷酸名叫多聚腺苷酸（polyadenylic acid，poly A），很快发现，这种酶也同样会利用等同的含有鸟嘌呤的鸟苷三磷酸（GTP）、尿嘧啶的尿苷三磷酸（UTP）及胞苷的胞苷三磷酸（CTP）的分子，分别生产出多聚鸟苷酸（poly G）、多聚尿苷酸（poly U）及多聚胞苷酸（poly C），甚至还利用腺嘌呤和尿嘧啶的磷酸混合物制造出 poly AU（在链上以不确定的顺序排列着不同的碱基）。❶

研究之初，奥乔亚希望多核苷酸磷酸酶就是负责细胞内 RNA 生物合成（DNA 转录或 RNA 复制）的酶，但随后发现该酶发挥催化作用时不需 DNA 或 RNA 模板，这意味着该酶不符合预期目标。但不久，奥乔亚发现该酶可用于特定多核苷酸链的合成和末端磷酸同位素标记，而这些产物在体外转录实验和遗传密码破译等研究中具有广泛应用。借助多核苷酸磷酸酶合成的寡聚核苷酸，奥乔亚确定了蛋白质翻译过程中 RNA 方向为 5′到 3′，并破译部分密码子。多核苷酸磷酸酶是首个发现的与 RNA 合成相关的酶，尽管并不负责转录，却激发了多位科学家的灵感以寻找更多核酸生成相关酶。

不久，奥乔亚的学生——美国生物化学家科恩伯格（A. Kornberg）就发现了 DNA 聚合酶。1959 年，奥乔亚和科恩伯格以“发现 RNA 和 DNA 的生物合成机理”之成就分享诺贝尔生理学或医学奖。有评论说：奥乔亚的获奖是一个“错误”，因此，科恩伯格在后来的一篇回忆文章中认为颁奖词修

---

❶ J. 格里宾. 双螺旋探秘——量子物理学与生命[M]. 方玉珍，等译. 上海：上海科技教育出版社，2001：256-259.

正为“发现RNA样聚合物和DNA的生物合成机理”更符合。❶ 由于多核苷酸磷酸酶在遗传密码破译中的重要性，奥乔亚获奖应该说是实至名归。

1961年5月，美国另一个研究组的尼伦伯格与合作者经实验探究：在包含蛋白质合成原件的无细胞蛋白质合成系统中加入“多聚尿苷酸”（...UUUUUU...）后，合成出了带有“放射性元素标记”的“多聚苯丙氨酸”（...Phe-Phe...）。这个令人欣喜的结果最终发表在《美国科学院院刊》上，它不仅证实了信使的存在，还显示将“多聚尿苷酸”担当遗传信息的携带者，否定了克里克的无逗号密码理论。1961年8月，尼伦伯格将这一系列实验数据带到了在莫斯科召开的国际生物化学大会上。

1961年10月25日，奥乔亚给《美国国家科学院会报》寄去题为《合成的多核苷酸和氨基酸密码》的文章。该文对尼伦伯格研究小组之成果予以肯定，并且进一步提出有关其他氨基酸的密码证据，以实验验证了各种三联体密码的相对出现率。例如，由poly UC（U：C=5：1）激励的氨基酸的合成，在一个由U和C随机排列组成的共聚体中，就可能有8种不同的三联体：UUU、UUC、UCU、CUU、UCC、CUC、CCU和CCC。因为各个三联体出现的概率等于三联体中各个碱基出现的概率的乘积，显然UUU对UUC（或UCU或CUU）三联体的比率将与聚合物的U：C的比率是相同的，也就是5：1。这个UUU对UCC（或CUC或CCU）三联体的比率是25：1。从实测数据他得出由poly UC合成的苯丙氨酸对丝氨酸的比率是4.4：1.0，由此他推断出丝氨酸的三联体密码可能是UUC、UCU或CUU。对于由poly UA（U：A=5：1）合成的苯丙氨酸对酪氨酸的比率是4：1，从而得出UUA、UAU或AUU很可能是酪氨酸的三联体密码的结论。❷ 这三种密码子虽然可能具有相同的理论频率，它们之间仍有区别存在。在这两组三联体中，是哪个编码了丝氨酸，哪个编码了酪氨酸还不能确定，这时还只知道氨基酸密码子包含的碱基种类，尚不能确定碱基的次序。❸

奥乔亚极力肯定了尼伦伯格的实验成果，他们协调确定了当时破解密

---

❶ 郭晓强.酶的研究与生命科学(三):分子生物学酶的发现和应用[J].自然杂志，2015,37(5):369-380.

❷ 向义和.遗传密码是怎样破译的[J].物理与工程,2007,17(2):16-23.

❸ Ochoa S,lengyel P,Speyer J. Sy nthetic Polynu cleotides and the Amino Acid Code[J]. Proceedings of the National Academy of Sciences of the United States of America, 1961(47): 1936-1942.

码的一些经验公式，分析、研究并获得了编码每种氨基酸的碱基组成，但是密码序列的次序问题仍然悬而未决。具体地讲，“丝氨酸（Ser）”和“酪氨酸（Tyr）”的密码子碱基组成分别是“2U1C”和“2U1A”，但未知编码Ser的是UUC、UCU还是CUU，也不知编码Tyr的是UUA、UAU和AUU的哪一个，即无法确定“CUU”编码“Ser”及“UAU”编码“Tyr”。后来，因工作安排，奥乔亚退出了这场友谊赛。尼伦伯格猛然间顿悟，在学术研究中，当竞争者面临同一个问题时，其实无所谓胜负，重要的是能尽快找到事实与真相。

1962年，奥乔亚研究组完美投稿《合成的多核苷酸和氨基酸密码v》的论文（发表于该年《科学》杂志第48卷），文章显示：遗传密码的证据来源于遗传突变。因其结果是从完整细胞所得，故价值非凡。现用人工诱变的烟草花叶病毒（TMV）突变体所得的结果予以说明。用亚硝酸处理烟草花叶病毒的RNA会导致单个碱基氧化脱氧，这种脱氧作用会发生两种变化，使尿嘧啶取代了胞嘧啶，即导致C※U的置换；使鸟嘌呤取代了腺嘌呤，即导致A※G的置换. 由于核苷酸链上的碱基置换改变了它们的核苷酸序列，从而造成了在这个蛋白质多肽中在某个特定位置上一个氨基酸被另一个氨基酸置换。❶

接着奥柯亚介绍了用亚硝酸处理过的多聚物的实验，他把具有poly UA、poly UG和poly UC的实验结果列于表中，实验结果表明，用亚硝酸处理后的多聚物在活性上普遍明显减小。对于poly UA（5∶1），由于脱氨基的作用，A转换为G，poly UA编码特征的改变是容易明白的。在脱氨基之前poly UA激励了包含2U1A成分的异亮氨酸、亮氨酸和酪氨酸的合成，但是没有激励半胱氨酸和缬氨酸的合成脱氨基的作用大大地减少了激励异亮氨酸和酪氨酸合成的能力，促进了激励半胱氨酸和缬氨酸合成的能力。这一实验结果可以用脱氨基作用A※G的置换加以证明，亮氨酸极大地保持了它用2U1A和2U1G编码的一致性，而半胱氨酸和缬氨酸可能是由2U1G编码的。❷

其实，在破解遗传密码的过程中，不仅来自美国的奥乔亚和尼伦伯格

---

❶ Ochoa S, Basilio C, Wahea A, et al. Synthetic Polynucleotides and the Amino Acid Code. V. Science, 1962(48): 613-61.

❷ 宣建武. 认识基因之路[M]. 北京：科学出版社，1989：255-280.

实验室展开了激烈而愉快的赛事，还有美国的霍拉纳研究组。尼伦伯格用多核酸磷酸化酶人工合成 poly（U），在无细胞系统中代替 mRNA 合成了单一肽链，获得了苯丙氨酸的密码子，并以同样的方法获得了多聚赖氨酸、多聚脯氨酸、和多聚甘氨酸；奥乔亚与霍拉纳组也开展了破译密码的攻势，他们利用自己保存的多种多聚核苷酸，以不同的比例混合多核苷酸。经过一年多的努力，破译了各种氨基酸的碱基组成，随后又测出了具体的碱基序列。

不久，在生物界具有通用性和统一性的这套遗传密码终于被证实，从而揭开了“蛋白质合成的基本过程”的面纱。克里克高度赞扬遗传密码的发现，认为“The genetic code was not revealed all in one go，but it did not lack for impact once it had been pieced together. I doubt if it made all that much difference that it was Columbus who discovered America.”可见，奥乔亚虽然没有因遗传密码的发现而获得诺贝尔奖，但是，他实实在在参与了部分密码子与氨基酸编码关系的确立，发挥出一个科学家在密码子破解这一光荣历史使命中应有的作用，因此，这项科研活动的确是奥乔亚实验工作的重要组成部分。

4.3　总结

4.3.1　热爱科学，献身科学

奥乔亚是西班牙生物化学家，不仅是西班牙人民的骄傲，也是科学史上才智罕见的生物化学大师。奥乔亚在大学里就对新兴的生物学科有强烈的兴趣，动手能力很强。除此之外，那些在这个领域成就出色的伟人也对他坚持这项事业有很大的影响，例如神经学家卡哈尔。奥乔亚喜欢阅读伟人的科学研究自传，这促使他持之以恒地真心而忠诚地对待自己的实验和事业。当时的马德里拥有西班牙老牌帝国主义的教育资源，聚集了一大批欧洲乃至世界顶尖的大学教授、思想家和大学生，形成了一个顶极的思想者圈子，其中包括爱因斯坦、达利、斯特拉文斯基等。

奥乔亚热爱科学、献身科学。他在并不被教授抱有期望的条件之下，认真审视胆固醇提纯实验，大胆地另辟蹊径，换了思考角度，一举应用创新的方法赢得了实验室助理的职务和指导教授的信任和倚重。奥乔亚对待自己的事业可谓全力以赴，忘我工作，不舍昼夜地进行研究和实验，在26岁时已经崭露头角，对实验的热爱、思考和创新使他在当时已成为一流的生物学实验者。奥乔亚对科学研究的狠劲，有不达目的决不罢休的精神，干事业心无旁骛，百折不回。他能够把杂念和私欲控制于无形状态。

在*A Pursuit of a Hobby*这篇文章中，奥乔亚详尽地描述了他的研究兴趣起源、研究过程和执着的科学精神。从中可以看出，他曾经尝试做工程师、行医，但是受到老师的影响和鼓舞，他发现自己始终最感兴趣的是生物化学。奥乔亚直言不讳地讲："biochemistry has been my only and real hobby."且在生物化学方面表现出很高的天赋。在实验研究中，他遭遇过很多瓶颈，但奥乔亚始终没有放弃，这正是从事科研最需要的：执着、坚持和耐心。

4.3.2 影响与启示

奥乔亚的工作对现代生物学的贡献巨大，奠定了20世纪的生物化学，包括生物能量学、酶学、中间代谢和分子生物学基础。在20世纪中期的几十年中，奥乔亚的多元职业生涯跨越了生物化学的蓬勃发展——在这时期，科恩伯格将其称为"中间代谢的黄金时代"❶，奥乔亚实质上帮助构建了分子生物学的早期概念：DNA聚合酶和遗传密码。❷ 在奥乔亚的讣告中，科恩伯格将奥乔亚的职业生涯准确地总结为"现代生物化学史和分子生物学基础的履历"。

1959年DNA聚合酶（从大肠杆菌中分离出称为DNA聚合酶的酵素）的发现，不仅使奥乔亚和科恩伯格共享了1959年的诺贝尔生物学或医学奖，而且影响和促进了如霍拉纳、克里克等大批科学家关注破解遗传密码这一重要科学活动。当然，酶学发展直接推动了现代技术创新，为生命科学的纵深发展提供了重要工具与手段，如DNA酶法测序、聚合酶链式反应及重组DNA技术等。重组DNA技术是当前生命科学领域最常用、最有前景的方法之一，突破性成果是20世纪70年代初由美国科学家伯格（P. Berg）最先

---

❶ Kornberg A. Remembering our teachers[J]. J. Biol. Chem. ,2001,276(1):3-11.

❷ Kresge N,Simoni R D,Hill R L. How Severo Ochoa Determined the Direction of the Genetic Code[J]. Journal of Biological Chemistry,2006,281(21):16-17.

实现的。这一前沿技术既深化了人们对基因的再认识，又为作物抗逆性品种、高产品种定向选育、重组蛋白表达、微生物育种等许多问题的研究带来便利（科学技术是一把双刃剑，宜趋利避害）。

从事科学研究，并作出有建设性的结果，这一过程通常是漫长而枯燥的。潜心努力，甘于奉献的科学工作者令人敬佩，他们必然是专注、执着的人，是有科学信仰并坚持自己信仰的人，是耐得住寂寞的人。无论是自然科学还是社会科学，无论是生物物理还是经典物理、量子物理，前沿的科学都需要越来越多的如奥乔亚一样的人，对未知的科学充满好奇，且不断探索新的领域，对已知的科学充满热情，并不断求证获取新的知识。奥乔亚不愿意参与到政治纷争中，却从未放弃过自己的立场，他敢于直言不讳。佛朗哥在世时，奥乔亚一直没有回过西班牙，且一直不接受西班牙给他的任何荣誉。奥乔亚的一生经历了帝制、西班牙内战和佛朗哥执政三个时代，淡泊名利，埋首于研究之中。

一个科学成果的发现，着实离不开各相关领域科学家的共同努力，甚至需要综合各学科知识与经验。一位科学家最大的成就莫过于他的研究方法、研究领域、研究成果引起了后来者的注目与追逐，并影响和激励更多的有志者继续从事这方面的相关研究。奥乔亚在遗传密码破解中的实验设计和对真相结果的尊重，为64个密码子尽快找到自己的归属，促进美国三个实验室的友谊竞争，营造了良性的学术研究环境。奥乔亚的实验研究方法对于物理学、化学研究也同样有所启示：要重视实验传统，能够应用已知知识，反复设计实验操作，追求创新；同时，他在不断思考与改进方法时传授已知、更新旧知、发掘新知及解释新发现，诠释了科研工作者的使命担当！

参考文献

J. 格里宾，2001. 双螺旋探秘——量子物理学与生命[M]. 方玉珍等译. 上海：上海科技教育出版社：256-259.

郭晓强，2015. 酶的研究与生命科学(三)：分子生物学酶的发现和应用[J]. 自然杂志，37(5)：369-380.

刘启福，1980. S. Ochoa 教授在桂林作学术报告[J]. 生化通讯(5)：41.

刘新垣，谌章群，陈常庆，1979. 多核苷酸磷酸化酶及其应用(下)——关于应用的研究[J]. 生物化学与生物物理进展(6):11-16.

向义和,2007. 遗传密码是怎样破译的[J]. 物理与工程,17(2):16-23.

宣建武,1989. 认识基因之路[M]. 北京:科学出版社:255-280.

Grunberg-Manago M, Oritz P J, Ochoa S, 1955. Enzymatic synthesis of nucleic acidlike polynucleotides[J]. Science, 122(3176):907-910.

Kornberg A, 2001. Remembering our teachers[J]. J. Biol. Chem., 276(1):3-11.

Kresge N, Simoni R D, Hill R L, 2006. How Severo Ochoa Determined the Direction of the Genetic Code[J]. Journal of Biological Chemistry, 281(21):16-17.

Ochoa S, Basilio C, Wahea A, et al., 1962. Synthetic Polynu cleotides and the Amino Acid Code[J]. Science(48):613-61.

Ochoa S, lengyel P, Speyer J, 1961. Synthetic Polynucleotides and the Amino Acid Code[J]. Proceedings of the National Academy of Sciences of the United States of Ameri ca(47):1936-1942.

Ochoa S, 1980. The pursuit of a hobby[J]. Ann. Rev. Biochem. (49):1-30.

拓展阅读

1. Severo Ochoa (24 September 1905 - 1 November 1993) (https://www.jstor.org/stable/987224).
2. Remembering our teachers(https://www.jbc.org/content/276/1/3.long).
3. A Pursuit of a Hobby (https://doi.org/10.1146%2Fannurev.bi.49.070180.000245).
4. Severo Ochoa(https://www.nobelprize.org/laureate/367).
5. A micromethod for the estimation of total creatinine in muscle (https://www.jbc.org/content/81/2/351.full.pdf+html).
6. Severo Ochoa. 24 September 1905 - 1 November 1993: Elected For. Mem. R. S. 1965(https://doi.org/10.1098%2Frsbm.1997.0020).
7. Ochoa, Severo. (http://www.cbm.uam.es).
8. American Scientists(https://web.archive.org/web/20110404151728).
9. https://www.sciencemag.org/careers/2005/02/severo-ochoa-1905-1993.

第5章　布伦纳（S. Brenner）

创新只来自对未知事物的攻击！

——S. 布伦纳

据英国广播公司2019年4月5日新闻报道，2002年获得诺贝尔生理学或医学奖的悉尼·布伦纳（S. Brenner，图5-1）当天去世，享年92岁。[❶] 巨星陨落，但他留下的科学精神之光，亘古长存，光焰万丈。布伦纳、霍维茨（H. R. Horvitz）和苏尔斯顿（J. E. Sulston）因发现了有关器官发育和程序性细胞死亡的基因调控[❷]，分享了2002年的一项诺贝尔奖（图5-2）；霍维茨和苏尔斯顿两位获奖者都曾经在布伦纳的指导下工作。布伦纳是无神论者，是公认的当代最伟大的生物学家之一。[❸] 他的研究从DNA编码、基因测序到胚胎发育、生物进化，几乎涉猎了整个现代生命科学领域。

1953年，沃森和克里克双螺旋模型的提出标志着分子生物学的诞生，随后生命科学的发展进入了一个崭新的时代，成为重要的领军学科之一。时势育英雄，在分子生物学领域，涌现了一大批科学大师，其中研究遗传密码、发现mRNA、发育生物学模式生物——线虫的开山祖师布伦纳是突出的一位，史称分子生物学[❹]的奠基人之一。

---

❶ 分析测试百科网(https://www.antpedia.com/news/57/n-2295457.html)。

❷ Brenner S. Interview with Sydney Brenner. The world of genome projects[J]. Bioessays News & Reviews in Molecular Cellular & Developmental Biology, 2010, 18(12).

❸ Hargittai I. Sydney Brenner (1927—2019)—One of the greats of our science on new frontiers[J]. Structural Chemistry, 2019(30): 627-632.

❹ Friedberg E C. Sydney Brenner: a biography[M]. New York: Cold Spring Harbor Laboratory Press, 2010: 1-10.

图 5-1　悉尼·布伦纳

图片来源：https://www.theguardian.com

布伦纳

霍维茨

苏尔斯顿

图 5-2　2002 年诺贝尔生理学或医学奖获得者

图片来源：诺贝尔基金会

本章聚焦布伦纳在遗传密码领域的主要科学成就，力求揭示他为遗传密码研究的智力贡献、思想结晶和科学精神。首先，回顾他勤奋踏实、积极追求和坚持笃定的奋斗人生。

5.1　学习及工作经历

悉尼·布伦纳（Sydney Brenner，1927—2019），出生于南非的杰米斯顿。父母皆为东欧犹太人，父亲 1910 年从立陶宛移居南非，而母亲于 1922 年从拉脱维亚的首都里加移居南非。布伦纳的父亲是一位修鞋工人，既不能阅读也不会写字，一天到晚埋头工作，有一个优势是能讲好几种语言。

布伦纳尽管在这样一个极其普通的家庭出生，但很小就显示出了超凡的能力。经过自学，他3岁就能读报，4岁时几乎每天都必阅读，6岁时，在公共图书馆中发现了影响他热爱科学的第1本化学方面的书籍。于是，很快开始在家中做化学实验——从树叶和花瓣中提取色素。[1]

布伦纳的聪明引起了周围人的关注，不久获得位于约翰内斯堡的威特沃特斯兰德大学医学院奖学金，14岁就开始上大学了。在大学布伦纳被组织学这门课程激活兴趣，还对细胞和染色体痴迷。布伦纳充分阅读了他能找到的每一本与细胞遗传相关的书，甚至还自己组装了一台离心机，以此来研究南非一种动物的染色体数。后来，布伦纳又在南非金山大学接受教育，在牛津大学获得哲学博士学位。

科学家一般都是通过实验室工作来进行学习的，但布伦纳的学习风格则不同。他的主要学习途径是自学，因为当时的南非没人能给布伦纳讲授，自学便成为他研究生涯的一项重要内容。为了从医学院毕业，布伦纳需要通过考试——能正确诊断一个事先不告诉疾病的患者病情。在医学院的最后1年（第6年），布伦纳被派到一个糖尿病酮症酸中毒的患者床边要求去闻病人的呼吸，他对此的回复是“牙膏的味道”，因此，不得不延后毕业。然而，延迟毕业为他带来很多优势：首先，他当时仅20岁，还未达到执业医生的法定年龄；其次，额外的一年为他继续进行细胞遗传学实验带来契机，并且可利用业余时间多读生物学方面的图书和杂志。

布伦纳对来自美国和欧洲发表的那些关于噬菌体基因功能研究的论文异常着迷，他的直觉是一个新的研究领域已然出现，这一领域比医学更具挑战性。然而，在20世纪50年代前尚处科学初级阶段，没有博士计划，因此，布伦纳在1951年从威特沃特斯兰德大学获得医学硕士学位后便来到牛津大学师从欣谢尔伍德（Sir C. Hinshelwood，1956年获得诺贝尔奖）做生物化学研究，重点“攻击”噬菌体。在牛津大学，布伦纳遇到了分子生物学大师本泽尔（Benzer），他们一起讨论了噬菌体方面的一些最新进展，很快成为好友，后来两人进行了噬菌体基因定位、测序和突变等方面的合作交流。1953年，听闻双螺旋结构公布的消息，布伦纳迅速来到剑桥卡文迪什实验室观看新建的DNA模型。此次访问让布伦纳受益匪浅：其一，他对分

---

[1] 郭晓强，姚清国，冯志霞. 分子生物学大师和奠基人之一——布雷内[J]. 生物学通报，2007(12)：53-55.

子生物学有了更深的热爱；其二，使他与两位天才科学家——沃森和克里克相识，并与克里克开始了长达20年的合作。布伦纳与克里克的简短交谈给克里克留下了深刻的影响，克里克极其欣赏布伦纳的快速分析能力，这为他们建立彼此多年的学术友谊奠定了重要基础。布伦纳的科学思想和研究方法更是受到英国生物学家桑格（Sanger，两次诺贝尔奖得主）的多方影响。

布伦纳在英国学习和工作期间，对美国华盛顿进行过短暂访问。美国之行对其而言同样具有重要意义。这期间他遇到了许多噬菌体研究方面的专家，如德尔布吕克、卢里亚等，这使得布伦纳对噬菌体遗传学有了更加深入的理解，为后续研究奠定了坚实基础。1954年，布伦纳从牛津大学获得博士学位，同事们希望为他在英国寻找一份研究工作，但布伦纳却愿意回到南非去服务自己的祖国。同年12月，布伦纳在南非医学院生理系建立了自己的第一个实验室，同时，在卡耐基协作基金的支持下开始使用噬菌体为对象系统研究遗传密码。南非缺乏布伦纳在英国时便利的研究资源，但他仍然在新兴的分子生物学领域努力地工作着，并且通过书信与英国的同事保持密切往来，时刻了解这一领域的最新进展。

1956年，在克里克的帮助下，布伦纳来到了英国医学研究理事会（MRC）在剑桥的卡文迪什实验室，研究基因编码以及RNA如何进行信息传递工作。在DNA结构被提出之前，沃森就曾预测了遗传信息的传递公式——DNA→RNA→蛋白质。1957年，布伦纳等科学家发表了关于噬菌体变异的文章，根据观察到的基因变异与氨基酸排序的对应联系，证明了关于遗传信息与蛋白质产物关系的预测。20世纪60年代初，新生的分子生物学开始进入全盛时期，布伦纳在其中扮演了重要角色。同时，布伦纳、雅各布（Jacob）和梅塞尔森（Meselson）设计了一系列实验，证实了mRNA的存在，mRNA将细胞核中DNA携带的遗传信息带到细胞质中，并指导生成蛋白质。1961年，他与克里克通过克里克-布伦纳实验解释了蛋白质翻译的三元码，发现了移码突变，这个发现提供了遗传密码问题研究的前期解释。

布伦纳十分重视学术交流，他认为同行、师生间讨论沟通是思想碰撞、获得科研灵感的重要途径，图5-3是布伦纳1965年与学者们的交流时拍下的照片。1968年，布伦纳开始专注于秀丽隐杆线虫的研究（图5-4、图5-5），探讨线虫的生长与分化，以及基因突变和个体发育的关系，发现

了器官发育和细胞程序性细胞死亡的遗传调控机理。❶

图 5-3 布伦纳与同行学者

按图从左到右为：雷德伯格（E. Lederberg）、史坦特（G. Stent）、布伦纳与莱德伯格（J. Lederberg）

THE GENETICS OF *CAENORHABDITIS ELEGANS*

S. BRENNER

Medical Research Council Laboratory of Molecular Biology, Hills Road, Cambridge, CB2 2QH, England

Manuscript received December 10, 1973

ABSTRACT

Methods are described for the isolation, complementation and mapping of mutants of *Caenorhabditis elegans*, a small free-living nematode worm. About 300 EMS-induced mutants affecting behavior and morphology have been characterized and about one hundred genes have been defined. Mutations in 77 of these alter the movement of the animal. Estimates of the induced mutation frequency of both the visible mutants and X chromosome lethals suggests that, just as in Drosophila, the genetic units in *C. elegans* are large.

图 5-4 布伦纳首次提出线虫论文

1974 年，Brenner 在遗传杂志发表了 24 页的文章：线虫的遗传学。❷ 文章报告了 300 个突变体——影响了 97 个位点（基因），分布在 6 个连锁组

❶ Goldstein B. Sydney Brenner on the Genetics of Caenorhabditis elegans[J]. Genetics, 2016,204(1):1-2.

❷ Brenner S. The Genetics of Caenorhabditis elegans[J]. Genetic,1974,77(1):71-94.

(染色体) 上。他阐明了线虫的培育，遗传学操作包括遗传互补、图谱定位等方法。他希望通过线虫模式生物的研究揭示基因怎样影响和控制复杂生物的发育，特别是神经系统的发育。布伦纳和怀特 (White) 合作前后花费了十多年的时间，确定了线虫由 302 个神经元组成，并且有超过 7000 个神经链接。目前看来，这些研究令人叹服，科学家也陆续证明上述工作的正确性，充分说明了布伦纳的高瞻远瞩。❶

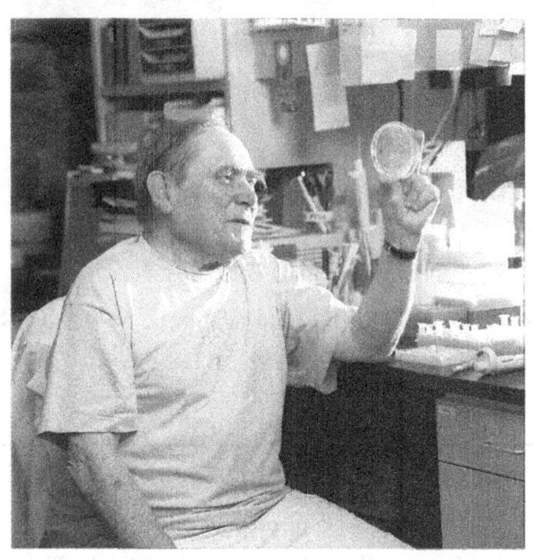

图 5-5 观察实验现象的布伦纳

图片引自：https://www.nytimes.com. 2000 年，布伦纳在伯克利的分子科学研究所观察细菌克隆生长状况，该研究所于 1996 年由布伦纳发起成立

20 世纪 70 年代，DNA 重组的安全性问题激起了热烈的讨论，布伦纳竭力使那些忧虑细菌重组很可能会招致大面积危害的政治家和科学家能对这一问题保持理性的思考。为减少恐慌，他建议使用自然界弱化菌株作为受体菌。他本人则身先士卒，示范让菌株进入自己体内，结果无害，如此证明了方案的可行性。到了 20 世纪 80 年代，他又参与了人类基因组计划和河豚基因测序。布伦纳的聪明才智不仅表现在理论分析和实验室测量上，还体现在社会事务中。在经历 50 年的工作生涯后，布伦纳仍然保持充分的激情与士气，后来还发明了一种独创性的“克隆”技术——可使科学家在试

❶ White J G, Southgate E, Thomson J N, Brenner S. The structure of the nervous system of the nematode Caenorhabditis elegans [J]. Philos. Trans. R Soc. Lond. B Biol. Sci., 1986, 314 (1165): 1-340.

管内的微珠表面完成操作，这从根本上简化了传统的烦琐而沉重的工作。

5.2　勇于开拓 学术精湛

布伦纳最耀眼的成就是因线虫研究而获得的诺贝尔生理学或医学奖（图 5-6），然而勇敢地开拓新领域并非易事。1962 年下半年，布伦纳和克里克开始长时间交流未来学术兴趣转向，以讨论下一步的研究计划。两位科学大师都强烈感觉到一旦理解了 DNA、遗传密码、蛋白质的合成等基本概念，最重要问题就已经基本解决。尽管还有大量的细节尚待研究，但可留给其他人员来完成，对他们而言，接下来需要做一些更有意义的工作。尽管他们都对神经系统感兴趣，但还是在具体实施上产生了分歧。布伦纳的兴趣在于去寻找一种简单的系统来研究大脑的构造及原理，而克里克试图探究高等生物神经系统复杂的活性。因此，两人开始按照各自设计的思路去谋划拓展。

图 5-6　布伦纳领取诺贝尔奖章

图片引自：https://www.nytimes.com

布伦纳看到生物学的成功在很大程度上取决于使用最简单的生物（如细菌、病毒等）作为模型，再将其推广到复杂的生物界，因此他遵循同一原则，选择一种尽可能简单的多细胞生物作为研究材料。[1] 于是，1968 年他

[1] Chadarevian S D. Interview with Sydney Brenner by Soraya de Chadarevian[J]. Stud. Hist. Philos. Biol. Biomed.,2009,40(1):65-71.

作出了大胆决定，把研究转向一种遗传研究的模式生物线虫，着力分析索线虫的生长、分化以及基因突变和个体发育的关系。布伦纳凭借之前积累的扎实的知识功底、正确的科学研究方法和涵养的科学精神为分子生物学研究开辟了一个全新领域。

在诺贝尔颁奖宴会之前，有一位中国学生给他写信问怎么才能得诺贝尔奖，在2002年12月10日诺贝尔奖颁奖宴会上，布伦纳即以幽默的回信作为致辞❶。

亲爱的中国学生：

首先你必须选择好一个合适的工作地点，并且必须找到有人慷慨地资助你的工作。例如，你可以试试剑桥和英国医学研究委员会。然后你还必须发现合适的动物来研究，例如，你可以试试一种虫子，一种可能名叫线虫的虫子。然后，你还需要选择优秀的同事，那些愿意参加你必须做的艰苦工作的人。他们可以有像苏尔斯顿和霍维茨这样的名字。当然，你还必须确信他们会找到其他同事和学生来协助面临的艰苦工作。最后，也是最重要的，你必须选择合适的诺贝尔奖委员会。它必须是开明和非常有眼力的，而且必须有一位其裁决绝对不可置疑的优秀主席！如果你做到了这一点，你就会被带到这种地步，能够代表你所有的同事，感谢每一位让你有机会在此出席并发表讲话的人士。

布伦纳曾获得多项殊荣。1961年，34岁的他当选美国科学院外籍院士，1965年，当选英国皇家学会会员（38岁）；1971年，分享了美国的拉斯克基础医学奖；1978年，获得加拿大的盖德纳尔国际奖。如此成就无不说明布伦纳在科学界的地位和影响力。他还创建了分子科学研究院（Molecular Sciences Institute），且与多所研究机构有合作关系，如美国索尔克生物学研究所（Salk Institute for Biological Studies）、日本冲绳科技研究院（Okinawa Institute of Science and Technology）、新加坡分子与细胞生物学研究院（Institute of Molecular and Cell Biology）、霍华德休斯医学院（Howard Hughes Medical Institute）的珍妮莉娅法姆研究学院（Janelia Farm Research Campus）。

❶ 杨中楷，刘则渊，梁永霞. 21世纪以来诺贝尔科学奖成果性质的技术科学趋向[J]. 科学学研究，2016，34(1)：4-12.

布伦纳在期刊《现代生物学》*Current Biology* 设置了专栏“Loose Ends”，且他以敏锐的科学视角和辛辣的文笔著称。❶ 2001 年，他出版了专著 *A Life In Science*。2006 年 10 月 11 日，布伦纳被新加坡科学技术研究局授予国家科学技术奖章，为表彰他为新加坡科学文化的发展所做的贡献（在新加坡，布伦纳帮助建立了生物医学科学）。

作为一名杰出的生物学家，布伦纳的学术演讲也颇受学术界钟爱。他在 2018 年特伦斯（Terrence）主持的“In the Spirit of Science: Lectures by Sydney Brenner on DNA, Worms and Brains.”（图 5-7）演讲中表现出对科学研究系统而丰富的个人见解。布伦纳对克里克与沃森 DNA 发现的过程做了详细的介绍和阐释，为听众澄清了双螺旋发现前后的许多学术问题。布伦纳认为科学研究需要不断培养兴趣，要有批判性思维，并投入时间和不懈努力。他认为科研是一种生活方式，能够让人无忧无虑地去思考和解决一些科学问题。但是，科学家也要承担一定的社会责任，研究的目的应该是能够回报社会，为人类作出贡献。布伦纳教授对科学的执着鼓舞了许多青年学子在科研道路上坚定信念，同时也激励莘莘学子要勇往直前和培养创新精神。❷

图 5-7　布伦纳的演讲收录及现场反映

以下摘自听众对布伦纳基于 DNA 的发现演讲的收获与总结。❸

一台图灵机器，它的类型可以从旧机器复制并转移到新机器——这就是生物系统所拥有的信息转移的独特性，生物学家后来将机器如何工作的概念应用到 DNA 和复制上。这个主要概念——控制论，引起了生

---

❶ Brenner S. Only joking[J]. Current Biology, 1998, 8(23): R825; Brenner S. The book of man[J]. Current Biology, 1999, 9(24): R905; Brenner S. False starts-The seven good byways of science. The rest[J]. Current Biology 1999, 9(14): R499.

❷ https://www.youtube.com/watch? v=wkqnBk5mnnA & list=PLasWJveXPWTEAQ-wQYiw9uwNRCxqXbRIG1 & index=1.

❸ Brenner S, Sejnowski T. In the Spirit of Science: Lectures by Sydney Brenner with Terry Sejnowksi[M]. New York: Cold Spring Harbor Laboratory Press, 2018: 14.

物学的革命性变化，进入了“中心教条”，并引领了生物学和生命科学的发展。

——Shu Ning Chan 陈淑宁

生物学本质上不同于其他科学分支，因为它需要传递信息，正如布伦纳先生强调的那样。事实上，正是这种生物信息的传递使得（细胞和整个多细胞生物）能够自我复制，从而使生命得以延续。

——Darren Tan 谭达仁

遗传单位的揭示带来了无数的开创性发现，包括遗传密码、有机体的发展和多样性，以及生命形式是如何运作的。

——Jun Zhi 军志

詹姆斯·沃森和弗朗西斯·克里克解决了 DNA 的结构问题。当时，有几位批评人士指出，提出的 DNA 结构并不“理想”，因为 DNA 的缠绕似乎过于复杂，无法进行转录。“别担心，如果太复杂了，大自然会找到一种方式来处理。”我了解到，虽然我们作为科学家需要科学事实，但对大自然有一点信心是好事。

——Felix Lee 费利克斯·李

约翰·冯·诺依曼提出了动力学“自我复制机器人”的概念。诺依曼提出的想法是如何编程让机器人复制自己。这与 DNA 的复制方式非常相似。

——Kelvin Chong 张开文

悉尼看到了由 Francis Crick 和 James Watson 建立的双模模型，发现许多谜团已经被解开并意识到生命的关键在于编码 DNA 的信息。

——Sissi Xi Lin

总之，从噬菌体、遗传密码、线虫到基因组[1]测序，布伦纳的科学活动给几乎整个科学界留下了宝贵的遗产。可以说，布伦纳一生学识宏富，建树颇丰，他的科学生涯会继续鼓舞新一代的年轻科学家勇闯科学领域，探索未知世界。以下重点揭示和论述布伦纳在遗传密码领域的历史贡献。

[1] Kermode-Scott B. Sydney Brenner: Nobel laureate and molecular biologist who specialised in comparative genomics[J]. BMJ Clinical Research, 2019(8).

5.3　遗传密码研究

5.3.1　非重叠码，无逗号密码，遗传密码

在分子生物学经典时期，布伦纳在理论与实验双方面都作出了独特的历史贡献。一个重要的表现就是他参与了遗传密码研究。1956年，布伦纳利用统计学分析和氨基酸序列观测认为：3个核苷酸编码一种氨基酸，并且证明这种对应关系不可能重叠，相关研究发表于《美国科学院院刊》。这一研究成果引起了克里克的关注，因此时克里克对同一问题也很感兴趣，早有与布伦纳合作的想法，所以，克里克为布伦纳在剑桥大学医学研究委员会（MRC）申请到一个研究职位。

布伦纳是克里克密码研究中的主要合作者，为密码子研究提供了有益讨论和智力支持。上述谈到布伦纳的3个核苷酸编码一种氨基酸的不重叠关系证明就有力加速了克里克的一系列理论突破。在微观上，遗传密码的真正研究最初可追溯至克里克的连接子假说，这给编码问题的研究提供了新的研究视角。之后，克里克开始尝试形成其他形式的编码方案。他的主导思想是去解释密码的“简并性”，编码方案以伽莫夫（Gamow）的密码研究为基础。为了清楚表现自身研究方案，克里克首先考虑了伽莫夫码的字母定义（图5-8、图5-9）。由大写字母“A B C D”代表四种可能的碱基对，小写字母“a，b，c，d……”代表20种氨基酸，以下将给出伽莫夫码的“简并性”表示。

1	2	=	A
2	1	=	B
3	4	=	C
4	3	=	D

图5-8　伽莫夫密码字母含义

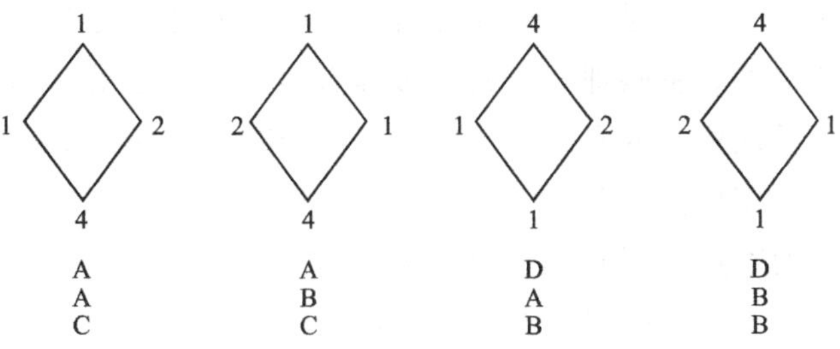

图5-9　氨基酸的四种三字母表示

这里，1，2，3，4 代表四个碱基 U、C、A、G。某一个氨基酸 a 的编码形式如下：

即氨基酸 a 的三联体码有 CAA、CBA、BAD、BBD。在伽莫夫码中，有 12 种氨基酸有 4 种可能的三联体码表示，其余 8 种有两种可能的三联体码与之相应。总计为“12×4+8×2＝64”种三联体码（表 5-1，此表不具有生物学含义，只是由 A B C D 四字母产生的 64 种三联体码表示）。

表 5-1 伽莫夫密码的三联体表示

三联体码				三联体码			
AAA	AAB	AAC	AAD	ACA	ACB	ACC	ACD
BAB	BAC	BAD	BAA	BCB	BCC	BCD	BCA
CAD	CAA	CAB	CAC	CCD	CCA	CCB	CCC
DAC	DAD	DAA	DAB	DCC	DCD	DCA	DCB
ABA	ABB	ABC	ABD	ADA	ADB	ADC	ADD
BBB	BBC	BBD	BBA	BDB	BDC	BDD	BDA
CBD	CBA	CBB	CBC	CDD	CDA	CDB	CDC
DBC	DBD	DBA	DBB	DDC	DDD	DDA	DDB

基于伽莫夫密码，克里克想设计一种具有以下四个性质的密码：

（1）密码包含四种类型的字母：A、B、C、D；

（2）每一个序列中三个连续的字母代表一种氨基酸；

（3）密码是重叠的，例如“DABDC………”意思是：DAB，ABD，BDC 重叠式编码等；

（4）一种特定的氨基酸由一组任意选择的三联体集合来编码。

后两条性质显然与正确的密码性质相矛盾。即使是在当时，也没有得到相关证据的支持。可见，克里克此时的密码研究计划是存在问题的，至少不是完全正确的。密码理论研究的过程真的是充满了错误和陷阱，但这却是一个理论趋向成熟的必经之路。克里克当时的烦恼是密码研究陷入困境的真实写照。正如他在手稿开头引用的 11 世纪一位佚名诗人的语句一样：“有谁比在无路之处找路的人更感到失落呢？”

克里克设计了三种密码方案。首先是“组合码”，总共有 20 种不同的组合码。例如，氨基酸 a 由 6 个码构成一个组合码，ABC、ACB、BAC、

BCA、CAB 和 CBA，这样的组合码数为 4；氨基酸 b 由 3 个码构成一个组合码，BBD、BDB、DBB，这样的组合码数为 12；氨基酸 v 由 1 个码编码，这样的组合码数为 4。克里克验证：从结构上看，这种组合码是不可能的，奇怪的是，它的确给出一个魔幻数字“20”。20 种组合码与 20 个氨基酸相对应编码，虽能勉强解释密码的简并性，但是却显示一个氨基酸的密码只决定于碱基组成，与碱基次序无关；还使得一些氨基酸出现很频繁，另一些则相对罕见。另外，与伽莫夫码一样，它也不具有方向性。另外，从相邻氨基酸的个数上看也是与现存实验数据相矛盾的，因此，克里克将组合码给予否定，认为这种码是不可能的。

第二、第三种码分别对应易邻码、方向码。在这两种编码方案中，克里克做了一些有益的尝试，但是都没有进行过深入的研究。原因一个是与桑格进行的胰岛素的两条链的测序数据相矛盾，另一个是无法明显地去解释密码子与氨基酸间的“简并”关系。这里，克里克认为密码阅读应该有方向性的观念是正确的。如果密码朝一个方向阅读是有意义的，则反方向进行就变成无意义的了。

最后，历尽多方思考，克里克推理出逻辑“简并”的方案。他认为可以通过三联体结构上的旋转来阐明不同的表示可以对应同一种氨基酸的简并性。发现有 18 种集合，它们中有 2 组，每组包含 8 种码；8 组，每组包含 4 种码；剩下的 8 组包含 2 种码。总码数恰好为“$2\times8+8\times4+8\times2=64$”。克里克这篇手稿旨在基于对伽莫夫码认真思考进而形成自己对编码问题的观点。这确实促使其最终提出了连接体假说，而且指出退化模板的内涵。退化模板思想是对密码子简并性现象进行解释的一种尝试，但是在密码子没有全部破译之前，所有的简并现象的分析仅仅是对编码关系的一种猜想。一方面，连接体假说从理论上又给出密码许多令人迷惑的多样性；另一方面，大量的序列数据却不能给出编码关系的任何规律性和关联性的暗示。这些几乎使克里克陷入索然无味的境地。当时克里克手写的编码问题的方案，包括组合码、易邻码、方向码、互补码和无逗号密码，长达 150 页，可见编码问题确实令他深受困扰。

需要指出，重叠码的思想在 1954—1955 年一直占据上风。因此，对氨基酸顺序限制的研究一直在继续，直到布伦纳在 1956 年向《美国国家科学院会报》提交论文《论重叠码的不可能性》，严格证明了重叠码的概念是错误的❶，重叠码的观点才被瓦解。布伦纳的研究将得到的氨基酸的顺序都汇集起来，因为并不确定哪种顺序不应该存在，并假定涉及的遗传密码是统一的。共有400种（20×20）可能的氨基酸双体，可是重叠码三联体只能编码其中的256种（64×4）。一个碱基通常参与三个氨基酸的编码，因此，密码重叠必然会限制氨基酸的顺序。

布伦纳探究进一步的限制情况，任何一个三联体的两边都仅可以与四种其他的三联体相连。比如，三联体为AAT，密码由于重叠，所以在它前面的三联体必须是TAA、CAA、AAA或GAA，它的后面的三联体可以是ATT、ATC、ATA和ATG，因此，一个已知序列中的某一氨基酸后面至少有9种氨基酸，然而2个三联体最多编码8种氨基酸，那么这种情况下需要的三联体至少是3个。于是，布伦纳最后证明所需要的三联体绝对超过了64种，这样全部重叠的密码是不可能的。后来，克里克还从英格拉姆已经详细研究过的非正常人的血红蛋白的实验结果充分证实了遗传密码互不重叠的性质。

尽管非重叠码与氨基酸间编码时仍存在一些几何结构上的困难，布伦纳还是找到了合适的解决方案。他设想如果连接体有灵活的尾部就可以连接合适的氨基酸，克服结构上的困难，克里克和他将这一想法称为“权宜”理论。后来发现tRNA分子的确具有一个活动的小尾巴，氨基酸就连在此(图5-10)。

密码的非重叠性特征亮相以后，立刻引出的一个新的问题是：如果密码是非重叠的三联体，怎样知道它从哪里开始？也就是说，如果正确的三联体是用逗号隔开的，比如，(ATC，CGA，TTC，…或ATC，TCC，GAT，…)，那么生物体怎样知道把逗号放在哪里呢？很自然地会想到，三联体从头开始阅读。克里克觉得这样规定又未免太简单了。他设想密码应该具有如下性质，如果以正确的相位阅读，所有的三联体都是有意义的，可以编码氨基酸，但是，所有相位错误的三联体都是“无意义”的，它们没有相应的连接体，也不代表任何氨基酸。

克里克对奥格尔（L. Orgel）表达了自己的想法。奥格尔立即认为满足克里克想法的有意义的三联体个数只有20个。像AAA，BBB，CCC，DDD这样的三联体肯定是无意义的，因为一条只包含同一个字母的序列很可能

---

❶ Brenner S. On the Impossibility of All Overlapping Triplet Codes[J]. PNAS,1957,43(8):687-694.

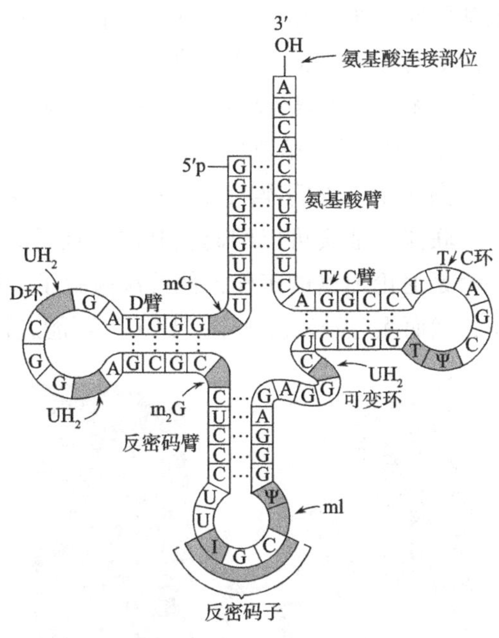

图 5-10　tRNA 的二级结构

会读错相位（图 5-11）。这样，64 个三联体中减掉了 4 个，此外，如果三联体 XYZ 是有意义的，那么由此组成的序列中 YZX 和 ZXY 就应该是无意义的，所以有意义的三联体的最大个数就是“60÷3 = 20”。奥格尔是一个理论化学家，他当时与沃森正在进行 RNA 结构的研究，同时对编码问题也表现出了热情和兴趣。后来格里菲斯也加入了这个讨论。

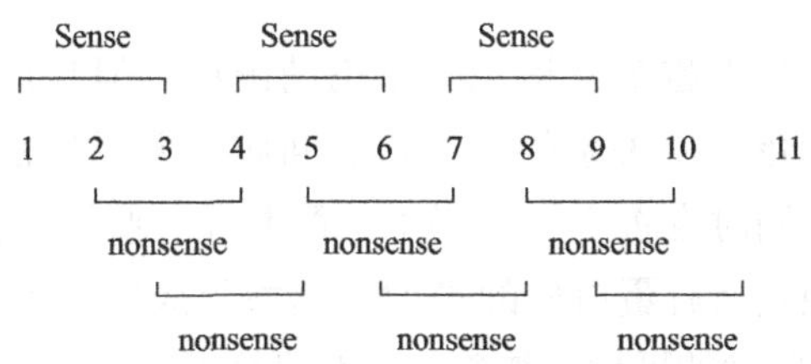

图 5-11　无逗号三联体的读码表示

注：数字代表四个碱基的位置，显示重叠码读码序列无意义，非重叠码三联体是有意义的

1957 年，克里克、奥格尔及格里菲斯集合了这种编码思想，合写论文《无逗号密码》。他们认为“无逗号”密码实际上讨论的是一个涉及数学计算和物理结构的问题，最终否定了 44 个无意义的三联体，剩下的 20 个三联

体恰好与奇妙的氨基酸数“20”相吻合。虽然他们对无逗号密码的想法深感激动，然而，这次他们真的是犯了严重的错误，克里克、布伦纳等将自然界规定得太简单了。无逗号密码要求每个氨基酸对应一个三联体，然而，之后来自两方面的实证否定了克里克的“无逗号密码”。一个是 1961 年，克里克、布伦纳等（图 5-12）的移码突变实验，大量被无逗号密码认定为无意义的密码子，三联体被证实可以编码氨基酸，且得到真正意义上的遗传密码概念；另一个是尼伦伯格的工作，他首次破解了“UUU”应该是氨基酸 Phe 的密码子，然而无逗号密码规定“UUU”不能进行编码。

图 5-12　克里克和布伦纳在剑桥分子生物学实验室（MRC）

虽然编码问题越来越令克里克与布伦纳困惑，但是他们相当肯定编码问题是确定核酸和蛋白质关系的一个核心问题。无逗号密码否定了一些三联体存在的意义，同时也否定了密码子的简并性。假设全部 DNA 都是编码蛋白质的，那么通过所有蛋白质的平均氨基酸组成即可推出 DNA 的碱基组成。由于几乎所有物种的平均氨基酸组成都很接近，那么 DNA 分子的组成也该是相似的。但是随着大量实验数据的问世，人们发现事实并非如此。尤其是在不同种类的细菌中，研究者发现，A+T/G+C 这一比例在不同生物之间差异很大。因此，无逗号密码就完全错了。无逗号密码还吸引了排列组合专家们的注意，格罗姆和韦尔奇对此进行过简洁的论证。然而实验是检验理论正确与否的唯一标准，无逗号密码是站不住脚的。当然一些研究者也提出了二联码、四联码及六联码等编码概念，直到 1961 年尼伦伯格“遗传密码是三联体”实验证据问世，编码问题发散性研究的历史才告一段落。

回顾这段科学史，尽管在布伦纳、克里克等看来，编码研究在 1959 年处于低潮阶段，但是热衷研究的科学家们在分析了编码问题的现状后，仍然保持着对科学研究的积极态度。他们敏锐地洞察：目前一些编码问题的理论已经部分解释了实验方面的数据。因此，编码问题仍然是一项有前景的科学研究。事实的确如此，理论上错综而艰苦的探索密码和实验上大量而困难的破解密码的工作还在后面呢。

5.3.2　失踪的信使

关于模板 RNA、连接子 RNA 及核糖体上蛋白质合成机制的确立的研究过程，学者向义和在《遗传信息的转录和翻译机制是怎样发现的》一文中已经做了详细的梳理，这里不必赘述。1959 年 10 月，克里克与一起研究遗传密码的合作者布伦纳向 RNA 领带俱乐部提交《关于蛋白质的合成的一些脚注》一文的手稿。这也是一篇没有公开发表的论文，他在此对蛋白质合成问题做了三点总结和强调：第一，可溶性 RNA（连接子，即 tRNA）有类似于 DNA 的二级结构；第二，氨基酸在某一阶段与可溶性 RNA 假尿嘧啶的 N1 原子的一端连接；第三，核糖体是由两个不同尺寸和形状（较大的一个称为“50S”，而较小的一个称为“30S”）的亚单位组成的，它们在一起构成“70S”的核糖体。

克里克与布伦纳为蛋白质合成问题做了三点脚注。这三个注释一部分源于当时面临的编码问题的理论困境，克里克提出连接子假说来解释核酸与对应氨基酸之间的关系；一部分来源于当时的实验结果，对连接子二级结构的预测来源于当时三个实验室的可溶性 RNA 组分的测定（碱基比率与 DNA 的几乎一致，G：C 相同，A：U 相同），对核糖体的结构注释是基于 1958 年沃森与合作者对核糖体结构的证明。然而这篇注释的结尾提供了一条重要的信息：直到 1959 年，克里克、布伦纳仍然认为充当蛋白质合成模板的 RNA 就是核糖体 RNA（rRNA）。接着，基于他对核糖体 RNA 结构的分析，自然倾向于认为核糖体中的一部分而不是全部在行使模板的功能。正如克里克所说：“在理论生物学前进的道路上总是充满了陷阱。”他又一次错了，蛋白质合成的模板是信使 RNA（mRNA）而不是 rRNA。那么这条被修正的道路究竟是怎样的崎岖不平，而这个失踪的信使又是如何经过“千呼万唤始出来”的呢？下面揭示他们对 mRNA 的认知之路。

信使 RNA 的研究最早起源于 1944 年布拉舍的工作——核酸与蛋白质之间的关系问题。直到莫诺、雅各布和帕迪（Pardee）在 1961 年首次使用 mRNA 之日，信使作为一个客观实在以应然的形态最终出现于人们的视野经历了 18 年之久，那么，克里克与布伦纳组在其中承担怎样的角色呢？

双螺旋结构被发现后，人们还不清楚细胞核内除了 DNA 外是否还有蛋白质。所有的证据都显示多数蛋白质是在细胞质中产生的。既然大多数 DNA 都存在细胞核里，那么一定要把 DNA 的信息从细胞核运送到细胞质中才能实现合成蛋白质的过程。这使得 DNA 与蛋白质之间必然存在一个“信使”来进行沟通。早在 DNA 模型提出前，沃森就在办公室中勾画过 DNA 产生 RNA，RNA 产生蛋白质的信息流向图，这里的信使就是 RNA。1959 年 9 月在哥本哈根举行的一次会议上，集中研究乳糖操纵子和噬菌体两套基因的雅各布、莫诺也发表过他们的想法：“在 DNA 上直接合成蛋白简直是‘是无稽之谈’，因为它与许多事实相矛盾。”他们也预示到中间物的作用，与会者还包括沃森、克里克和本泽尔等当时知名的科学家。

当时，人们已经发现活跃蛋白和不活跃蛋白一个显著的差别就是活跃蛋白细胞质的 RNA 含量较高。20 世纪 50 年代末，已经证明大多数 RNA 存在于核糖体这种小颗粒中，它是由 RNA 和蛋白混合而成的。当时颇流行的一种想法是一个核糖体对应合成一种蛋白质，那么，自然就认为核糖体中的 RNA 就是这个信使，即 rRNA 是 mRNA。于是，克里克想当然地认为每一个活跃的基因产生一份单联 RNA，在酶蛋白的协助下，将其从细胞核转运到细胞质里指导蛋白质的合成。那么信使“mRNA”与克里克预言的连接子（tRNA）协同作用将遗传密码具体地表现出来❶，困扰克里克 6 年时间的编码问题（四个字母的 RNA 语言被翻译成二十个字母的蛋白质语言）就越来越明朗化了。

接下来的问题就是克里克和布伦纳开始着手设计如何进行相关的实验。他们希望从实验中能获得支持他们想法的证据。如果实验中经分离后的单核糖体真的能只产生一种蛋白质，那么 rRNA 等于 mRNA 的想法就确凿无疑了。幸好当时实验技术没那么先进，这个验证过程实际上也相对困难。否

❶ 王培之. 克里克回顾 DNA[J]. 生化通讯,1980(4):35-37.

则他们肯定会在这些注定产生否定结果的实验上费时费力。

然而，有关核糖体的实验仍在艰难地进行着，一些令人为难的结果引起了研究者的关注。由于蛋白质的长短各异，那么核糖体中的 RNA 分子也该是有大小差别的。可是，实验结果显示核糖体 RNA 的大小是固定的两种尺寸（图 5-13）。不同物种间的 DNA 碱基组成存在差异，它们的信使在组成上也应该具有相应的不同。然而被当作信使的 rRNA 在不同物种间却差别甚小。

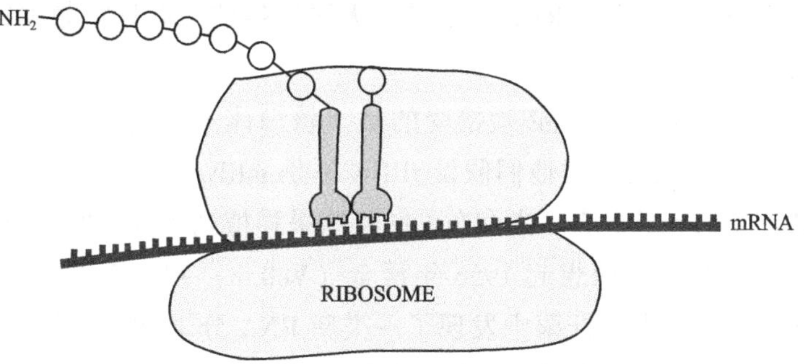

图 5-13　核糖体 RNA 的结构

科学的发展总是在矛盾中寻找着问题的突破口，螺旋式前进。克里克和布伦纳经历很长时间检查实验证据，试图找到问题所在。此时，克里克已经萌生了先前的想法“rRNA 等于 mRNA”是存在疑点的。信使的最终发现来自另外两个研究组所合作的 PaJaMo 实验（科学家如图 5-14），该研究组对乳糖系统进行了详细的研究，克里克一直关注着他们的实验结果。在克里克看来，实验结果的重要性在于：一个特定的半乳糖苷酶基因，在特定的时间里导入细胞之中，接着人们有可能观察到基因导入细胞后蛋白质的合成将随时间进行变化。

图 5-14　莫诺（左）、雅各布（中）和帕迪（右）

布伦纳和克里克原以为这个基因会快速制造核糖体，然后慢慢逐渐积累，随着核糖体的增加，半乳糖苷酶蛋白合成也加快。可是，PaJaMo 实验结果与此南辕北辙：在基因刚刚导入细胞后，半乳糖苷酶蛋白就迅速合成了，且状态保持恒定，那么一定存在一种与 rRNA 不同的不稳定的中间物，它指导蛋白质合成后就消失了。这个短命的中间物就是克里克命名的“失踪的信使”。其实，克里克很不愿意相信莫诺告知的这种结果，但是每一个科学家都知道，一个科学的实验结果是无法抗拒的，而且它必须得到合理的理论解释。

PaJaMo 实验使克里克必须接受的是“核糖体不是信使——rRNA 不是 mRNA”。然而，正是因为他们假设 rRNA 不是 mRNA 才会遇到前面的种种令人无法满意的现象。克里克和布伦纳将结果移植到 T4 噬菌体感染大肠杆菌后的情况，立即就回想起 1956 年沃金（Volkin）和阿斯特拉汉（Astrachan）曾经在宿主大肠杆菌中发现了一类新 RNA 分子。❶ 这类分子反映了噬菌体的碱基组成而非大肠杆菌的碱基序列。当时人们认为这些 RNA 是噬菌体 DNA 的前体，而 PaJaMo 实验澄清了这类新的 RNA 分子的身份，在 PaJaMo 实验的启发下，克里克与布伦纳一致认为沃金和阿斯特拉汉的 RNA 分子就是信使。

既然 rRNA 不是 mRNA，克里克自然想到的下一个问题就是，为什么 mRNA 一直没有在他的研究中被发现？对此克里克的解释是“从某种意义上说我们想到了但是没有任何证据，所以我们没能认识到它的重要性……它要求我们假设存在一类我们从未见过的但很关键的 RNA。我希望我当时有足够的勇气这样做，但是谨慎的天性阻止了我”。证明 mRNA 存在的实验是布伦纳、雅各布和梅塞尔森一起做的。其实还有两个研究组也为此作出了证实，一个是沃森实验室；另外一个是布拉舍研究组。布拉舍还有一个新奇的观点就是 mRNA 并非一直是不稳定的，寿命并非极其短暂，它在蛋白质的合成中需要存活较长的一段时间。这个观点在蛋白质合成实验中也是很有指导性的。

1966 年，美国生化学家辛格（Singer）❷ 撰写一篇 36 页的评述性文章

---

❶ Volkin E, Astrachan L. Phosphorus incorporation in Escherichia coli ribonucleic acid after infection with bacteriophage T2[J]. Virology, 1956, 2(2): 149-161.

❷ http://www.pas.va/content/accademia/en/academicians/ordinary/singer.html.

《信使 RNA：一个评述》。辛格（图 5-15）的文章引用了 398 篇文献，评述了 mRNA 概念的产生和 mRNA 物质的发现，整合了 1966 年前来自不同学科领域的众多科学家（包括克里克、布伦纳等）在 mRNA 研究方面的工作，展现了 mRNA 发展的一个动态状况。❶ 辛格的观点带有批判性，她十分强调 mRNA 在结构和功能化学方面的特性仍很模糊；一般来讲，虽然信息经历了 DNA 到 RNA（mRNA）再进入蛋白的转录和翻译过程❷，但不确定的因素依旧存在。

图 5-15　美国生化学家辛格

当时，仅对病毒进行的研究就清晰可见 mRNA 在合成和翻译中的媒介作用，但缺少 mRNA 在其他有机体中具有这方面功能的直接证据。霍拉纳和尼伦伯格的体外实验证实了 mRNA 的存在，然而，DNA 为直接模板的体外研究仍然占有着部分科学家的研究热情。毋庸置疑，mRNA 的作用在生物控制机制的研究中具有一定的启发性，它有助于蛋白质合成问题的进一步探讨。

5.3.3　分析与讨论

编码问题是密码研究中的一个基本问题，同时也是一个密码研究中的重要概念。从科学史视角对克里克与布伦纳合作的编码问题研究进行史实梳理和概念分析。第一，可以得到的一个结论是：克里克研究组没有最先提出编码方案，但是，他们率先意识到编码问题的重要性，并为此付诸大量的思辨和理论分析；第二，克里克研究组密码设想是以伽莫夫码为基础的，而且充分肯定了伽莫夫在密码研究的最初贡献，其实，无论是伽莫夫还是克里克研究组，他们的编码方案都经历了自身“否定”发展的过程，

❶ 孙咏萍. 弗朗西斯·克里克对遗传密码研究的历史贡献[D]. 呼和浩特：内蒙古师范大学，2012.

❷ 郭晓强. 逆转录的发现及启示[J]. 生物学通报，2007(10)：61-62.

然而，问题最终将趋于明朗化，其过程显示出科学发展螺旋式的前进方向；第三，由于历史局限性，在信使 RNA 及生化实验技术没有渗入到此项研究中之前，他们的编码设想还停留在猜想的层面，他们无法确认到底哪些密码子会编码哪个氨基酸，这一问题必须在 mRNA 的身份确定后且借助实验方面的破解技术才能得以圆满解决；第四，理论工作的重要性在于研究者能够在原有的传统之上提出新的观点，如连接子假说，更期待新理论可以为实验指明正确的方向，如果没有克里克、布伦纳等理论科学家在编码问题上永不停止的研究，尼伦伯格、霍拉纳和奥乔亚等在实验方面的进展绝对不可能如此顺利；第五，科学研究中的错误和弯路是不可避免的，绝望和困惑的情绪也必然会存在，它们只会偶尔削弱科研人的斗志，研究者的热情绝对会在历尽磨难后重新占据上风，彰显其坚韧、执着和战胜一切困难的科学精神。

由阐明遗传密码的重大事件（1944—1966 年）[1] 可知，克里克研究组在密码发现的研究历程中四次（非重叠码的论证、无逗号密码的否定、三联体和信使 RNA 的回归）取得重大研究性突破，具有重要的历史地位。从当时参与密码研究的科学家成果看，众多科学家参与了密码研究，布伦纳因与克里克长期合作，工作量较多。其中，蕴含了克里克研究组深邃的科学思想——假说的提出、理论的推测、历史的积淀和实证的探寻及非凡的科学精神，这种精神体现在对错误的反省、失败的审视、团队的尊重和目标的坚持。

5.4 总结与讨论

布伦纳经历了当时历史条件下可以滋养身心、催人奋进的学校教育，拥有聪明、勤奋、刻苦、果敢的个人品行，积淀独立合作、质疑求真的科学精神。他因不断进取喜获成功机遇，1956 年，在克里克的帮助下，布伦纳来到了英国医学研究理事会在剑桥的卡文迪什实验室，研究基因编码以及 RNA 如何进行信息传递工作。在与克里克共用一间办公室的工作环境中，两位科学大师 20 年的共同思辨为生命科学的发展、不同学科的交叉作出了

---

[1] 孙咏萍. 弗朗西斯·克里克对遗传密码研究的历史贡献[D]. 呼和浩特：内蒙古师范大学，2012：151.

巨大贡献。❶ 布伦纳来到英国后，立即投入到经典分子生物学时期（从1953年DNA双螺旋的发现至1966年遗传密码的阐明）的科学研究中。首先，布伦纳、本则尔与克里克等合作❷确定了噬菌体的突变精细图谱，为深入基因研究奠定根基。基于比较噬菌体中的遗传突变与氨基酸的序列变化，他们最终证明了遗传信息与蛋白质产物之间存在共线性关系。随后，布伦纳目标转移至遗传信息怎样由DNA传递至蛋白质。布伦纳等用数学方法证明3个核苷酸决定1种氨基酸，他为此特征专门创造一个新词——密码子，但问题是缺乏实验支持。因此，1961年，克里克与布伦纳决定以噬菌体为材料，通过大量亲身实验证实了三联体密码理论。这是密码研究中的一项实质性突破，不仅证明了密码子的基本特征，更重要的是，为密码子的破译研究打开了一扇大门。布伦纳、克里克不仅合作阐明UGA是终止密码子，且与其他科学家共同论证了真正的信使——mRNA，并后续推测蛋白质的起源问题。❸

尽管在核糖体内发现有RNA存在，当时已经发现了tRNA和RNA，但它们的性质不符合传递RNA的特点，布伦纳等通过独创性实验和对其他一些实验结果的清晰辨别与讨论最终证明存在第3种RNA（mRNA），且这一独特的RNA就是遗传信息的传递者。布伦纳的一系列重大发现使他成为当时分子生物学领域最有影响力的领导者之一❹，并且也获得许多重大荣誉。1968年，布伦纳开始把研究转向模式生物线虫，探讨线虫的生长与分化，以及基因突变和个体发育的关系。20世纪80年代，他又参与了宏大的人类基因组计划和河豚基因测序。

从分子生物学基础理论的发展历程看，布伦纳研究的第一次巅峰应该是1961年10月前后与克里克共同设计、实施了以噬菌体浸染大肠杆菌的遗

---

❶ Olby R. Francis Crick:Hunter of Life's Secrets[M]. New York:Cold Spring Harbor Laboratory Press,2009.

❷ Ridley M. Francis Crick:Discoverer of the Genetic Code[M]. USA:Harper Collins Publishers,2006;F·克里克. 狂热的追求——科学发现之我见[M]. 吕向东,等译. 合肥:中国科学技术大学出版社,1994.

❸ Crick F,Brenner S,Klug A,et al. A speculation on the origin of protein synthesis[J]. Origins of Life,1976,7(4):389-397.

❹ Judson H F. The Eighth Day of Creation:Makers of the Revolution in Biology[M]. New York:Cold Spring Harbor Laboratory Press,1996;H. F. 贾德森. 创世纪的第八天:20世纪分子生物学革命[M]. 李晓丹,译. 上海:上海科学技术出版社,2005.

传学试验，并因此得出结论“蛋白质合成的基本性质是需要3个碱基的”❶。他们共同展开的这个遗传学试验及其“遗传信息是3个碱基”结论❷，于现在是世界范围“三联体密码生物学”的基础之基础，在当时则是《氨基酸三联体遗传密码子表》的王牌通行证。布伦纳当时操作的这个实验被认为是遗传学史上最有分量的试验之一，其意义和作用完全可以媲美孟德尔的豌豆试验。因此布伦纳早期应该擅长于对噬菌体实验操作。

布伦纳人生的另外一个学术光辉则是参与了克里克组“终止密码子实验”❸设计与实施，并协助克里克完成了基于适配子（转运RNA）理念而产生的“摆动学说（wobble theory）”（提供各个化学细节的解释），这为《遗传密码表》早日结束争论扫除了理论障碍。在1965—1967年的实验技术条件下，对于生物化学实验操作经验不多的克里克来说，布伦纳绝对称得上是他最得力的实验操盘手。1968年之后，布伦纳对线虫的兴趣（研究），某种程度上可视为其对“线性遗传学（线性生物大分子统领的密码遗传学）”的延续性研究和对《氨基酸三联体遗传密码子表》的深度论证。从科学传播史角度看，布伦纳的名气随着《氨基酸三联体遗传密码子表》在世界范围的传播不断飙升。

的确，布伦纳是科学界的传奇人物。从DNA编码、基因测序到胚胎发育、生物进化，他的科学人生❹堪称涵盖了整个现代生命科学领域，且因研究线虫❺的出色成就而获诺贝尔生理学或医学奖。据布伦纳回忆，通常早上10点，他的研究组聚集在一起热烈讨论，交流对科学的认识和看法；下午

---

❶ Harper P S. Hunter of Life's Secrets[M]. New York: Cold Spring Harbor Laboratory Press, 2009; Crick F H C, Barnett L, Brenner S, et al. General Nature of the Genetic Code[J]. Nature, 1961(192): 1227-1232.

❷ Crick F H C, Barnett L, Brenner S, et al. General Nature of the Genetic Code[J]. Nature, 1961(192): 1227-1232.

❸ Brenner S, Stretton A O W, Kaplan S. Genetic Code: The "Nonsense" Triplets for Chain Termination and their Suppression[J]. Nature, 1965, 206(4988): 994-998; Brenner S, Barnett L, Katz E R, Crick F H C. UGA: a Third Nonsense Triplet in the Genetic Code[J]. Nature, 1967(213): 449-450.

❹ Brenner S, Wolpert L. My Life in Science[M]. Biomed Central Ltd, 2001; Altman S. My Life in Science[J]. Nature Medicine, 2001, 7(12): 1276.

❺ Sulston J E, Brenner S. The DNA of Caenorhabditis Elegans[J]. Genetics, 1974, 77(1): 95-104.

相携参加很多科学讲座，晚上工作至深夜。[1] 诺贝尔奖级的成就正是靠聪明才智、创新思维、踏实的工作与执着的精神锻造而成的。本节的目标在力求全面充分追溯布伦纳突出成就的同时，更应凝练这位伟大科学家从事科学研究活动背后的科学思想、科学方法和科学精神，这将是后辈科研人员继续前进的不竭动力和永恒指引。

参考文献

郭晓强,姚清国,冯志霞,2007. 分子生物学大师和奠基人之一——布雷内[J]. 生物学通报,(12):53-55.

郭晓强,2007. 逆转录的发现及启示[J]. 生物学通报,(10):61-62.

H. F. 贾德森,2005. 创世纪的第八天:20 世纪分子生物学革命[M]. 李晓丹,译. 上海:上海科学技术出版社.

F. 克里克,1994. 狂热的追求——科学发现之我见[M]. 吕向东,等译. 合肥:中国科学技术大学出版社.

孙咏萍,2012. 弗朗西斯·克里克对遗传密码研究的历史贡献[D]. 呼和浩特:内蒙古师范大学,151.

王培之,1980. 克里克回顾 DNA[J]. 生化通讯,(4):35-37.

杨中楷,刘则渊,梁永霞,2016. 21 世纪以来诺贝尔科学奖成果性质的技术科学趋向[J]. 科学学研究,34(1):4-12.

Altman S,2001. My Life in Science[J]. Nature Medicine,7(12):1276.

Brenner S,Barmett L,Katz E R,et al. ,1967. UGA:a Third Nonsense Triplet in the Genetic Code[J]. Nature,(213):449-450.

Brenner S,Elgar G,Sanford R,et al. ,1993. Characterization of the pufferfish(Fugu) genome as a compact model vertebrate genome[J]. Nature,366(6452):265-268.

Brenner S,Sejnowski T,2018. In the Spirit of Science:Lectures by Sydney Brenner on DNA,Worms and Brain[M]. beijing:World Scientific Publishing Co. .

Brenner S,Stretton A O W,Kaplan S,1965. Genetic Code:The ‘Nonsense’ Triplets for Chain Termination and their Suppression”[J]. Nature,206(4988):994-998.

[1] Brenner S. In the Beginning Was the Worm[J]. Genetics,2009(182):413-415.

Brenner S,Wolpert L,2001. My Life in Science[M]. London:Biomed Central Ltd..

Brenner S,1957. On the Impossibility of All Overlapping Triplet Codes[J]. PNAS, 43(8):687-694.

Brenner S,1974. The Genetics of Caenorhabditis elegans[J]. Genetic,77(1):71-94.

Brenner S,1998. Only joking[J]. Current Biology,8(23):R825.

Brenner S,1999. False starts-The seven good byways of science. The rest[J]. Current Biology, 9(14):R499.

Brenner S,1999. The book of man[J]. Current Biology,9(24):R905.

Brenner S,2009. In the Beginning Was the Worm[J]. Genetics(182):413-415.

Brenner S,2010. Interview with Sydney Brenner—The world of genome projects[J]. Bioessays News & Reviews in Molecular Cellular & Developmental Biology, 18(12).

Chadarevian S D,2009. Interview with Sydney Brenner by Soraya de Chadarevian[J]. Stud Hist Philos Biol Biomed,40(1):65-71.

Couzin-Frankel J,2019. Sydney Brenner,pioneer of molecular biology,dies at 92[J]. Science(8).

Crick F H C,Barnett L,Brenner S,et al.,1961. General Nature of the Genetic Code[J]. Nature(192):1227-1232.

Crick F,Brenner S,Klug A,et al.,1976. A speculation on the origin of protein synthesis[J]. Origins of Life,7(4):389-397.

Friedberg E C,2010. Sydney Brenner:a biography[M]. New York:Cold Spring Harbor Laboratory Press.

Friedberg E,2019. Sydney Brenner(1927—2019)[J]. Nature,568(7753):459.

Goldstein B,2016. Sydney Brenner on the Genetics of Caenorhabditis elegans[J]. Genetics,204(1):1-2.

Hargittai I,2019. Sydney Brenner(1927—2019)—One of the greats of our science on new frontiers[J]. Structural Chemistry(30):627-632.

Harper P S,2010. Olby,Robert(2009):Francis Crick. Hunter of Life's Secrets Cold Spring Harbor Laboratory Press,Cold Spring Harbor,NY,HB[J]. Human Genetics,127(4):461-462.

Judson H F,1996. The Eighth Day of Creation:Makers of the Revolution in Biolo-

gy[M]. New York:Cold Spring Harbor Laboratory Press.

Kermode-Scott B,2019. Sydney Brenner: Nobel laureate and molecular biologist who specialised in comparative genomics[J]. BMJ Clinical Research(10).

Olby R,2009. Francis Crick:Hunter of Life's Secrets[M]. New York:Cold Spring Harbor Laboratory Press.

Ridley M,2006. Francis Crick:Discoverer of the Genetic Code[M]. USA:Harper Collins Publishers.

Stephens D, 2001. Louis - Jeantet Prize 2001 [J]. Trends in Cell Biology, 11 (3):110.

Sulston J E,Brenner S,1974. The DNA of Caenorhabditis Elegans[J]. Genetics,77 (1):95-104.

Volkin E,Astrachan L,1956. Phosphorus incorporation in Escherichia coli ribonucleic acid after infection with bacteriophage T2[J]. Virology,2(2):149-161.

White J G,Southgate E,Thomson J N,et al. ,1986. The structure of the nervous system of the nematode Caenorhabditis elegans[J]. Philos. Trans. R. Soc. Lond B Biol. Sci. ,314(1165):1-340.

扩展阅读

1. Quotations related to Sydney Brenner at Wikiquote (https://www.azquotes.com/author/24376-Sydney_Brenner).
2. Interviewed by Alan Macfarlane 23 August 2007 (video) (https://www.sms.cam.ac.uk/media/1139457).
3. Sydney Brenner(https://www.nobelprize.org/laureate/750) on Nobelprize.org including the Nobel Lecture 8 December 2002 Nature's Gift to Science.
4. http://m.tongxiehui.net/by/5ff8b8de405b4.html.
5. https://www.nature.com/articles/d41586-019-01192-9.
6. https://web.archive.org/web/20071227182819/http://www.hhmi.org/janelia/brenner.html.
7. https://www.britannica.com/print/article/891288.
8. How Academia and Publishing are Destroying Scientific Innovation:A Conversa-

tion with Sydney Brenner(https://web.archive.org/web/20150205215312).

9. Sydney Brenner, a Decipherer of the Genetic Code, Is Dead at 92(https://www.nytimes.com/2019/04/05/obituaries/sydney-brenner-dead.html).

10. Brenner, Sydney (1927—) World of Microbiology and Immunology (http://www.encyclopedia.com/topic/Sydney_Brenner.aspx).

11. Dr Sydney Brenner(https://www.exeter.ox.ac.uk/people/dr-sydney-brenner).

12. Sydney Brenner: Senior Distinguished Fellow of the Crick-Jacobs Center (https://www.salk.edu/faculty/brenner.html).

13. The Thrill of Defeat: What Francis Crick and Sydney Brenner taught me about being scooped(https://nautil.us/issue/72/quandary/the-thrill-of-defeat-rp).

14. Uncovering a scientific life in the archives (http://blog.wellcom elibrary.org/2014/02/uncovering-a-scientific-life-in-the-archives).

15. Sydney Brenner(https://www.nobelprize.org/laureate/750).

16. Library: Sydney Brenner's Loose Ends (http://www.cell.com/current-biology/libraries/loose-ends).

17. Sydney Brenner interviewed by Alan Macfarlane, 2007-08-23 (film) (http://www.alanmacfarlane.com/ancestors/brenner.htm).

18. Genomes Tell Us About the Past: Sydney Brenner (https://www.ibiology.org/archive/genomes-tell-us-about-the-past).

19. The Sydney Brenner papers (http://wellcomelibrary.org/using-the-library/subject-guides/gen etics/makers-of-modern-genetics/digitised-archives/sydney-brenner).

20. Sydney Brenner CV(https://www.ethz.ch/content/dam/ethz/special-interest/dual/pauli-dam/04/2004-01_cv.pdf)(PDF).

21. Sydney Brenner Curriculum Vitae(https://www.nobelprize.org/prizes/medicine/2002/brenner/cv).

22. Sydney Brenner, 'father of the worm' and decoder of DNA, dies at 92(https://www.asianscientist.com/2019/04/topnews/sydney-brenner-nobel-laureate-dies-92-c-elegans-obituary).

23. Sydney Brenner (1927—2019) (https://www2.mrc-lmb.cam.ac.uk/sydney-brenner-1927-2019).

第 6 章　克拉克（B. Clark）

虽然我们的工作未能让组内任何人获得诺贝尔奖，可能是因为参与人之多，亦或是使用的方法太标准，但是研究却给了我极大的满足感。

——B. 克拉克

克拉克，生物学家，分子生物学的先驱，奥胡斯（Aarhus）大学结构生物学研究的创始人，如图 6-1 所示。从分子生物学科研与教学两大方面，克拉克都受到了广泛的认可与称赞。2014 年 10 月 6 日，克拉克教授去世，享年 78 岁。去世前，他仍然积极组织学术活动，以极大的勇气和坚韧忍受着癌症治疗。网络新闻发布的缅怀文章谈到：克拉克的离开标志着一个时代的结束[1]，足见对他的评价之高。克拉克人品好，能力强，在遗传密码研究中，是初始密码子的确定者。1977 年，他系统地完成了著作 *The Genetic Code*。书中从介绍蛋白质和核酸的结构开始，叙述了如何用生物化学、分子遗传学和化学方法阐明遗传密码的情况，以及大分子组分怎样在细胞内聚集成为蛋白质的一些当时最新的知识；全书系统全面，时代感强，汇聚了诸多学者的工作成果，呈现了遗传密码相关的基础知识与研究。

在忙碌的历史学家们还没有来得及为克拉克做传记的时候，本节力求明晰梳理克拉克的科学人生，重点揭示他在遗传密码领域的一系列工作。首先，于此概要介绍克拉克的人物生平。

---

[1] https://mbg.au.dk/en/news-and-events/news-item/artikel/brian-clark-has-died-marking-the-end-of-an-era-1.

图 6-1　克拉克

图片来源：奥胡斯大学的通讯主任海勒森（L. Heilesen）

https://mbg.au.dk/en/news-and-events/news-item/artikel/brian-clark-has-died-marking-the-end-of-an-era-1/（2014.10.07）

6.1　克拉克的人物生平

克拉克（Brian Clark，1936—2014），有着非常好的教育经历。他从英国剑桥大学获得了硕士、博士学位（1961 年）。克拉克曾在英国剑桥大学的有机化学系师从布朗（Brown），在攻读磷化氢化学博士学位之后开始学习生物化学；随后在麻省理工学院（MIT）继续他的博士后工作。实际上，他有两个博士后阶段：一个是在麻省理工学院时期（1961—1962），在生物化学系与布坎南（Buchanan）合作；另一个是在马里兰州贝塞斯达市的美国国立卫生研究院（1962—1964），与尼伦伯格学习。

博士后工作结束后，克拉克在英国剑桥的分子生物学实验室（MRC）工作，1974 年获得 EMBO 会员资格❶，在英国剑桥的英国医学研究委员会分子生物学实验室获得职位，同年被任命为奥胡斯大学教授。在来到奥胡斯大学担任要职之前，克拉克教授已与五位不同的诺贝尔奖获得者托德（Todd），尼伦伯格，克里克，布伦纳和克鲁格（Klug）合作过❷，这显然是

---

❶ https://www2.mrc-lmb.cam.ac.uk/achievements/embo-awards.

❷ Suravajhala P, Suravajhala R, Brian F C. Clark (1936—2014) [J]. Current Science A Fortnightly Journal of Research, 2015, 108(2): 287.

其职业生涯中的闪耀经历。事实上，在生物结构化学部成立后不久，DNA 结构发现者，鼎鼎大名的克里克为学术交流来到奥胡斯大学的小组中度过一个短暂的假期，给予克拉克莫大的支持。

克拉克研究的重点是蛋白质生物合成的分子机制，他是第一个将核酸结晶用于结构测定的人。早些时候在剑桥，他与马克尔（K. Marcker）教授合作阐明了启动蛋白质生物合成的编码信号❶；与包括马克尔在内的科学家们一起，克拉克确定了蛋白质合成的甲酰甲硫氨酸起始。在那段时间里，马克尔教授说服克拉克来到奥胡斯大学去建立一个新的研究领域。

1974 年，克拉克教授在奥胡斯大学集合了一大批研究人员，并最早将生物结构化学系转变为拥有与世界其他领先研究密切联系的国际研究环境。该部门的一个早期突破是解决了 tRNA 结合蛋白 EF-Tu 的 GTP 结合域的结构，随后导致了 EF-Tu 的完整结构及其 tRNA 结合复合物的研究，这即是研究的基础 G 蛋白——日后，此领域获得了多项诺贝尔奖。事实上，克拉克的研究主要集中在导致蛋白质生物合成的分子机制上，在细胞内一个显著的模块化系统 tRNA 结合蛋白——G 蛋白偶联受体（GPCR）的序曲；后来，转向人类衰老问题的思考。

克拉克教授是将基础研究转化为生物技术的强大倡导者和推动者，他为促进和鼓励丹麦和国外学术界与生物技术公司之间的互动而感到自豪。他本人是两家生物技术公司的创始人。2011 年，该部门以布莱恩 · 克拉克的名字命名了一个研讨会系列，以表彰他在该领域的贡献：布莱恩 · 克拉克生物技术讲座❷，如图 6-2～图 6-4 所示。在晚年，他为丹麦、中国等国家的研究环境、研究政策和研究力量问题给出了很多建设性的意见。

克拉克教授是世界公民，非常关注国际组织和学术团体。他广泛参与国际活动，曾任国际生物化学与分子生物学联盟（IUBMB）主席、欧洲生化学会联合会（FEBS）主席、欧洲分子生物学组织（EMBO）副主席和欧洲生物技术联合会（EFB）副主席。

---

❶ Clark F C, Marcker K A. Coding response of N-formyl-methionyl-sRNA to UUG[J]. Nature, 1965, 207(5001): 1038-1039; Clark B, Marcker KA. How Proteins Start. Sci. Am. 1968, 218(1): 36-42.

❷ https://mbg.au.dk/en/news-and-events/scientific-talks/brian-clark-biotech-lectures/brian-clark/brian-clark-lecture-hall.

图 6-2　布莱恩 · 克拉克生物技术讲座

图 6-3　布莱恩 · 克拉克生物技术讲座现场

图 6-4　布莱恩 · 克拉克在“自己”的演讲厅里作报告

图片来源：https://mbg.au.dk/en/news-and-events/scientific-talks/brian-clark-biotech-lectures/brian-clark/brian-clark-lecture-hall

克拉克是希腊岛屿斯派赛斯岛（Spetses）的荣誉公民。在那里，他参与组织分子和细胞生物学高级课程40年，演讲者名单中有许多现任和未来的诺贝尔奖获得者。2012年9月，斯派赛斯岛酒店的一个演讲厅以布莱恩·克拉克的名字命名。

克拉克教授一生都为年轻的研究人员提供了强有力的支持，他始终认为在途中帮助新一代人是一项重大任务。克拉克组织的让众多研究者受益的工作坊、论坛、夏令营学校如今仍然在持续传承。许多在丹麦和国外的丹麦和外国研究人员从他的多次接触和鼓励中获益匪浅。多年来，克拉克的工作获得了广泛认可❶，他是丹麦皇家科学与文学院的院士、丹麦自然科学学院的院士和北京基因组学研究所的名誉教授。接下来，重点论述克拉克在遗传密码领域的突出贡献。

6.2 克拉克的遗传密码研究

64个遗传密码子的发现是20世纪60年代分子生物学中一项了不起的成就，它最终表明薛定谔（Schrödinger）、伽莫夫（Gamow）等信息论者的思想是正确的。克里克、尼伦伯格等对遗传奥秘的揭示，把生物体内两种巨大的分子聚合体（核酸和蛋白质）的语言连通了，它表明在我们这个星球上全部生命形成都是共同使用这种遗传语言的。其中，关于起始密码子AUG的研究则是由克拉克研究组阐明的，AUG既是起始信号，也编码甲硫氨酸❷；克拉克1977年出版的*The Genetic Code*于1982年被翻译成中文，这为中国学者系统学习和接受遗传密码这一重大发现起到了积极的推动作用。

6.2.1 克拉克的起始密码子研究

正是在尼伦伯格的实验室里，克拉克与马泰（Matthaei）选择无细胞系

❶ Lescai F. Special issue of new biotechnology in memory of professor Brian F C Clark (1936—2014)[J]. New biotechnology,2017(7).

❷ Clark B. The crystal structure of tRNA[J]. Journal of Biosciences,2006,31(4):453-457.

统用 poly-U 合成了多苯丙氨酸，从而破译了氨基酸的第一个密码子，并开始了解释遗传密码的竞赛。1964 年，克拉克因在尼伦伯格实验室获得的经验而获得了剑桥分子生物学实验室分子遗传学部门的一个职位。当时，这个部门由克里克和布伦纳共同领导。美国科学家们认为编码问题本质上解决了。然而，剑桥大学的研究人员意识到应该有启动和终止信号（指导和控制蛋白质合成）。因此，克拉克与布伦纳等开始研究不编码的密码子（指定链终止的密码子），以抑制基因 tRNAs 的分离破译无意义密码子。

然而，克拉克的注意力很快就被“奇怪”的 tRNA 所吸引。甲酰甲硫氨基 tRNA（fMet-tRNA）当时已被马克尔和桑格（Sanger）发现。在接下来的六年里，克拉克将他的解码和无细胞蛋白质合成的经验很好地应用至与马克尔的密切合作中。他们的任务是纯化三联体寡核苷酸和非放射性引发剂 tRNA，目的是阐明起始密码子。其研究表明，fMet-tRNA 是一个原核引发剂，分析发现，fMet 位于合成和天然 mRNAs 指导下的多肽的 N 端。

在分子生物学实验室，克拉克也曾与布雷切尔（Bretscher）等合作研究起始 tRNA，发文 *A GTP requirement for binding initiator tRNA to ribosomes*。[1] 成果显示：核糖体结合起始剂 tRNA 的 GTP 要求在蛋白质合成的起始阶段，fMet-t RNA 被特定的密码子与核糖体结合。当存在一定浓度的镁离子时，这种结合也需要起始因子和 GTP。类似物可以替代 GTP，这表明核苷酸的这种作用与其以后的水解不耦合。

克拉克的工作证实：起始 tRNA（initiation tRNA）是指能特异性地识别 mRNA 上的起始密码子，是使蛋白质合成开始的 tRNA。[2] 在细胞中，有两种甲硫氨酸 tRNA 分子，其中的一种就起这种作用。在大肠杆菌中，已接受甲硫氨酸的 $tRNA_{fMet}$ 在被甲酰化之后，以其 30S 核糖体亚基与 mRNA 共同结合，使蛋白质合成开始。即使在以哺乳类为首的真核细胞中，而这种起始机理也没有本质的差别，但是，在真核细胞中，由于缺乏甲酰化酶，所以，

---

❶ Anderson J S, Bretscher M S, Clark B F C, et al. A GTP requirement for binding initiator tRNA to ribosomes[J]. Nature, 1967, 215(5100): 490-492.

❷ Clark B F C, Dube S K, Marcker K A. Specific Codon-Anticodon Interaction of an Initiator-tRNA Fragment[J]. Nature, 1968, 219(5153): 484-485; Clark B F C. Techniques in Protein Biosynthesis[J]. Proceedings of the Royal Society of Medicine, 1968, 61(2): 206.

末甲酰化的甲硫氨酸 tRNA 成为起始 tRNA。

绝大多数生物的起始密码子是 AUG，作为多肽链合成的起始信号，同时编码一种氨基酸。原核生物的起始密码子 AUG 翻译对应的是甲酰甲硫氨酸（fMet），真核生物的起始密码子 AUG 翻译对应的是甲硫氨酸（Met）。原核生物的翻译要靠核糖体 30S 亚基识别 mRNA 上的起始密码子 AUG，以此决定它的可译框架，AUG 的识别由 fMet-tRNA 中含有的碱基配对信息（3′-UAC-5′）来完成。原核生物中还存在其他可选择的起始密码子，14% 的大肠杆菌基因起始密码子为 GUG，3% 为 UUG，另有 2 个基因使用 AUU。[1] 因此，某些原核生物也以 GUG 和 UUG 为起始密码子，这些不常见的起始密码子与 fMet-tRNA 的配对能力较 AUG 弱，从而导致翻译效率的降低。有研究表明，当 AUG 被替换成 GUG 或 UUG 后，mRNA 的翻译效率大大降低了。[2]

一般来讲，起始密码子最常见的有 3~4 种，分别是 AUG、编码真核生物中的甲硫氨酸和原核生物中的 *N*-甲酰甲硫氨酸，GUG（缬氨酸）或 AUA（异亮氨酸）、UUG（亮氨酸）等也用作起始密码子（少数生物中）。但是生物最大的特点就是没有绝对的 0 和 1，所有的东西都不是固定的。其实除了以上几种，其他的密码子可以作为起始密码子吗？答案是肯定的，几乎所有的密码子都可以作为起始密码子，只是不同的密码子的翻译起始效率不同，最终反映在蛋白质的产量上的多少而已。2017 年一个研究组就对所有的密码子在大肠杆菌（*E. coli*）中的翻译起始效率进行了定量分析[3]，最终得到了如图 6-5 所示的数据。

图 6-5 显示：①所有 64 种起始密码子的翻译起始效率的对比，其中效果最佳的前五个密码子是 AUG>GUG>UUG>CUG>AUA；效果最差的五种密码子是 CCU<UCC<CAG<UCU<CUU。所以，在调节蛋白质的表达水平时，除了调节 RBS、更换启动子等元件，可能更加直接的方法是换一个起始密码子。②翻译起始效率最强的 AUG 和最差的 CCU，差不多有 10 000 倍的差

---

[1] 郑继平. 基因表达调控[M]. 合肥：中国科学技术大学出版社，2012：37.

[2] 查锡良. 生物化学：第七版[M]. 北京：人民卫生出版社，2008：292；S. 卡编著，潘家驹. 刘康等译. 细胞学与遗传学[M]. 北京：中国农业出版社，2012：206.

[3] Ariel H，Jeff G，Jaschke P R，et al. Measurements of translation initiation from all 64 codons in E. coli[J]. Nucleic Acids Research，2017，45（7）：3615-3626.

别，这个变化范围实在太大了；另须注意，数据仅来自大肠杆菌中，在其他生物中应该存在一定的差异性。

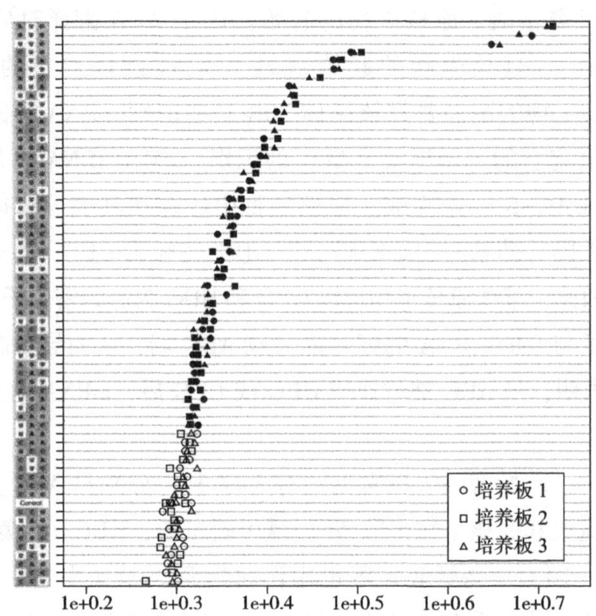

图 6-5　起始密码子在大肠杆菌中的翻译起始效率比较

综上，我们看到起始密码子研究对人们整体上深入了解遗传密码及蛋白质的合成与表达具有重要的价值。❶ 而且，克拉克对起始 tRNA 的三级晶体结构做了详细研究。由于 tRNA 在解码中的重要性、体积小（约 25 000da 或 73~93 个核苷酸）及其可用性，使得它在 20 世纪 60 年代成为核酸分子序列测定和 3D 结构鉴定中广受欢迎的研究对象。

剑桥分子生物学实验室充满着浓郁的结构化研究的气氛，这也激励克拉克把 30 年的精力投入到与蛋白质合成相关的 tRNA3D 结构问题中。克拉克在霍利（Holley）tRNA 逆流分布（countercurrent distribution，CCD）的基础上，自己设计改进了研究方法进行起始 tRNA 的纯化与结晶，这一研究也得到了克里克的热情支持。经过实验，克拉克与马克尔的工作❷证实：存在

❶ D. 弗雷费尔德. 分子生物学[M]. 蔡武城，等译. 北京：科学出版社，1988：289-290.

❷ Clark B, Marcker K A. The role of N-formyl-methionyl-sRNA in protein biosynthesis[J]. Journal of Molecular Biology, 1966, 17(2): 394-406.

两种类型的 tRNA 分别为：起始因子 tRNA-Met 和延伸因子 tRNA-Met_f，如图 6-6 所示。

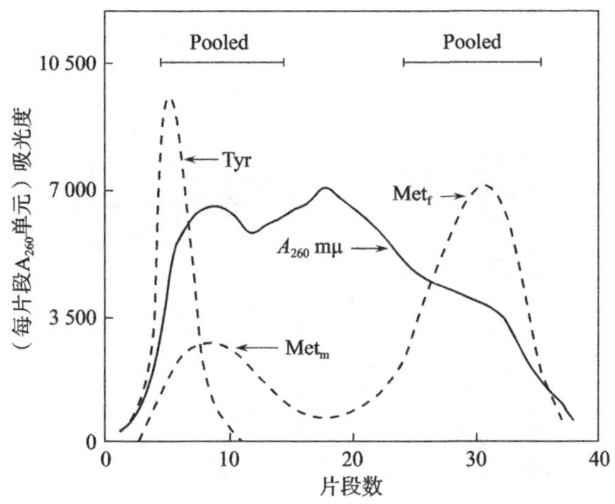

图 6-6　大肠杆菌（*E. coli*）tRNA 的逆流分布

克拉克与韦曼（Wayman）、科里（Cory）和鲁德兰（Rudland）博士等合作，对蛋氨酸 tRNA 的大规模纯化进行了重点研究。1969 年发表的成果显示：从 10g 未分馏的 tRNA 中生产了大于 100mg 的纯起始因子 tRNA。此外，20 世纪 60 年代的 tRNA 的结晶研究是一个很难攻克的热点问题，存在激烈的科研竞争。首次被记录的关于 tRNA 晶体的文章由克拉克研究组发表在 1968 年 9 月的 *Nature* 杂志上❶，之后引发了进一步需要纯化 tRNA 大单晶研究。当时，聚焦此项研究的研究组有：扎肖（H. Zachau）慕尼黑小组、克莱默（F. Cramer）哥廷根小组、已故博克（B. Bock）麦迪逊团队和已故西格勒（P. Sigler）芝加哥团队的合作组、麻省理工学院的里奇（A. Rich）和波士顿儿童癌症研究中心的卡斯帕（D. Caspar）基金会合作组以及弗雷斯科（J. Fresco）普林斯顿研究组。在英国，有克鲁格、芬奇（J. Finch）等的团队（克拉克在此团队），还有来自伦敦国王学院的生物物理学组，各组论

❶　Clark B F C, Doctor B P, Holmes K C, et al. Crystallization of Transfer RNA[J]. Nature, 1968, 219(5160): 1222-1224.

文竞相发表。❶ 克拉克所在团队取得的晶体分辨率（2Å）很高，如图 6-7、图 6-8 所示。

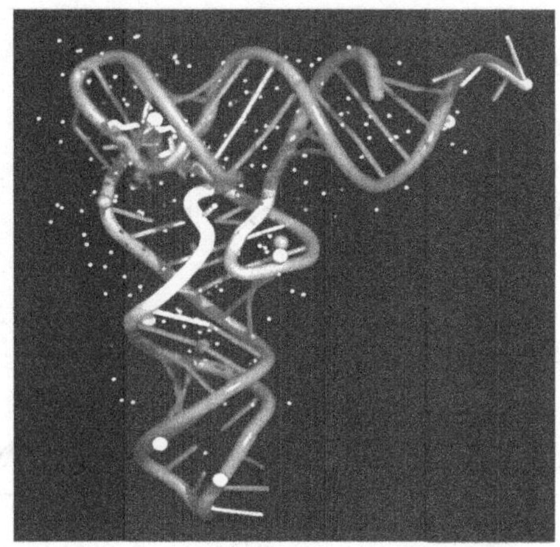

图 6-7　2Å 苯丙氨酸 tRNA 的结构

为此，克拉克作出了突出贡献。克拉克坦言：酵母苯丙氨酸 tRNA（y-tRNA-Phe）结构的阐明是其分子生物学知识（蛋白质生物合成机制）发展中的一个里程碑；它为 tRNA 领域的后续工作提供了框架，例如，确定 tRNA 与氨基酰 tRNA 合成酶、延伸因子以及核糖体上结合位点的相互作用；

---

❶ Hendrikson W A, Strandberg B R, Liljas A, Amzel L M and Lattman E E. True identity of a diffraction pattern attributed to valyl Trna[J]. Nature, 1983(303): 195-196; Kim S H, Quigley G J, Suddath F L et al. High resolution X-ray diffraction patterns of crystalline transfer RNA that show helical regions[J]. PNAS, 1971(68): 841-845; Kim S H, Quigley G J, Suddath F L, McPherson A, Sneden D, Kim J J, Weinzierl J and Rich A. Three-dimensional structure of yeast phenylalanine transfer RNA: folding of the polynucleotide chain[J]. Science 1973(179): 285-288; Ladner J E, Finch J T, Klug A and Clark B F C. High resolution X-ray diffraction studies on a pure species of tRNA[J]. J. Mol. Biol. 1972, 72(1): 99-101; Brown R S, Clark B, Coulson R R, et al. Crystallization of pure species of bacterial tRNA for x-ray diffraction studies. [J]. European Journal of Biochemistry, 2010, 31(1): 130-134; Rhodes D et al. Location of a platinum binding site in the structure of yeast phenylalanine tRNA[J]. J. Mol. Biol. 1974, 89(3): 469-475; Suddath F L, Quigley G J, McPherson A, Sneden D, Kim J J, Kim S H and Rich A. Three-dimensional structure of yeast phenylalanine transfer RNA at 3.0Å resolution[J]. Nature, 1974, 248(5443): 20-24.

图 6-8　芬奇、克鲁格和克拉克讨论酵母 tRNA-phe 的三维结构（英国剑桥）

此外，y-tRNA-Phe 结构是第一个解析为 3Å 的核酸结构[1]（后来将分辨率提高至 2Å），给出了折叠 RNA 分子有序复杂性的图片——复杂性与蛋白质一样——并给出了金属离子结合位点的细节。核苷酸构象、键合和相互作用的类型，包括在折叠的 tRNA-Phe 中看到的金属结合位点，已经证实为其他 RNA 结构研究的光辉范例。

有趣的是，克拉克组阐明的 tRNA-Phe "T" 型结构的副产物双螺旋茎臂中 G - U 碱基对关系是克里克的"摆动"假说所预测的重要结果之一。[2] 而且，令人激动的是，克拉克研究组是第一个证实 y-tRNA-Phe 结构在溶液中与晶体中相同的团队。[3]

6.2.2　克拉克与"The Genetic Code"

1977 年，克拉克综合了当时关于遗传密码的最新研究成果，完成 *The*

---

[1] Robertus J D, Ladner J E, Finch J T, et al. Structure of yeast phenylalanine tRNA at 3Å resolution[J]. Nature, 1974, (250): 546-551.

[2] Crick F H C. Codon—anticodon Pairing: the Wobble Hypothesis[J]. J. Mol. Biol., 1966, 19(2): 548-555.

[3] Robertus J D, Ladner J E, Finch J T, et al. Correlation between three-dimensional structure and chemical reactivity of transfer RNA[J]. Nucleic Acids Research, 1974, (7): 927-932.

Genetic Code 一书。1982 年，此书的中文版（钟安环❶译）与读者见面，随后成为高校生命科学专业的教材和参考书。这本书彰显了作者对生命科学领域的整体视野与格局，他在总序中以谦虚的口吻、真诚的语言写道："当前要使一本教科书既能概括整个生物学领域，又能充分反映最新成果，这已经是不再可能的了。同时，中学和大专院校的师生们还需要掌握这个学科的最近动向和了解哪些领域有了重大发展。❷ 为了满足进一步探求这些知识的需要，几年来我们生物研究所主持编辑了这套小丛书，题目由专门编辑小组精心选定，并受到中学和大专院校师生们对这套小丛书的热情欢迎，这就表明这套书的选题范围，特别是在研究方面和观点的进展方面，以及阐述简明、内容新颖，对读者是具有实用价值。这套小丛书的特点是注意研究方法，并尽可能为实际工作提出建议。"

中文版《遗传密码》（图 6-9）几乎是最早将分子生物学的整体框架完全呈现的一部小书。作者在内容安排上，以生物学功能为主线，以生物大分子为中心，全面深刻地解析了重要生命活动过程的结构基础及由此阐发的分子机理，内容涵盖了细胞、遗传密码、核酸、蛋白质的基本结构信息及知识，从遗传信息 DNA 到 RNA 到蛋白质的传递，再到基因产物蛋白质的产生与消亡，系统深入，内容丰富翔实，重大事件突出，整合了当时最新的研究成果和学科知识，展现了从生物大分子的原子结构到重要生命活动的内在联系和基本原理。

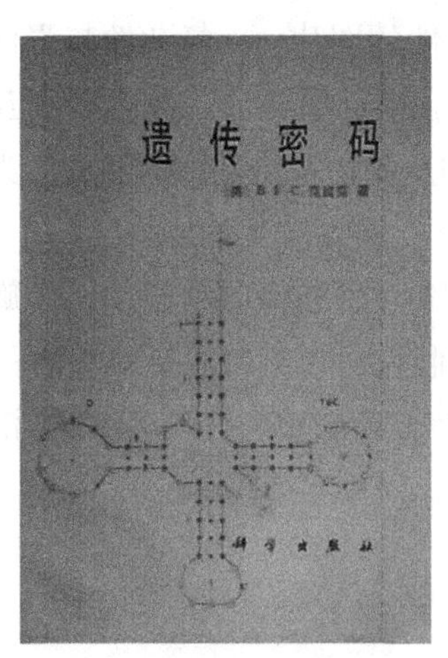

图 6-9　克拉克著遗传密码（1977 年英文版；1982 年中译本）

本书以"细胞大分子"开场。克拉

❶ 钟安环，男，中国人民大学哲学系教授。1934 年出生，1957 年毕业于中山大学生物系。毕业后在中国人民大学任教，曾任科学技术哲学教研室主任、教授、硕士研究生导师；兼任中国自然辩证法研究会理事和生命科学哲学专业委员会委员；数十年来，钟安环一直从事生命科学、科学技术史和科学哲学的教学与研究工作，为科学哲学和生命科学的教学与研究作出不可磨灭的贡献。

❷ B. 克拉克. 遗传密码[M]. 钟安环，译. 北京：科学出版社，1982：2-3.

克首先阐明：DNA 是遗传物质并且确定它的双螺旋结构是分子生物学这门新学科发展的开端。沃森和克里克提出的 DNA 双螺旋结构很容易说明如何复制 DNA 以保证在细胞分裂过程中遗传的连续性。然而，十年之后才确定了 DNA 是怎样通过给细胞酶合成提供信息来调控细胞的代谢过程。紧接着谈到：当 20 世纪 50 年代初期，人们认识到蛋白质是基因的产物而不是遗传物质时，就开始研究这两种聚合物（蛋白质和核酸）语言之间的联系。他强调：这种联系——遗传密码，在某种意义上是通向分子生物学的关键。遗传密码的阐明是 20 世纪主要的科学成就之一，并且在几个研究中心展开了激烈的争论（表 6-1）。

表 6-1　阐明遗传密码的重大事件（1944—1966 年）

发现	时间	研究者	工作单位
DNA 转化细菌	1944 年	艾弗里（O. T. Avery），麦克劳德（C. M. MacLeod）和麦卡蒂（M. McCarty）	洛克菲勒研究所 纽约
DNA 是病毒的遗传物质	1952 年	赫尔希（A. D. Hershey）和蔡斯（M. Chase）	冷泉港实验室 美国
DNA 双螺旋模型	1953 年	沃森（J. D. Watson）和克里克（F. H. C. Crick）威尔金斯（M. Wilkins）	剑桥大学卡文迪什实验室 皇家学院 伦敦
蛋白质的一级结构	1954—1955 年	桑格（F. Sanger）	剑桥大学生物化学系
连接子假说	1957 年	克里克	剑桥大学卡文迪什实验室
tRNA 是连接子的发现	1958 年	霍格兰（M. B. Hoagland）	麻省普通医院 波士顿
作为蛋白质合成模板的核糖体	1958—1959 年	沃森和符赛尔斯（A. Tlssleres）	哈佛大学 美国
信使 RNA 的假定	1960—1961 年	雅各布（F. Jacob）和莫诺（J. Monod） 格罗斯（F. Gros） 布伦纳（S. Brenner）和梅塞尔森（M. Meselson）	巴斯德研究室 巴黎 哈佛大学 美国 加利福尼亚理工学研究院 美国
无细胞系统的转译作用	1961 年	尼伦伯格（M. W. Nirenberg）和马太（H. Matthaei） 奥乔亚（S. Ochoa）和同事们	国家卫生研究所 马里兰 美国

续表

发现	时间	研究者	工作单位
细菌和噬菌体遗传密码的性质	1961—1962 年	克里克，布伦纳和同事们	纽约大学医学院 MRC 分子生物学实验室剑桥
蛋白质合成的方向	1961—1962 年	定兹斯（H. Dintzis）	MIT 坎布里奇 美国
多核糖体	1963 年	里奇（A. Rich）和同事们 吉雷尔（A. Gierer）	MIT 坎布里奇 美国 晋朗克研究所 吐本根 德国
基因和蛋白质的共线性	1964 年	亚诺夫斯基（C. Yanoisky）和同事们布伦纳和同事们	斯坦福大学 加利福尼亚美国 MRC 分子生物学实验室剑桥
三联体结合的测定法	1964 年	尼伦伯格和李德（P. Leder）	国家卫生研究所 马里兰美国
一种特异的起始 tRNA	1964 年	马克尔（K. A. Marcker）和桑格	MRC 分子生物学实验室剑桥
一定顺序的 mRNA 的转译	1965 年	霍拉纳（H. G. Khorana）和同事们	威斯康辛大学 美国
tRNA 的一级结构	1965 年	霍利（R. W. Holley）和同事们蔡乔（H. G. Zachau）和同事们	康奈尔大学 美国 科隆大学遗传研究所 德国
起始密码子	1965—1966 年	克拉克（B. F. C. Clark）和马克尔	MRC 分子生物学实验室剑桥
终止密码子	1965—1966 年	布伦纳和同事们 加伦（A. G. aren）和同事们	MRC 分子生物学实验室剑桥 耶鲁大学 美国
摆动假说	1966 年	克里克	MRC 分子生物学实验室剑桥

在详细地说明密码的解释和密码表达时所使用信号的最新知识以前，了解蛋白质和核酸的结构以及它们在生物系统中的地位将是大有裨益的。如此，以“遗传密码”为逻辑主线，将细胞、核酸与蛋白质相关知识、研究成果与

遗传密码本身有机融合，展现了遗传密码丰富的知识结构与信息内涵。

我国生物学家盛祖嘉早在1960年已经著成全书共45页的《遗传密码》[1]（图6-10、图6-11）。这本书虽然名称为“遗传密码”，但是此刻密码子的含义还没有得到本质认识。

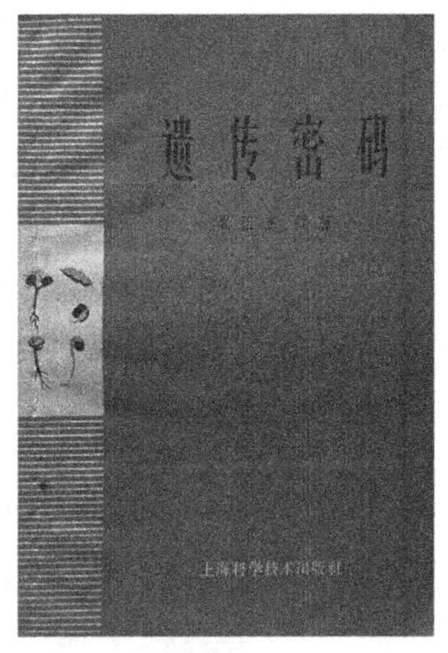

图6-10　盛祖嘉著遗传密码（1960年出版）

因此，盛祖嘉著的《遗传密码》旨在阐明：俗语“猫生猫、狗生狗”是因为生物的遗传特性。生物体的形态特征、生理特征和行为方式叫作性状，生物的性状传给后代的现象叫作遗传。按照摩尔根学派的解释，由上一代传到下一代的是一种“信息”，这些“信息”记录在性细胞核内的染色体上，“信息”可以作为密码。《遗传密码》通俗地表述了遗传和遗传密码，并用生动的比喻说明了密码的传递和翻译，是一本介绍摩尔根学派的书籍，是当时中学、高校及职业院校的重要教学参考书。

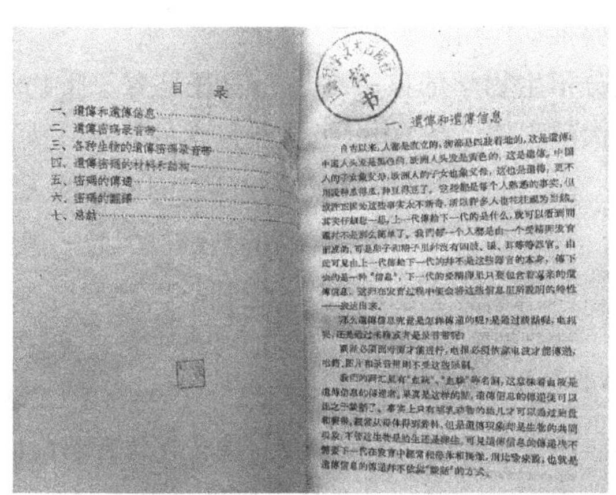

目　录

一、遺傳和遺傳信息

图6-11　盛祖嘉著遗传密码（1960年出版）目录及起始页

比较起来：17年后，克拉克的 *The Genetic Code* 则从分子水平上囊括了

---

[1] 盛祖嘉. 遗传密码[M]. 上海：上海科学技术出版社，1960.

遗传密码及与此相关的核酸、蛋白质等相关知识。虽然这是知识演化及学术发展的必然，但是，在一定程度上，有助于人们深化学习和理解遗传密码的分子机制。从该书第 2 章内容（图 6-12）便可看出克拉克撰写的“遗传密码”逻辑，其中蕴含了遗传密码阐明的相对完整的知识脉络。

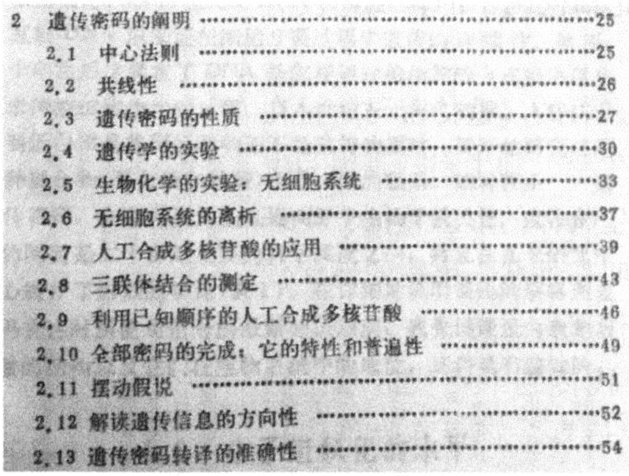

图 6-12　第 2 章遗传密码的阐明的目录

本项目查阅整理的资料显示：克拉克的《遗传密码》中译本为当时中国学者深入掌握遗传密码理论与实验技术，以及中国分子生物学本土教材的编写起到了重要推动作用。

遗传密码是分子生物学的核心，这一发现是分子生物学和分子遗传学发展中的一个重大里程碑，是 20 世纪自然科学的一项伟大成就，也是后来蓬勃兴起的基因工程和人类基因组计划得以实现的基础。因此，遗传密码知识是现代分子生物学教材著作不可回避的重要章节。例如，朱玉贤、李毅、郑晓峰等编著的《现代分子生物学（第 5 版）》（图 6-13），是高等教育出版社于 2019 年 6 月 19 日出版的“十二五”普通高等教育本科国家级规划教材，是高等院校生物科学和生物技术专业教师和学生的课本，也是相关专业研究人员的参考书，其中，第 4 章生物信息的传递（图 6-14）介绍了遗传密码和转运 RNA（tRNA）。纵然，因参

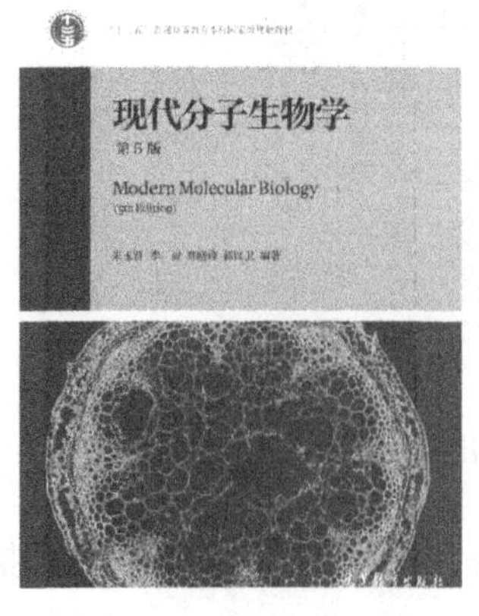

图 6-13　《现代分子生物学》第 5 版

考资源的开放性、人们获取资料途径的多元性和广泛性，我们无法判断克拉克《遗传密码》一书对其产生的直接影响，但是从内容上讲，克拉克的遗传密码一书早已具备现代分子生物学中遗传密码知识结构。

第4章 生物信息的传递（下）——从 mRNA到蛋白质
4.1 遗传密码——三联子
4.1.1 三联子密码及其破译
4.1.2 遗传密码的性质
4.1.3 密码子与反密码子的相互作用
4.2 tRNA
4.2.1 tRNA的三叶草二级结构
4.2.2 tRNA的L -形三级结构
4.2.3 tRNA的功能
4.2.4 tRNA的种类
4.2.5 氨酰tRNA合成酶

图 6-14　第 4 章生物信息的传递（下）的目录

6.3　分析与结论

综合克拉克的生平及在遗传密码领域的突出贡献，可以看到他是一个充满情怀、格局和视野的伟大科学家。克拉克一直认真秉持科学态度、遵循科学规律、传承科学精神，时刻不忘提携年轻人。其实，科学界提携后辈的事例并不罕见，但有学者分析，大抵可有三重境界。[1] 第一重境界是培植干将，壮大队伍；第二重境界是珍惜人才，发展事业；第三重境界是超脱自我，甘为人梯；从第一重境界到第三重境界，核心的差别是精神上的升华。如此可见，一个国家科学界对于培养年轻人才的总体境界，直接影响着这个国家未来的科学所能够达到的境界。克拉克在自己研究领域，深受尼伦博格、克鲁格等学术前辈培养，自己也积极地活跃在科学的前沿，成为奥胡斯大学结构生物学研究的创始人。可以说，克拉克历经此三重境界，践行被人培养和培养他人，把有才能、善合作的年轻人招募麾下，既共同成就事业，也实现学术传承、互补互长。

---

[1] http://blog.sciencenet.cn/blog-1636782-837329.html.

克拉克做到了把年轻人的成功看成自己的成功和人生价值的延伸，这恰恰就是一种甘为人梯的精神。其实，每一代英才对下一代英才的爱惜、培育正是科学史上流传不息的一股正能量，正是这股能量托起年轻一代站上前一代巨人的肩膀，人类才得以把宇宙看得更深更远。

更令人钦佩的是：64 个遗传密码子陆续得到破译之后，克拉克敏锐地洞察到，在 Nirenberg 系统中，蛋白质合成能从指导合成的多聚核苷酸的任何碱基起始。但是在体内蛋白质合成并不是从 RNA 分子的任何碱基起始的，需要一个起始密码子。密码子 AUG 是用得最普遍的起始密码子，有的也使用 GUG。在所有将其碱基顺序与氨基酸顺序作过比较的 DNA 分子中，当碱基顺序相应于一种特定蛋白质时 AUG 密码子都有相同的读码，即简要提到特殊信号指令 AUG 作为起始密码子因而有确定的读码。如果没有接收到信号，这个密码子就会单纯地通读为链内甲硫氨酸的密码子。在原核细胞中，当用以起始肽链时，AUG 密码子以一个修饰氨基酸即甲酰甲硫氨酸起始肽链；真核细胞则使用未经修饰的甲硫氨酸。

克拉克在一篇关于 tRNA 的 3D 结构测定的评论中对 tRNA 研究的现状和进展做了详细综述。[1] 文章字里行间展示出一个科学家的责任、担当与情怀。以下摘录其中一段：“虽然我们的工作（tRNA 的 3D 结构研究）未能让组内任何人获得诺贝尔奖，可能是因为参与人之多，亦或是使用的方法太标准，但是研究却给了我极大的满足感。当时。而且，我很高兴地补充说，团队领导 LMB 晶体分析的亚伦·克鲁格确实获得了 1982 年诺贝尔奖。”可见克拉克对科学和同事们有多么正直和尊重。

学术界对克拉克的评价很高。2004 年 8 月，新生物技术主编陶西格（Taussig）和克拉克共同主持在奥胡斯大学举办的功能基因组学研讨会，非常感激克拉克对学术的真知灼见；有学者也认为：正是通过与克拉克讨论，才学会了在蛋白质生物学研究中如何制造一个问题公式的内卷化；与他讨论的主题广泛，包括 tRNA、结晶学、线粒体和衰老；克拉克除了谦逊的品性外，还很有幽默感。虽然并不是每一个人都有幸坐在他的课堂上，但他们却从克拉克众多的出版物、学生和同事中了解到很多克拉克的思想、方法和科学态度。如此可容易地想象，他除了是伟大的科学家之外，还是一

---

[1] Clark B. The crystal structure of tRNA [J]. Journal of Biosciences, 2006, 31 (4): 453-457.

位非常优秀的教育家。有人体会到和他在一起的几个小时就被改变了思维过程。因此，容易想到在布莱恩·克拉克的实验室里读完硕士和博士学位的人会怎样受益匪浅。

克拉克一直活跃到他离开世界的最后几天。在生命的最后一年（2014年），他仍然负责举办各种活动，包括在奥胡斯、剑桥和纽约举行的大型周年纪念座谈会。春天，他举办了自己 1974 年在奥胡斯大学设立的生物结构化学部成立 40 周年的庆祝活动；夏天，作为从剑桥 MRC 分子生物学实验室招聘的新教授，他是纽约科学院纪念破译遗传密码的尼伦伯格研讨会的联合组织者。❶ 这种献身科学、享受科学和无私忘我的行动体现了克拉克对科学的热爱与崇敬！

参考文献

查锡良,2008. 生物化学:第七版[M]. 北京:人民卫生出版社.

D. 弗雷费尔德,1988. 分子生物学[M]. 蔡武城,等译. 北京:科学出版社.

S. 卡编,2012. 细胞学与遗传学[M]. 潘家驹,刘康,等译. 北京:中国农业出版社.

B. 克拉克,1982. 遗传密码[M]. 钟安环,译. 北京:科学出版社.

盛祖嘉,1960. 遗传密码[M]. 上海:上海科学技术出版社.

Ariel H, Jeff G, Jaschke P R, et al. , 2017. Measurements of translation initiation from all 64 codons in E. coli[J]. Nucleic Acids Research, 45(7):3615-3626.

Brown R S, Clark B, Coulson R R, et al. , 2010. Crystallization of pure species of bacterial tRNA for x-ray diffraction studies. [J]. European Journal of Biochemistry, 31(1):130-134.

Brown R S, Clark B, Coulson R R, et al. , 2010. Crystallization of pure species of bacterial tRNA for x-ray diffrac-tion studies. [J]. European Journal of Biochemistry, 31(1):130-134.

Clark B F C, Doctor B P, Holmes K C, et al. , 1968. Crystallization of Transfer

❶ Clark B. The crystallization and structural determination of tRNA[J]. Trends in Biochemical Sciences, 2001, 26(8):511-514; Witkowski J A. Inside story-DNA to RNA to Protein[M]. New York: Cold Spring Harbor Laboratory Press, 2005:231-241.

RNA[J]. Nature,219(5160):1222-1224.

Clark B,Marcker K A,1966. The role of N-formyl-methionyl-sRNA in protein biosynthesis[J]. Journal of Molecular Biology,17(2):394-406.

Clark B,Marcker K A,1968. How Proteins Start. Sci. Am. 218(1):36-42.

Clark B,2001. The crystallization and structural determination of tRNA[J]. Trends in Biochemical Sciences,26(8):511-514.

Clark B,2006. The crystal structure of tRNA[J]. Journal of Biosciences,31(4):453-457.

Clark F C,Marcker K A,1965. Coding response of N-formyl-methionyl-sRNA to UUG[J]. Nature,207(5001):1038-1039.

Crick F H C,1966. Codon—anticodon Pairing:the Wobble Hypothesis[J]. J. Mol. Biol. 19(2):548-555.

Hendrikson W A,Strandberg B R,Liljas A,et al. ,1983. True identity of a diffraction pattern attributed to valyl Trna[J]. Nature,303:195-196.

Kim S H,Quigley G J,Suddath F L et al. ,1971. High resolution X-ray diffraction patterns of crystalline trans-fer RNA that show helical regions[J]. PNAS,68:841-845.

Kim S H,Quigley G J,Suddath F L,et al. ,1973. Three-dimensional structure of yeast phenylalanine transfer RNA:folding of the polynucleotide chain[J]. Science (179):285-288.

Ladner J E,Finch J T,Klug A et al. ,1972. High resolution X-ray diffraction studies on a pure species of tRNA[J]. J. Mol. Biol. ,72(1):99-101.

Rhodes D et al. ,1974. Location of a platinum binding site in the structure of yeast phenylalanine tRNA[J]. J. Mol. Biol,89(3):469-475.

Robertus J D,Ladner J E,Finch J T,et al. ,1974. Correlation between three-dimensional structure and chemical reactivity of transfer RNA[J]. Nucleic Acids Research(7):927-932.

Robertus J D,Ladner J E,Finch J T,et al. ,1974. Structure of yeast phenylalanine tRNA at 3Å resolution[J]. Nature(250):546-551.

Suddath F L,Quigley G J,McPherson A,et al. ,1974. Three-dimensional structure of yeast phenylalanine transfer RNA at 3.0Å resolution [J]. Nature, 248(5443):20-24.

Suravajhala P, Suravajhala R, 2015. Brian F. C. Clark (1936—2014) [J]. Current Science A Fortnightly Journal of Research, 108(2): 287.

Suravajhala P, Suravajhala R, 2015. Brian F. C. Clark (1936—2014) [J]. Current Science A Fortnightly Journal of Re-search, 108(2): 287.

Witkowski J A, 2005. Inside story-DNA to RNA to Protein [M]. New York: Cold Spring Harbor Laboratory Press, 231-24.

扩展阅读

1. https://www.imdb.com/name/nm0163727/bio? ref_=nm_ov_bio_sm.
2. https://mbg.au.dk/en/news-and-events/scientific-talks/brian-clark-biotech-lectures/brian-clark/brian-clark-lecture-hall.
3. https://www2.mrc-lmb.cam.ac.uk/brian-clark-1936-2014.
4. https://mbg.au.dk/en/news-and-events/news-item/artikel/brian-clark-has-died-marking-the-end-of-an-era-1.

第 7 章　沃森（J. D. Watson）

你从事这个领域的研究，你认为重要的就应该提出，即使被别人无视。我在科学上的成功，可以归功于我对“什么是重要的”有很好的把握和感觉。[1]

——J. D. 沃森

沃森是美国生物学家，1962 年诺贝尔生理学或医学奖得主之一，DNA 之父，第一个主持人类基因组计划的首席科学家（图 7-1）。他并非直接参与了遗传密码的破解，然而，遗传密码作为连接沃森[2]主导的两大科学旷世之举——DNA 结构和人类基因组计划的纽带足以让他跻身该领域最有影响力的分子生物学家之列。于此，DNA 结构[3]可被视作前遗传密码研究，遗传密码的理论研究与通盘破译完全处于 DNA 结构的框架之下；人类基因组计划堪称后遗传密码研究的一个巅峰之作。那么，欲厘清沃森在遗传密码领域的重要历史贡献需要围绕这两大里程碑式的事件来进行。当然，作为 DNA 结构、人类基因组计划的亲历见证者，沃森的生平亦值得进一步整理与研究。

---

[1] http://news.sciencenet.cn/sbhtmlnews/2010/4/230985.html? id=230985.

[2] 蔡兵. DNA 写就生命的秘密——访 DNA 分子结构发现者、诺贝尔奖得主沃森博士[J]. 科学世界,2000(08):23-25+22.

[3] Watson J D,Crick F H C. The structure of DNA[J]. Cold Spring Harbor Symposia on Quantitative Biology,1953,18(3):123-131;Waston J D. Involvement of RNA in the Synthesis of Protein:the Ordered Interaction of Three Classes of RNA Controls the Assembly of Amino Acids into Proteins[J]. Science,1963,140:17-26;Watson J D,Crick F H C. Molecular Structure of Nucleic Acids[J]. Nature,1953,171:737-738.

图 7-1 沃森近照

图片来源：https://www.sohu.com/a/240062932_563934

7.1 沃森的生平

7.1.1 童年时代

沃森，1928 年出生于美国伊利诺伊州芝加哥市，分子生物学家、遗传学家。沃森的父亲是一个商场里的收银员，母亲在芝加哥大学做秘书工作。父亲喜欢小动物，特别是鸟类，家里有许多鸟的标本和各种各样关于鸟类的书籍。

沃森在孩提时代就显现出天资聪颖，他有一个口头禅就是“为什么?”，往往简单的回答还不能满足他的要求。闲暇时，父亲常常带小沃森出去，倾听鸟儿歌唱，观察鸟儿的习性。在观察中，沃森产生了许多疑问：鸟儿为什么秋去春来？鸟儿怎么学做窝的？这些有趣的现象引起了小沃森强烈的兴趣。鸟儿的这些本领究竟是生下来就有的还是后来学会的，他们为什么会有这些习性？他经常与父母就这些问题争论不休，兴趣盎然。

沃森上了小学，由于他勤学好问，知识面比同龄的孩子宽广，在班级中出类拔萃。他通过阅读《世界年鉴》记住了大量的知识。当时，在芝加哥的广播电台里有个节目叫“神童”，节目主持人会邀请一些聪慧的孩子参加。沃森在回答自然科学方面的问题时表现得非常好，连续通过了 3 次选拔。在一次节目比赛中，沃森获得了“天才儿童”的称号，赢得 100 美元的奖励。他用这些钱买了一个双筒望远镜，专门用它来观察鸟。

7.1.2 求学生涯

由于有异常天赋，沃森15岁时就进入芝加哥大学就读。在大学的学习中，凡是他喜欢的课程就学得十分好，例如，“生物学”“动物学”成绩特别突出；然而，不喜欢的课程则成绩平平。沃森只用3年时间就修完了大学课程，拿到了生物学学士学位。大学期间，他仍保持着对鸟类的兴趣，因此，在毕业后，他用了整整一个夏天攻读鸟类学，准备开始鸟类的研究。沃森曾打算以后能读研究生，专门学习如何成为一名“自然历史博物馆”中鸟类馆的馆长。❶

在大学高年级时，青年的沃森（图7-2）看到了著名科学家薛定锷写的《生命是什么》这本书。薛定锷在书中指出，基因是研究生物的核心内容，人们应该不遗余力地去探索基因的构成和作用。这本书给沃森极大的震撼，他深深地被控制生命的奥秘的基因和染色体吸引住了，思想产生了变化，他决心去做生物学的基础研究，搞清楚遗传的核心究竟是什么。当一位从事噬菌体研究的先驱者——卢里亚（Luria）成为他的博士生导师后，沃森就有了很好的机会来从事这方面的研究。1950年，沃森完成博士学业。

图7-2 青年沃森

图片来源：https://idea.cas.cn/viewscientists.action?docid=70947

7.1.3 主要工作经历

博士毕业后，沃森来到了欧洲。先是在丹麦的哥本哈根工作，后来加入著名的英国剑桥大学的卡文迪什实验室。

---

❶ 人类的精英——詹姆斯·沃森[J]. Reading and Composition(Senior High)(English),2011(5):12-15.

从那时起，沃森知道 DNA 是揭开生物奥秘的关键。他下决心一定要解决 DNA 的结构问题。在剑桥，沃森幸运地和弗朗西斯·克里克（Francis Crick）共事。尽管彼此的工作内容不同，但两人对 DNA 的结构都非常感兴趣。1953 年，他们终于建构出第一个 DNA 的精确模型，完成了被认为是至今为止科学上最伟大的发现之一。二人合体的邮票❶（图 7-3）表征着他们的成功，也向世人宣告了合作的力量。

图 7-3 邮票上的科学家——沃森与克里克

1956 年，沃森到哈佛大学任生物学的助理教授。在那里他的研究重点是 RNA 和 RNA 在基因信息传递中所起的作用。自 1968 年起，沃森担任被誉为“世界生命科学的圣地与分子生物学的摇篮”的美国冷泉港实验室主任。沃森使冷泉港实验室成为世界上最好的实验室之一，该实验室主要从事肿瘤、神经生物学和分子遗传学的研究。1994—2007 年，沃森任该实验室主席。1988 年，沃森参与发起人类基因组计划；1988—1993 年，沃森曾担任人类基因组计划的主持人。

7.1.4 获奖与荣誉

沃森获得了很多奖项和荣誉，最耀眼的一项当属 1962 年的诺贝尔生理学或医学奖。2012 年，沃森被美国《时代》周刊杂志评选为美国历史上最具影响力的 20 大人物之一。此外，还有诸多奖誉：Albert Lasker Award for Basic Medical Research，1960；Eli Lilly Award in Biological Chemistry，1960；Presidential Medal of Freedom，1977；EMBO Membership in 1985；Golden

❶ 秦克诚. 方寸格致——邮票上的物理学史(增订版)[M]. 北京：高等教育出版社，2014.

Plate Award of the American Academy of Achievement, 1986; Copley Medal of the Royal Society, 1993; Lomonosov Gold Medal, 1994; National Medal of Science, 1997; John J. Carty Award in molecular biology from the National Academy of Sciences; Liberty Medal, 2000; Benjamin Franklin Medal for Distinguished Achievement in the Sciences, 2001; Honorary Knight Commander of the Order of the British Empire (KBE), 2002; Lotos Club Medal of Merit, 2004; Gairdner Foundation International Award, 2002; Honorary Member of Royal Irish Academy, 2005; Othmer Gold Medal (2005); CSHL Double Helix Medal Honoree, 2008; Irish America Hall of Fame, 2011.

7.1.5 著书支教，科普大众

沃森深受《生命是什么?》一书的影响，希望自己的论著和教材也能启发更多的学生、科研工作者和民众。沃森的一个重要兴趣就是教育，他的第一本教科书《基因的分子生物学》为生物学课本提供了新的标准。随后，陆续出版了《细胞分子生物学》《重组 DNA》。沃森积极探索利用多媒体进行教育的方法，并且通过互联网设立 DNA 学习中心，这一中心也成为冷泉港实验室的教育助手。❶

在获得诺贝尔奖的科学家中，写科普著作的已是不多，而沃森不仅写，还一写便是几部。不仅写得多，还写得引人入胜。如果说《双螺旋：发现 DNA 结构的故事》是沃森在获得诺贝尔奖后不久，用亲历者的角度记叙发现 DNA 结构的往事❷；而《基因、女郎、伽莫夫》则是沃森以自己的情感历程为主线，告诉读者科学家亦有与凡人一样的喜怒哀乐的生活❸；那么，《DNA：生命的秘密》则是以无比宏观的视野，引领读者踏上这半个世纪以来发生在我们身边的“基因革命”之旅，让我们看到这一世界上最伟大的

---

❶ [美]J. D. 沃森著. 重组 DNA 简明篇[M]. 华香园出版社,1985;[美]J. D. 沃森著,田洺译. 双螺旋:发现 DNA 结构的个人经历[M]. 三联书店,2001;[美]J. D. 沃森等著. 杨焕明译. 基因的分子生物学[M]. 科学出版社,2009.

❷ [美]J. D. 沃森著,刘望夷译. 双螺旋——发现 DNA 结构的故事[M]. 北京:科学出版社,1984:18、28-135.

❸ [美]J. D. 沃森著,钟扬译. 基因. 女郎. 伽莫夫:发现双螺旋之后[M]. 上海:科学普及出版社,2003:241-242.

构想，它的失败与成功及其所面临的巨大的社会挑战。《DNA：生命的秘密》一书的责任编辑推荐语是这么写的："调查显示，读者在阅读本书时，普遍存在拍案大笑、唏嘘不已、眉头紧锁、对天发呆并最终会心一笑等表现。如果您也出现上述情况，纯属正常。"❶

沃森很重视、也很乐意去做科普，他深刻地认识到科普的重要性。他擅长写作，出版了经典著作和教材共7部。其中，首次采用谈话的形式进行科学发现详细过程描述的书《双螺旋——发现DNA结构的故事》，该书一直畅销不衰。1968年，《双螺旋——发现DNA结构的故事》❷ 发表。该书围绕作者亲身经历的重大事件展开，不仅有科学知识，亦有科学的工作方法。此书最早在《大西洋月刊》上分期发表，后出单行本。中译本先是根据《大西洋月刊》译出，并在中国生物化学会主办的《生化通讯》杂志上连载了约全书的二分之一❸；1980年出版的英文新版中，作者又增添了许多新内容。中译本则根据新版本将中译全文作了修改、补充。此外，在附录中收进了4篇文章，即沃森和克里克的两篇原始论文，以及斯坦特写的介绍。读者若是阅读了附录中的材料，就会更能加深对《双螺旋——发现DNA结构的故事》一书的理解。

为此书，沃森曾坦言：从某种程度上，撰写《双螺旋——发现DNA结构的故事》这本书甚至比发现双螺旋结构本身还要难得多。许多人都可以发现这类结构，但不一定写得出有关的书来。❹ 他不喜欢做雷同的事情，且希望自己独特的写作风格会让更多的人了解科学研究背后的故事。

7.1.6 中国之行

从20世纪80年代初期开始，沃森就对中国科学事业的发展倾注了无数的个人关怀。沃森于1981年第一次到访中国，在上海同20世纪50年代在

---

❶ ［美］J. D. 沃森著. DNA：生命的秘密［M］. 上海人民出版社，2010.

❷ 金善炜. 品味丰盛的科普大餐——读沃森著《双螺旋——发现DNA结构的故事》中译本有感［J］. 生物产业技术，2010(05)：105-106.

❸ 1980年《生化通讯》中连载刘望夷等翻译的《DNA——发现双螺旋的故事》四篇。这应该是中国最早介绍DNA发现的文章。

❹ 詹姆斯·沃森. "我的思考是富于进取性的"——DNA分子结构发现者詹姆斯·沃森访谈［J］. 国外社会科学文摘，2003(6)：46-49.

剑桥大学结交的好友——时任中国科学院学部委员、生物学部副主任、上海生物化学研究所副所长的曹天钦重逢。沃森的首次中国行最开心的莫过于看见曹天钦家的一张小方椅上画着各种分子式，因此沃森对中国科学的未来持乐观态度。这一次中国行开启了沃森对中国科学发展的长期关注，使他萌发了为中国科学发展做些事的想法。❶ 回到美国后不久，沃森立即利用个人影响力直接给当时的美国驻华大使写了信，要求驻华使馆为中国学者赴美提供便利。与此同时，沃森着手邀请中国学者去冷泉港实验室学习、培训和参加学术交流，并亲自为此落实具体费用支出。❷

2006年，沃森第二次访华。30多年里，在沃森的直接或间接帮助下，大批中国学生、学者进入冷泉港实验室或其他机构访学进修。2010年，沃森第三次来到中国，在中国度过82岁生日，且应邀来到中国科学院上海生命科学院进行学术访问，作了有关DNA双螺旋结构的报告。报告会盛况空前，上海生命科学院可容纳300多人的阶梯式双层会堂破天荒地被挤得水泄不通。现场共有600多人，不仅座位全部坐满，连过道里都站满了仰慕者，有的学生甚至坐到了讲台的台阶上。沃森为中国在生物学领域取得的成就感到欣慰，表示："我相信中国必将在世界科学版图上占有更加重要的地位。" 2010年4月9日上午，沃森在中国科学院上海生命科学院内向王应睐铜像敬献鲜花。❸

2016年，沃森欣然受聘乐土科学总顾问，愿意为中国生命科学、精准医疗等前沿领域发展给予引领和指导。可以说，他数次访华，对中国的生命科学发展寄予了厚望，与谈家桢、王应睐、李载平、陈竺院士等在内的一大批老中青中国科学家长期保持着友好的交流联系，并邀请和资助大批中国学生、学者进入冷泉港实验室或其他机构进修深造，这为中国生命科学事业高端人才的培育作出了突出贡献。

2017年3月，沃森开启第四次"中国之行"（3月28日至4月8日到中国访问）。他明确表示要在中国成立以自己名字命名的研究院"沃森生命科学中心"。3月30日上午，沃森在清华大学以《双螺旋：科学、文化与人

---

❶ "世界基因之父"詹姆斯·沃森受聘浙江大学名誉教授[J].浙江大学学报(医学版),2006(6):629;白春礼会见"DNA之父"James Watson并为其颁奖詹姆斯·沃森与国科大学生面对面交流[J].中国科学院院刊,2017,32(4):324;雷钧.遗传学是用来转祸为福的——遗传学家詹姆斯·沃森访谈录[J].世界科学,2006(1):7-9.

❷ https://www.sohu.com/a/131272743_152537.

❸ http://news.sciencenet.cn/sbhtmlnews/2010/4/230985.html? id=230985.

生》为题，热情洋溢地带来了此行的第一场充满正能量的演讲。[1] 这位已满90岁的科学家（他在中国迎来90岁生日），风采仍然不减当年，演讲全程站立20多分钟，随后，还与诺贝尔物理学奖得主杨振宁（附现场图片，图7-4）教授、北京大学教授饶毅、南方科技大学讲座教授及深圳乐土精准医学研究院傅新元院长、清华大学施一公教授等多位著名科学家及清华大学的师生们展开长达一个小时的互动交流。他在清华演讲时直率回答了杨振宁提出的两个尖锐问题。[2] 2017年4月2日下午，沃森在四川大学望江校区发表了题为《"DNA"之父：科学·合作·人生》的演讲[3]；4月6—7日在深圳举办的"2017深圳国际精准医疗峰会"发表主旨演讲。

据陪同沃森来访的冷泉港实验室亚洲CEO季茂业博士介绍：此次沃森访华，有一个重要目的是推动"沃森生命科学中心"在中国的落地。沃森认为，中国现在已经成为全球第二大经济体，科研创新实力也跃居世界前列，完全有能力在美国和欧洲之后，打造一个世界一流的生命科技创新中心——这就是以他名字冠名的"沃森生命科学中心"。该中心主要研究方向是基于基因组和生命健康大数据的癌症精准医疗[4]，这也是目前生命科学最前沿的领域。围绕此中心，将形成产业园、高端孵化器、博士后站等教育和培训基地，不断孵化、引入前沿项目，引入和培养高端人才，形成产、学、研、投资的良性互动，创造一个生命科技产业生态系统。

这个中心的重要意义不言而喻：第一，生命科学尤其是癌症精准医疗领域的发展，直接推动改善人民的健康医疗事业、实现"健康中国"的宏

---

[1] https://edu. qq. com/a/20170331/033399. htm.

[2] 第一个问题便是："1953年，你和克里克发表了著名的论文，描绘了DNA双螺旋结构。双螺旋结构解释了基因遗传的机制。但是在文中你却没有明确地这么说，这是因为你当时并没有完全确信吗？"时隔60多年，沃森回答说，不是的，他"从来没有怀疑过"；第二个问题是关于"查戈夫（Chargaff）为DNA双螺旋结构的发现作出了贡献"（在1950年，他就发现DNA中的腺嘌呤和胸腺嘧啶的数量、胞嘧啶和鸟嘌呤的数量大致相同，但这起初没有为沃森和克里克所重视），杨振宁问："查戈夫写了一篇评论激烈地攻击你的书，你能评价一下他个人吗？"沃森说："我第一次见到他的时候就不喜欢他，所以也不在乎他的研究成果。这是人性中的缺陷，因为你讨厌一个人你就会讨厌他的研究成果。我当时预计到了这一点。"

[3] https://www.sohu.com/a/132147482_697059.

[4] Watson J D, Tooze J, Stent G S. The DNA story: A documentary history of gene cloning[J]. Cell, 1982, 28(2): 423-425.

伟目标。生物医学也是目前最重要的新兴产业之一，对于中国经济转型具有关键作用。第二，中美作为世界最重要的两个国家，其顶级科学家联手建设“沃森生命科学中心”，在人类健康和科学技术发展的高度，推动两国关系的建设性发展，惠及世界和平和人类福祉。筹建“沃森生命科学中心”的倡议得到包括北京大学、清华大学、南方科技大学等多个国内高校和研究机构的响应和支持。沃森此次访华旨在为选址进行实地考察，并邀请中国学界、投资界、政府方面共同参与。

谈及为何沃森要到中国成立以自己命名的研究机构时，组织者（也是促成“沃森生命科学中心”的深圳乐土精准医学研究院院长）傅新元说：“老先生愿意出山，打动沃森心弦的是中国崛起的背景，以及乐土投资集团在美国硅谷投资了数个医疗项目，希望‘搬回’中国的这一契机。他虽然年纪已经很大了，但他有非常强大的号召力。沃森博士希望把他最后几年的科学信誉放到中国来，和中国的发展一道前行。”

2018 年 3 月 16 日上午，乐土沃森生命科技中心成立。中心的启动仪式在大鹏新区深圳国际生物谷坝光核心启动区举行；其定位是世界一流生命科技的研发中心和项目管理中心，目标是建立“国际一流的生命科技英雄汇聚之港、世界顶级健康科技的研创教育圣地、全球生命科技产业转化高地和深圳创新精准医疗体系的稳固基石”。以下附沃森中国行的部分图片，如图 7-4～图 7-11 所示。❶

图 7-4　沃森在清华大学演讲现场

❶ 图片来源网络报道(本章脚注呈现)，并于此因行文需要做了处理。https://www.sohu.com/a/244366027_100233201.

图 7-5　沃森与中国学者合影

左起：乐土投资集团董事长刘如银、沃森、中国科学院陈竺

图 7-6　沃森中国之行留念

左起：刘如银、沃森、马蔚华

图 7-7　在中国庆祝 89 岁生日的沃森

图 7-8　乐土为沃森精心准备的晚会合影

图 7-9　沃森中国行海报

图 7-10　沃森正在接受媒体采访

图7-11 乐土团队为沃森夫妇送行

7.1.7 婚姻与家庭

1968年，沃森与刘易斯（Lewis）结婚。他们有两个儿子。儿子鲁弗斯患有精神分裂症。沃森努力寻求遗传因素对精神疾病的影响，希望和鼓励该因素在精神疾病的理解与治疗方面的研究取得进展。

综上，沃森的生平足以令人叹为观止。DNA结构的阐明和人类基因组计划都是人类科学史的地标性大事记，遗传密码的破译无疑是这两项大事中坚不可摧的纽带。克里克认为遗传密码研究是在DNA双螺旋结构的框架下完成的。因此，沃森虽然没有直接参与遗传密码的理论与实验上的破解工作，但是基于他在阐明DNA结构和主持人类基因组计划中的表现出的勤奋、逻辑、智慧、严谨、执着、创新精神及“DNA和人类基因组计划”本身在遗传密码问题的“基础性和应用性”的地位，我们将沃森在遗传密码研究领域的贡献分为——前遗传密码研究和后遗传密码研究两部分。

7.2 前遗传密码研究

关于DNA结构发现的教科书、论著、论文、采访音频、视频等资料实在不胜枚举。DNA结构的阐明❶迎来了生物学的历史性节点，为分子生物学

❶ Watson J D, Crick F H C. The structure of DNA[J]. Cold Spring Harbor Symposia on Quantitative Biology, 1953, 18(3): 123-131.

发展开辟了道路，更为遗传密码的破译拉开序曲。[1] 1953 年 4 月 25 日，沃森和克里克在《自然》杂志上以 1000 多字和一幅插图的短文公布了他们的发现。在论文中，沃森和克里克以谦逊的笔调，暗示了这个结构模型在遗传学上的重要性："我们并非没有注意到，我们所推测的特殊配对即暗示了遗传物质的复制机理。"在随后发表的论文中，沃森和克里克详细地说明了 DNA 双螺旋模型对遗传学研究的重大意义：其一，它能够说明遗传物质的自我复制。这个"半保留复制"的设想后来被麦赛尔逊（Meselson）和斯塔勒（Stahl）用同位素追踪实验证实。其二，它能够说明遗传物质是如何携带遗传信息的。其三，它能够说明基因是如何突变的。基因突变是由于碱基序列发生了变化，这样的变化可以通过复制而得到保留。[2]

沃森与克里克阐明 DNA 结构的关键数据仅有三条。其一是当时已广为人知的 DNA 由六种小分子组成，即脱氧核糖，磷酸和四种碱基（A、G、T、C）。这些小分子组成了四种核苷酸，这四种核苷酸组成了 DNA；其二是富兰克林（R. Franklin）得到的衍射照片表明，DNA 是由两条长链组成的双螺旋，宽度为 20 埃；其三，也是最关键的是美国生物化学家查戈夫（Chargaff）测定 DNA 的分子组成，发现 DNA 中的 4 种碱基的含量并不是传统认为的等量关系，而是 A 与 T 的含量总是相等，G 和 C 的含量相等（虽然在不同物种中四种碱基的含量不同）。

至此，关于遗传信息怎样得到表达，进而控制细胞活动的问题，这个 DNA 模型仍无法解释。当时，沃森和克里克也公开承认不知道 DNA 如何能"对细胞有高度特殊的作用"。不过，基因的主要功能是控制蛋白质的合成，这种观点已成为一个共识。那么，基因又是如何控制蛋白质的合成呢？有没有可能以 DNA 为模板，直接在 DNA 上面将氨基酸连接成蛋白质？在沃森和克里克提出 DNA 双螺旋模型后的一段时间内，就有伽莫夫（Gamow）做过这样的假设，认为 DNA 结构中，在不同的碱基对之间形成形状不同的"窟窿"，不同的氨基酸插在这些窟窿中，就能连成特定序列的蛋白质。但是，这个假说面临一个棘手难题：染色体 DNA 存在于细胞核中，而绝大多

[1] Waston J D. Involvement of RNA in the Synthesis of Protein：the Ordered Interaction of Three Classes of RNA Controls the Assembly of Amino Acids into Proteins[J]. Science，1963(140)：17-26.

[2] Watson J D，Crick F H C. Molecular Structure of Nucleic Acids[J]. Nature，1953，171：737-738；Watson J D，Crick F H C. Genetical Implication of the Structure of Deoxyribonucleic Acid[J]. Nature，1953(171)：964-967.

数蛋白质都在细胞质中，细胞核和细胞质由大分子无法通过的核膜隔离开，如果由 DNA 直接合成蛋白质，蛋白质无法跑到细胞质。另一类核酸 RNA 倒是主要存在于细胞质中。RNA 和 DNA 的成分很相似，只有两点不同，它有核糖而没有脱氧核糖，有尿嘧啶（U）而没有胸腺嘧啶（T）。

实际上，早在 1952 年，在提出 DNA 双螺旋模型之前，沃森就已设想遗传信息的传递途径是由 DNA 传到 RNA，再由 RNA 传到蛋白质。1953—1954 年，沃森进一步思考了这个信息传递的困惑。他认为在基因表达时，DNA 从细胞核转移到了细胞质，其脱氧核糖转变成核糖，变成了双链 RNA，然后再以碱基对之间的窟窿为模板合成蛋白质。这个离奇的设想在提交发表之前被克里克否决了。克里克指出，DNA 和 RNA 本身都不可能直接充当连接氨基酸的模板。遗传信息仅仅体现在 DNA 的碱基序列上，还需要一种连接物将碱基序列和氨基酸连接起来。这个“连接物假说”很快就被实验证实了。

1958 年，克里克提出了两个学说，奠定了分子遗传学的理论基础。第一个学说是“序列假说”，它认为一段核酸的特殊性完全由它的碱基序列所决定，碱基序列编码一个特定蛋白质的氨基酸序列，蛋白质的氨基酸序列决定了蛋白质的三维结构。第二个学说是“中心法则”，它认为遗传信息只能从核酸传递给核酸，或核酸传递给蛋白质，而不能从蛋白质传递给蛋白质，或从蛋白质传回核酸。后来，沃森把中心法则更明确地表示为遗传信息只能从 DNA 传到 RNA，再由 RNA 传到蛋白质，以致在 1970 年发现了病毒中存在由 RNA 合成 DNA 的反转录现象。此后，人们认为中心法则需要修正，要加一条遗传信息也能从 RNA 传到 DNA。事实上，根据克里克最初的说法，中心法则并无修正的必要。

碱基序列是如何编码氨基酸的呢？克里克在这个破译这个遗传密码的问题上也作出了重大的贡献。组成蛋白质的氨基酸有 20 种，而碱基只有 4 种，显然，不可能由一个碱基编码一个氨基酸。如果由两个碱基编码一个氨基酸，只有 16 种（4 的 2 次方）组合，也还不够。因此，至少由三个碱基编码一个氨基酸，共有 64 种组合，才能满足需要。1961 年，克里克等在噬菌体 T4 中用遗传学方法证明了蛋白质中一个氨基酸的顺序是由三个碱基编码的（称为一个密码子）。同一年，两位美国分子遗传学家尼伦伯格（Nirenberg）和马特哈伊（Matthaei）破解了第一个密码子。到 1966 年，全部 64 个密码子（包括 3 个合成终止信号）被鉴定出来。作为所有生物来自同一个祖先的证据之一，密码子在所有生物中都是基本相同的。从此，人类有了第一张破解生命遗传奥秘的密码表。

可见，沃森在前遗传密码研究中是一个极其活跃的研究者。他与克里克一起，在彼此的智力合作中阐明了遗传物质的双螺旋结构，为遗传密码的出现奠定了重要物质基础。

7.3 后遗传密码研究

DNA 结构发现后，沃森将研究兴趣转向蛋白质生物合成、肿瘤方面的研究，主持人类基因组计划。作为遗传密码发现后的一项最重要工程——人类基因组计划，沃森在其中功不可没。人类基因组就是一部用遗传密码写就的人类历史，是一部人类的自传，它从生命诞生之时起，便用“基因语言”记录了人类所经历的世事更迭与沧桑变迁。[1] 于此重点讨论沃森倡导的人类基因组计划。[2]

1985 年，人类基因组计划由美国科学家首先提出，于 1990 年正式启动。它与曼哈顿原子弹计划、阿波罗计划并称为三大科学计划，是人类科学史上的又一个伟大工程，被誉为生命科学的“登月计划”。人类基因组计划在研究人类过程中建立起来的策略、思想与技术，构成了生命科学领域新的学科——基因组学，也可用于研究微生物、植物及其他动物。

人类基因组计划目的是发现所有人类基因并搞清它在染色体上的位置，从而破译人类全部遗传信息。革新之势一触即发。1998 年年初，参与由政府资助的人类基因组计划的科学家们仍预测他们至少还要花费 7 年的时间才能破译整个人类基因组，那时他们几乎只解读了其中的 10%。随后，突然有一个搅局者站了出来。文特尔（Venter）是一名浮夸且急躁的科学家，在私营部门工作。他宣布，他正在组建一家公司，并将在 2001 年之前完成这项工作，且费用很低，不到 2 亿英镑。

文特尔以前曾发出过类似的威胁，并且他有抢先发成果的习惯。1991 年，当每个人都说无法做到时，他发明了一种快速找到人类基因的方法。[3] 然后在 1995 年，为了使用一种新的“霰弹法”技术绘制整个细菌基因组图谱，他向政府申请拨款，但被拒绝了。官员们说，这项技术永远行不通。

---

[1] M. 里德利. 基因组：生命之书 23 章[M]. 尹烨，译. 北京：机械工业出版社，2021.

[2] Watson J D, Cook-Deegan R M. Origins of the Human Genome Project[J]. Faseb Journal Official Publication of the Federation of American Societies for Experimental Biology, 1991, 5(1): 8-11.

[3] C. 文特尔. 解码生命[M]. 赵海军，周海燕，译. 长沙：湖南科学技术出版社，2018.

不过，在收到这封信的时候，文特尔的这项工作即将收官。公立项目进行了重组和重点调整，投入了额外的资金，并设定了一个目标，以试图在2000年6月完成整个基因组的初稿。文特尔很快也设定了同样的截止日期。

2000年6月26日，参加人类基因组工程项目的美国、英国、法国、德国、日本、中国六国科学家共同宣布，人类基因组草图的绘制工作已经完成。在白宫的克林顿总统和在唐宁街的布莱尔首相联合宣布人类基因组草图完成。因此，这是人类历史上值得载入史册的时刻：在地球生命的长河中，物种首次破解了自身的底层奥义。2001年2月12日，美国塞莱拉（Celera）基因组公司（文特尔代表）与人类基因组计划分别在《科学》和《自然》杂志上公布了人类基因组精细图谱及其初步分析结果。其中，政府资助的人类基因组计划采取基因图策略，而Celera公司采取了“鸟枪策略”。至此，两个不同的组织使用不同的方法实现了共同的目标——完成对整个人类基因组的测序的工作；并且，两者的结果惊人地相似。2006年5月18日，覆盖了人类基因组的99.99%，解读人体基因密码的“生命之书”最终宣告完成，历时16年的人类基因组计划画上了圆满的句号。

整个人类基因组测序工作的基本完成，为人类生命科学开辟了一个新纪元，它对生命本质、人类进化、生物遗传、个体差异、发病机制、疾病防治、新药开发、健康长寿等领域❶，以及对整个生物学都具有深远的影响和重大意义，标志着人类生命科学一个新时代的来临。对于人类基因组而言，这无异于得到了关于人体如何构建和运作的指南。深藏其中的数千个

---

❶ Watson J D, Sanderson S, Ezersky A, et al. Towards Fully Automated Structure-Based Function Prediction In Structural Genomics: A Case Study[J]. Journal of Molecular Biology, 2007, 367(5): 1511-1522; Watson J D, Wang S, Stetina S E V, et al. Complementary RNA amplification methods enhance microarray identification of transcripts expressed in the C. elegans nervous system[J]. BMC Genomics, 2008, 9(1): 84-84; Watson J D, Tooze J, Stent G S. The DNA story: A documentary history of gene cloning[J]. Cell, 1982, 28(2): 423-425; Watson D J, Selkoe D J, Teplow D B. Effects of the amyloid precursor protein Glu693→Gln ‘Dutch’ mutation on the production and stability of amyloid β-protein[J]. Biochemical Journal, 1999, 340(3): 703-709; Watson J D, Laskowski R A, Thornton J M. Predicting protein function from sequence and structural data[J]. Curr Opin Struct Biol, 2005, 15(3): 275-284; Watson D J, Passini M A, Wolfe J H. Transduction of the choroid plexus and ependyma in neonatal mouse brain by vesicular stomatitis virus glycoprotein-pseudotyped lentivirus and adeno-associated virus type 5 vectors. [J]. Human Gene Therapy, 2005, 16(1): 49-56; Watson D J, Walton R M, Magnitsky S G, et al. Structure-specific patterns of neural stem cell engraftment after transplantation in the adult mouse brain[J]. Human Gene Therapy, 2006, 17(7): 693.

基因和数百万个其他序列构成了哲学奥秘的宝库。多数有关人类基因的研究都是出于迫切需要治愈遗传病和癌症、心脏病等更常见的疾病，这些疾病的起源是由基因促成或加强的。现在我们知道，如果我们不了解原癌基因和抑癌基因在肿瘤发展过程中的作用，那么治愈癌症实际上是不可能的。

在人类基因组计划带来大量遗传学新知识的同时，也带来了一些重大的道德问题的思考。如在《少数派报告》《千钧一发》等科幻电影中，艺术家通过一些极端的想象表达出这样的担忧：DNA 知识是否必然会造成基因种姓制度、基因的阶级制度、一个先天就决定了优胜劣汰的世界？而最基本的问题也许是我们应不应该操控人类的基因？“这是涉及基因伦理学的问题。”季茂业说，“多样性在生物学上是一个合理存在的东西，因为进化的压力产生了生物的多样性，多样性造就了一个缤纷世界，每一个个体在这个缤纷世界里都有它合理的地位，特殊的价值。在生物学上，我们要承认每一个个体是不同的，科学就是要研究他们为什么不一样；但是，他们的价值不能因为形态不一样而被抹杀，在社会学上、在法律上，他们是平等的。”他也指出，随着科学的发展有些问题会更加尖锐，也会碰到一些从来没遇到的问题，这样科学家就必须谨慎。

而关于人类的基因与未来，在《DNA：生命的秘密》一书的最后，沃森给了读者一个充满哲理的回答：“‘爱’这个促使我们关心他人的冲动，是我们得以在地球上生存与成功的原因。我相信随着我们持续深入未知的遗传学领域，这个冲动会守护我们的未来。‘爱’深植于人类的本性中，所以我确信爱人的能力已经刻写在我们的 DNA 中，俗世的保罗会说，爱是基因送给人类最美好的礼物。如果有一天这些基因可以通过科学变得更加美好，足以消除无谓的仇恨与暴力的话，从何判定我们的人性就一定会减弱呢？”

2007 年 5 月 31 日，沃森从美国贝勒医学院人类基因组测序中心和“454 生命科学公司”负责人手中，接过他自己完整的个人基因组的图谱。这个特殊的数据盒中包含了沃森本人基因组的所有信息，也称其为沃森的“生命天书”，他的个人生命信息从此将被“一览无余”。同样，研究者可以从每个人的基因图谱中找到被认为与基因有关的疾病、智力、冒险精神、信仰和性格等问题的“密码”。

7.4　人物分析与评价

7.4.1　读书明志

从沃森畅谈的关于“父亲、书与朋友”的话题中，人们可捕捉到决定他科学研究之路越走越扎实且有志向远见的重要因素是读书。沃森的学术生涯第一个渊源就是书本，“我一直都很喜欢读书，在成长的过程中，比起和男生在一起，我更喜欢跟书在一起。”父亲为他读书创造了便利条件，父亲本身也爱读书，喜欢和有想法的人在一起。“我们家并没有什么钱，而父亲把积蓄都花在了买书上。因为家境贫困，我父亲从没有上过大学，因此我父亲并没有什么可以与之分享想法的人，除了我。”沃森回忆说。他出生于1928年，在1933年的时候，30%的美国人都失业了。美国经济大萧条时，沃森的家里唯一剩下的就是杂志。

由于爱读书、聪明好学，沃森15岁就入读芝加哥大学动物学专业。大学期间由于受到薛定谔《生命是什么》一书的影响与启发，他从动物学转向遗传学发展。沃森说，他的学术生涯里除了所遇影响很大的人的不吝相助和指点迷津外，让他受益匪浅的事情莫过于读书，他经常谆谆教导青年学子多读书、多思考、要志向高远，并多与聪明的人打交道（这一点有些苛刻），一直勇往直前。

沃森在《不要烦人：科学生涯经验谈》中写下了一生的智慧。[1] 这本书是沃森多彩生涯中的一段诙谐的插曲，是有兴趣滋养精神生活的人不可或缺的指南。他讲到“选择一个明显超前的目标”，认为在别人作出了大发现后，去抹画细节，这不是一个重要的科学家之举。而是最好跳到你同事的前头，追求一个重要的目标（大多数人觉得目前搞不清楚的那种目标）。1951年，DNA三维结构就是这样的一个目标，当其他科学家忙于澄清基因的化学属性时，他与伙伴另辟蹊径，通过搭建模型闯出了一条新路。沃森的志向之远大“窥一斑可见全豹”。

---

[1] 詹姆斯·沃森.不要烦人:科学生涯经验谈[M].王祖哲,译.长沙:湖南科学技术出版社,2011:73-99.

7.4.2 合作双赢

谈及朋友与合作，沃森认为合作对科研来说很重要。而他就是喜欢聪明的人，用尽全力避免无聊的人。沃森说："可能这听起来我并没有帮助到他人，可能我的事业就是关于帮助聪明的人，让他们能够把注意力放到重要的事情上。"克里克是沃森绕不开的朋友。1951 年，年仅 23 岁的沃森在英国卡文迪什实验室遇到了比他年长 12 岁的克里克。"弗朗西斯对我而言是一个巨大的、正面的影响，他对我就像对待弟弟一样。"对成为 DNA 双螺旋结构发现者的这一对"黄金搭档"而言，他们的成功是各取所长的结果，是文化群落的组合与创造。❶ 物理学家克里克和生物学家沃森，互相补给各自的科学背景和知识。沃森也曾说："现在，我很想念克里克，因为再也没有像他那么聪明的人和我对话了。"这句似乎否定他人不太聪明的话语却在说明沃森既珍视与克里克的合作，又佩服克里克的聪明睿智。

相对两个离群索居的科学家，同舟共济的两个科学家一般会更有成就。科学上的配对是一桩权宜"婚姻"，能够把互相帮衬的才俊笼络到一块儿。沃森打了个比方："既然克里克对高层次的晶体学理论强烈偏爱，我就没有必要去掌握这个东西了。我需要的，是这种理论在解释 DNA 的 X 射线照片一事中的寓意。弗朗西斯当然有可能出了个错误，而我看不出来；但是，与领域外的其他人保持友好关系，意味着他的想法总可以得到其他更有天才的晶体学家的检查。就我这方面而言，我为我们这个二人团队带来的是对于生物学的深刻理解，以及一种难以抑制的热情，要解决生命的基础性问题。"一位聪明的学术伙伴，可以缩短你和一个糟糕观念纠缠的时间。对 DNA 结构的研究，长久以来，沃森执意模型糖磷酸盐主链应在中央，因为如果放在外面，它折叠成规则的螺旋状就没有立体化学上的制约了。然而，弗朗西斯却不以为然，这促使沃森否定自己原来的看法，很快反其道而行之，否则他会固执很久。这正是团队合作、互补互助的优势。

沃森认为，作为人，帮助他人时感到快乐是人性中最基本的一部分。因此，合作是非常重要的一环，而那些拒绝与他人合作的人最后就被冷落

❶ 赵明杰. 文化群落与创造——从沃森与克里克的奇遇谈起[J]. 医学与哲学，1990(1):55-53.

在一旁。在沃森的印象中，大部分人都是好人，他们想要和他人一起工作。当然，也有一些人想要把一切都占为己有。但是因为你告诉别人太多，就避开竞争，这路子是很危险的。每个人都可能从帮助别人中得益。沃森的父亲告诉他，世上最重要的东西是：真相、理性和正直——正直事关帮助他人，人们需要理性地判断真相。因此，在广义上讲，科学研究存在多元的“合作”，包括与自己人的合作、与对手的合作。合作是运用理性、取得研究进展与突破、进而获得真相的重要途径，会带来双赢，甚至多赢。

7.4.3 科学一生

沃森在一次演讲中提及“我人生中重要的决定都是自己做的，从来没有人告诉我应该怎么做”。然而，我们能感受到，他怀揣兴趣、广泛阅读、忠于内心、目标远大、心无旁骛、脚踏实地追寻科学。与其他科学家一样，沃森也受到老师的指引与感召。正如他自己描述的一样，“我去过非常好的大学，我遇到了非常棒的老师，他们总是鼓励我。这些老师有一个非常好的学术文化，我是在这样的学术文化中被培育起来的。而这种文化并不是基因继承的，你必须去经历它。”❶

1953年，沃森与英国物理学家克里克合作❷在英国剑桥卡文迪什实验室提出了DNA分子结构的“双螺旋模型”，即著名的“沃森-克里克模型”，这一模型阐明了生物基因密码的构成，开辟了生物学新学科领域，被誉为“本世纪生物学中最伟大的发现”和“生物学中的决定性突破”。DNA双螺旋结构与相对论、量子力学一起被誉为20世纪最重要三大科学发现，标志着生物学研究进入了分子层次。DNA双螺旋模型堪称生物学历史上唯一可

---

❶ 沃森清华演讲全文，https://m. igo. cn/news/220162. shtml.

❷ 郑经纬，彭蕴彬. 从沃森-克里克DNA结构模型的成功，看自然科学方法论对科技工作者的作用[J]. 自然辩证法研究，1991(8):56-61；张宏志，郑兴良. 沃森-克里克与鲍林-科里DNA案例比较[J]. 广西民族大学学报(自然科学版)，2012，18(2):21-26；任本命. 解开生命之谜的罗塞达石碑——纪念沃森、克里克发现DNA双螺旋结构50周年[J]. 遗传，2003(3):245-246；阎春霞，魏巍，李生斌. 詹姆斯·沃森与弗朗西斯·克里克[J]. 遗传，2003(3):241-242；翁华强，郭凤典. 对沃森和克里克获诺贝尔奖原因的分析[J]. 科技进步与对策，2003(S1):99-100.

与达尔文进化论相比的最重大的发现，它与自然选择一起，统一了生物学的大概念，标志着分子遗传学的诞生。

自1968年起，沃森担任被誉为“世界生命科学的圣地与分子生物学的摇篮”的美国冷泉港实验室主任。1994—2007年，沃森任该实验室主任。1989年，他参与发起绘制生命天书、破译遗传密码的人类基因组计划。在现代生命科学和基因组科学的权威沃森等的共同推动下，“生命登月”工程——人类基因组计划在过去10多年里成功得以实施，人类第一次拥有自己的基因图谱。因其对世界生命科学发展的贡献卓著，沃森被誉为划时代的生物学泰斗。这些无不体现出沃森奋斗的、激情的、坚守的、有责任及情怀的科学人生。沃森也非常热爱教学工作，除了编写教材外，他甚至认为，教学可以把思想引向更大的问题，在课堂上与学生碰出有见解的火花。

“沃森表明他很有魅力，一如既往。”和“沃森本色：傲慢自大、光彩照人——从不乏味。”两条对沃森的评价分别来自《柯克斯评论》和《书目》。与沃森自己在演讲中扬言的“但是我相信必须有一个人告诉他人有什么事情出错了，而这就是我生命重要的一部分。而你必须有勇气去发现，有一个人需要带头，我一直都想当领袖，我从不想帮别人工作。其中的一个原因是我知道接下来应该怎么办。”非常契合。换一个角度看，这何尝不是沃森科学一生的自信与豪迈呢！沃森一直都很快乐，他自己开玩笑式地说从未得过抑郁症之类的病。人们可能会觉得沃森的快乐是预期之中的，因为他那么成功，但是我们必须相信：沃森比所有人都更加努力。同时，他也承认自己有很多非常杰出的榜样。

最后，大胆讲一下，关于沃森的人物争议也是有的，而且非常鲜明。2007年，沃森曾经公开表示，对非洲的前景不乐观，因为所有的公共政策都假定“非洲人和我们的智力水平相当，当然，我也希望我们是平等的，然而当你不得不跟他们一起工作时，你会发现根本不是这样的”。有顶级遗传学家公开指责其科学态度不严谨，因为“即使是目前最最复杂的DNA评估也无法找到各种族在智力方面存在差异的确凿证据”。2019年1月2日，在美国公共电视网（PBS）播出的“美国大师”系列纪录片中，沃森再次谈到当年的言论，他又表示“我的观点没有改变”，并强调基因差异导致了黑人白人在智力方面的差异。2019年1月11日，诺贝尔奖得主、被称为世界“DNA之父”的DNA双螺旋结构的发现者之一，美国科学家沃森被美国

私人机构冷泉港实验室剥夺了冷泉港荣誉头衔。❶

虽然不乏遗憾，但沃森的科学人生——他的智慧、创新、责任及对科学的献身、热爱与情怀一定会历久弥新，其奋斗的足迹会永远被铭刻，会持续呈现明智的图景。

参考文献

2006. “世界基因之父”詹姆斯·沃森受聘浙江大学名誉教授[J]. 浙江大学学报(医学版)(6):629.

2011. 人类的精英——詹姆斯·沃森[J]. Reading and Composition (Senior High) (English) (5):12-15.

2017. 白春礼会见“DNA之父”James Watson并为其颁奖詹姆斯·沃森与国科大学生面对面交流[J]. 中国科学院院刊,32(4):324.

蔡兵,2000. DNA写就生命的秘密——访DNA分子结构发现者、诺贝尔奖得主沃森博士[J]. 科学世界(8):23-25,22.

高玉林,2019. 从沃森被实验室开除说起智商高低和种族基因有关系吗？[J]. 世界博览(3):60-64.

江世亮,2003. 詹姆斯·沃森采访录[J]. 世界科学(4):9-11.

金善炜,2010. 品味丰盛的科普大餐——读沃森著《双螺旋——发现DNA结构的故事》中译本有感[J]. 生物产业技术(5):105-106.

雷钧,2006. 遗传学是用来转祸为福的——遗传学家詹姆斯·沃森访谈录[J]. 世界科学(1):7-9.

V. K. 麦克尔赫尼,2005. 沃森与DNA:推动科学革命[M]. 魏荣瑄,译. 北京:科学出版社.

秦克诚,2014. 方寸格致——邮票上的物理学史(增订版)[M]. 北京:高等教育出版社.

任本命,2003. 解开生命之谜的罗塞达石碑——纪念沃森、克里克发现DNA双螺旋结构50周年[J]. 遗传(3):245-246.

❶ 高玉林. 从沃森被实验室开除说起智商高低和种族基因有关系吗？[J]. 世界博览,2019(3):60-64;负嘉乐. 从“沃森事件”看科学家的社会角色[N]. 中国科学报,2019-04-19(008);江世亮. 詹姆斯·沃森采访录[J]. 世界科学,2003(4):9-11;翁华强,郭凤典. 对沃森和克里克获诺贝尔奖原因的分析[J]. 科技进步与对策,2003(S1):99-100.

C. 文特尔,2018. 解码生命[M]. 赵海军,周海燕,译. 长沙:湖南科学技术出版社.

翁华强,郭凤典,2003. 对沃森和克里克获诺贝尔奖原因的分析[J]. 科技进步与对策(S1):99-100.

J. D. 沃森等,2010. DNA:生命的秘密[M]. 陈雅云,译. 上海:上海人民出版社.

J. D. 沃森等,2009. 杨焕明译. 基因的分子生物学[M]. 北京:科学出版社.

J. D. 沃森,1984. 双螺旋——发现 DNA 结构的故事[M]. 刘望夷,译. 北京:科学出版社:18,28-135.

J. D. 沃森,1987. 重组 DNA 简明教程[M]. 沈孝宙,等译. 北京:科学出版社.

J. D. 沃森,2001. 双螺旋:发现 DNA 结构的个人经历[M]. 田洺,译. 北京:三联书店.

J. D. 沃森,2011. 不要烦人:科学生涯经验谈:lessons from a life in science[M]. 王祖哲,译. 长沙:湖南科学技术出版社.

J. D. 沃森,2003. 基因·女郎·伽莫夫:发现双螺旋之后[M]. 钟扬,译. 上海:科学普及出版社:241-242.

阎春霞,魏巍,李生斌,2003. 詹姆斯·沃森与弗朗西斯·克里克[J]. 遗传,(3):241-242.

贠嘉乐,2019-04-19. 从"沃森事件"看科学家的社会角色[N]. 中国科学报.

詹姆斯·沃森,2003."我的思考是富于进取性的"——DNA 分子结构发现者詹姆斯·沃森访谈[J]. 国外社会科学文摘(8):46-49.

张宏志,郑兴良,2012. 沃森-克里克与鲍林-科里 DNA 案例比较[J]. 广西民族大学学报(自然科学版),18(2):21-26.

赵明杰,1990. 文化群落与创造——从沃森与克里克的奇遇谈起[J]. 医学与哲学(1):53,55.

郑经纬,彭蕴彬,1991. 从沃森——克里克 DNA 结构模型的成功,看自然科学方法论对科技工作者的作用[J]. 自然辩证法研究(8):56-61.

Waston J D,1963. Involvement of RNA in the Synthesis of Protein:the Ordered Interaction of Three Classes of RNA Controls the Assembly of Amino Acids into Proteins[J]. Science(140):17-26.

Watson D J,Passini M A,Wolfe J H,2005. Transduction of the choroid plexus and ependyma in neonatal mouse brain by vesicular stomatitis virus glycoprotein-pseudotyped lentivirus and adeno-associated virus type 5 vectors[J]. Human

Gene Therapy,16(1):49-56.

Watson D J,Selkoe D J,Teplow D B,1999. Effects of the amyloid precursor protein Glu693→Gln 'Dutch' mutation on the production and stability of amyloid β-protein[J]. Biochemical Journal,340(3):703-709.

Watson D J,Walton R M,Magnitsky S G,et al. ,2006. Structure-specific patterns of neural stem cell engraftment after transplantation in the adult mouse brain[J]. Human Gene Therapy,17(7):693.

Watson J D,Cook-Deegan R M,1991. Origins of the Human Genome Project[J]. Faseb Journal Official Publication of the Federation of American Societies for Experimental Biology,5(1):8-11.

Watson J D,Crick F H C,1953. Genetical Implication of the Structure of Deoxyribonucleic Acid[J]. Nature(171):964-967.

Watson J D,Crick F H C,1953. Molecular Structure of Nucleic Acids[J]. Nature (171):737-738.

Watson J D,Crick F H C,1953. The structure of DNA[J]. Cold Spring Harbor Symposia on Quantitative Biology,18(3):123-131.

Watson J D,Laskowski R A,Thornton J M,2005. Predicting protein function from sequence and structural data[J]. Curr Opin Struct Biol,15(3):275-284.

Watson J D,Sanderson S,Ezersky A,et al. ,2007. Towards Fully Automated Structure-Based Function Prediction In Structural Genomics:A Case Study[J]. Journal of Molecular Biology,367(5):1511-1522.

Watson J D,Tooze J,Stent G S,1982. The DNA story:A documentary history of gene cloning[J]. Cell,28(2):423-425.

Watson J D,Wang S,Stetina S E V,et al. ,2008. Complementary RNA amplification methods enhance microarray identification of transcripts expressed in the C. elegans nervous system[J]. BMC Genomics,9(1):84-84.

相关资源

1. D. 牛顿. 詹姆士·沃森与法兰西斯·克里克:DNA 结构发现者[M]. 张国廷,译. 北京:外文出版社,1999.

2. 蔡兵. DNA 写就生命的秘密:访 DNA 分子结构发现者,诺贝尔奖得主沃森博士[J]. 科学世界,2000(8):23-25.

3. W. 吉尔伯特,江泽淳. 发现双螺旋之后——沃森是如何看 DNA 结构改变生物学的[J]. 世界科学,2003(3):16-17.

4. V. K. 麦克尔赫尼. 沃森与 DNA:推动科学革命[M]. 魏荣瑄,译. 北京:科学出版社,2005.

5. 王梦影. 没有人天生属于阴影[J]. 青年博览,2019(12):22-23.

6. 李婷婷. 一个被剥夺荣誉的"DNA 之父"他已经和过去那些荣耀彻底告别了[J]. 人物,2019(2):20-20.

7. J. 格里宾. 双螺旋探秘——量子物理学与生命[M]. 方玉珍,译. 上海:上海科技教育出版社. 2001.

8. J. D. 沃森. 双螺旋——发现 DNA 结构的故事[M]. 刘望夷,译. 上海:上海译文出版社,2016.

9. J. D. 沃森. 双螺旋——发现 DNA 结构的故事[M]. 刘望夷,译. 北京:化学工业出版社,2009.

10. L. 杨特. 遗传密码 14 位遗传学家的探索与发现[M]. 邹晨霞,译. 上海:上海科学技术文献出版社,2014.

第 8 章　伍斯（C. Woese）

成长是对真理的不断探索，在数学和科学中我终于找到了真理。几何学和牛顿定律的“q. e. d”就像是暴风雨中的温暖庇护所。❶

——C. 伍斯

卡尔·伍斯❷（Carl Woese，1928—2012），如图 8-1 所示，自称“ninja”（忍者）❸。这位生物物理学家、进化生物学家及微生物学家一生学术建树颇多，荣誉鼎昌。在 2011 年，*Nature Reviews Microbiology* 第九卷，编辑部发表文章“And the winner should be…”，呼吁把当年的诺贝尔生理学或医学奖颁给卡尔·伍斯。然而，非常遗憾，伍斯未获诺贝尔奖。曾有学者评价伍斯是生命科学新革命（分子生物学之后）最重要的建筑师。❹ 其科学研究的核心是生物学的“进化问题”，并作出了将生物学重新分界的革新壮举。杜布赞斯基（Dobzhansky，1900—1975）讲过：“如果不考虑进化，生物学中的一切都将难以理解。”❺ 可见，进化问题在生物学研究中的价值与意义。可以说，伍斯的科学活动是现代进化生物学发展的缩影。

---

❶ Woese C R Q，Carl R. Woese interview[J]. Current Biology，2005，15(4)：R111-112.

❷ Woese 姓氏除了译作伍斯外，还译成乌斯、沃斯、渥西、霍斯、渥易斯。

❸ Goldenfeld N. Looking in the right direction：Carl Woese and evolutionary biology[J]. RNA Biology，2014，11(3)：248-253.

❹ Eugene V，Koonin. Carl Woese's vision of cellular evolution and the domains of life[J]. RNA biology，2014，11(3)：197-204.

❺ 王巍，张明君. “如何可能”与“为何必然”——对罗森伯格的达尔文式还原论评析[J]. 自然辩证法研究，2015，31(8)：20-24.

图 8-1　晚年的伍斯

注：图片由 Harry Noller 拍摄 https://www. nature. com/articles/493610a

基于上述背景，本章将从科学史视角，以内容为路线，系统考察伍斯在进化生物学中的研究逻辑，这对进化生物学史研究确有启示。我们根据其在进化问题中主攻的三个方面：遗传密码❶、三域说（古生菌 Archaea”的定义者）❷ 和细胞进化进行深度剖析，最后，辨析伍斯的进化观：科学维度——大科学与小科学研究兼具；哲学维度——集还原论与整体观于一体，系统生物学是未来生物学发展之必然！

8.1　伍斯的进化观

8.1.1　遗传密码规则与进化

遗传密码是伍斯从事科学研究的第一个课题，是其尝试用“进化”思

---

❶ Prakash O, Jangid K, Shouche Y S. Carl Woese: from Biophysics to Evolutionary Microbiology[J]. Indian Journal of Microbiology, 2013, 53(3): 247-252.

❷ Woese C R, Fox G E, The phylogenetic structure of the procaryotic domain: the primary kingdoms[J]. Proc. Natl. Acad. Sci. USA, 1977, 74(11): 5088-5090.

维观察生物界进化关系的真正起点。经典的“遗传密码表”是经乔治·伽莫夫（Gorge Gamow）、克里克等物理学家在 DNA 物质结构（1953 年）的框架下首先展开“编码问题”思考的，历时 15 年，最终由美国三个实验室共同破译，并于 1968 年由克里克最后综合绘制而成。遗传密码破译后，首先出现两种占统治地位的遗传密码起源假说：一个是克里克提出的偶然冻结理论（the accident frozen theory），另一个就是伍斯的立体化学作用原理（stereo-chemical theory）。❶

伍斯从 1960 年秋天开始聚焦遗传密码问题，此时，生物学界正值物理学方法和分子生物学研究对象迅速融合之际。他发表了一系列有关该主题的论文❷，根据碱基对的比例推断了当时称为“可溶性 RNA”（即克里克适配子假说的转运 RNA）和 DNA 之间的对应表❸；分析了密码表中氨基酸的分配规则——极性相近的氨基酸聚类排布。伍斯果断地指出：从氨基酸极性（量化值）需求的角度来看❹，遗传密码是一个高度结构化的序列；密码在某种程度上必然寻求优化以削减翻译错误的后果。然而，这里形成密码的进化动力仍然是未解之谜。

在生物学研究的主流之外耐心地追求真相线索的实践及对密码子何以起源与“进化”的洞察促使伍斯开始以“进化”的方式考虑“遗传密码”。伍斯从物理化学的角度分析了密码表的构成，敏锐锁定密码子及其在氨基酸序列中的翻译是如何进化的疑团。他认为密码表中氨基酸与相对的密码子有选择性的化学结合力，即遗传密码的起源和分配密切相关于“RNA 和氨基酸之间”的直接化学作用，进而最终密码子的立体化学本质扩展至氨基酸与相应的密码子之间物理和化学性质的互补性。后来有研究表明：编码氨基酸的三联体密码（或反密码子）经常意外地出现在相应氨基酸在

---

❶ Miguel A. Jiménez-Montaño. Protein evolution drives the evolution of the genetic code and vice versa[J]. Biosystems,1999,54(1):47-64.

❷ Woese C R. On the evolution of the genetic code[J]. Proc. Natl. Acad. Sci. USA,1965(54):1546-1552.

❸ Woese C R,Olsen G J,Ibba M,et al. Aminoacyl-tRNA synthetases,the genetic code,and the evolutionary process[J]. Microbiology & Molecular Biology Reviews Mmbr,2000,64(1):202-236.

❹ Woese C R,Olsen G J,Ibba M,et al. Aminoacyl-tRNA synthetases,the genetic code,and the evolutionary process[J]. Microbiology & Molecular Biology Reviews Mmbr,2000,64(1):202-236.

RNA 上的结合位点（最优化匹配），这堪称遗传密码子具有立体化学性质的有力证明。[1]

50余年来，对于遗传密码起源问题的研究大部分理论假说都是从伍斯的立体化学作用角度展开的。亚鲁斯（M. Yarus）指出三联体密码是从原始氨基酸位点的结合功能演变成为现在的密码子和反密码子。[2] 尽管事实上，全部密码关系的最佳立体化学匹配从来也没有被证明过，但海量研究结果表明，氨基酸与反密码子的直接作用以及疏水-亲水相互作用在遗传密码的起源中可能具有重要价值。伍斯的密码起源观——立体化学作用原理，有效推进了遗传密码的扩张、改造和基因工程。

伍斯坚持：遗传密码起源于“RNA 世界”。同时，他是“RNA 世界假说”（RNA world hypothesis）[3] 的最早提倡者。仅从逻辑上，伍斯便得出结论——蛋白质和 RNA 不能同时进化，而从化学到生物学需突破的核心是翻译装置本身。伍斯提出的水平基因转移（Horizontal gene transfer，HGT）事件、原始生命（Progenote）概念都为遗传密码的统一性提供了真实论据。[4] 1968 年，伍斯的《遗传密码》（*The Genetic Code*）一书问世，其中首次出现了独立的“RNA 生命型态”这一概念。随后，他综合分析遗传密码的生物学意义，指出“密码问题的所有方面都将并置在一起，以便将整个问题置于更广阔的生物学视角中。为此，有必要对遗传密码的每一个方面提出界定问题的历史思维、实证现状，以及它可能与生物信息处理系统起源的中心问题有关”[5]。在考虑遗传密码时，他通常将其与人们已经熟悉的线性信息处理系统类比——密码运行有如通过书面或口头语言进行交流，或者更好地类比于一般的磁带读取过程。由此，过程特点不言而喻。

---

[1] Anton A Polyansky, Mario Hlevnjak, Bojan Zagrovic. Proteome-wide analysis reveals clues of complementary interactions between mRNAs and their cognate proteins as the physico-chemical foundation of the genetic code[J]. RNA Biology, 2013, 10(8): 1248-1254.

[2] Yarus M, Widmann J J, Knight R. RNA-Amino Acid Binding: A Stereochemical Era for the Genetic Code[J]. Journal of Molecular Evolution, 2009, 69(5): 406-429.

[3] Woese C R. A New Biology for a New Century[J]. Microbiology and Molecular Biology Reviews, 2004, 68(2): 173-186.

[4] Eugene V, Koonin. Carl Woese's vision of cellular evolution and the domains of life[J]. RNA biology, 2014, 11(3): 197-204.

[5] Woese C R. The Biological Significance of the Genetic Code[C]. Progress in Molecular and Subcellular Biology, 1969: 5-46.

最后，伍斯提出的“立体化学假说”的确接近了密码子起源的一个重要节点，但还无法诠释一个完整的机制。那么密码子是在何种动因的驱动下演化而来的呢？密码表诞生后的50余年中，在冻结偶然性理论和立体化学作用原理之外，陆续产出许多密码进化假说：共进化假说、综合性假说、分布进化假说等。诸假说共现的局面呈现出各自的逻辑合理性❶，然而，这里应强调：几乎每一个理论假说都引用了伍斯的密码进化观点——密码子与氨基酸立体化学作用的最佳匹配，即立体化学假说是整体密码起源与进化研究的纽带。

遗传密码子的起源被誉为现代生命科学的谜团之一。人类仍需要深入寻求相关实证去突破这一难题。遗传密码分布本质上体现了一种平衡——既能利用DNA突变改善蛋白多样性，又可通过密码子排布减轻突变所造成损失的能力。在现代生物世界里，即使遗传密码已经基本固定，但新的分子机制和细胞过程还在继续地被更新着，它们趋于复杂和完善，新的物种也在持续地诞生。

8.1.2　三域说

1977年，伍斯团队发现了称为“古细菌”的微生物。❷ 1990年，他挑战传统形态学分类法，在生物界发起三界说：细菌，古细菌和真核生物。❸三界说虽也屡遭诟病，但令学术界震惊于他的英明智慧与革新精神。现在，伍斯的创造性科学活动及发现的重述显示：仍有诸多表征其不迷信权威、追求实证、大胆尝试和笃定创新的科学研究品质的细节值得进一步厘清和挖掘。

首先，伍斯将rRNA序列作为跟踪进化的正确尺度。伍斯有自己对生命的基本理解，即生命必须通过翻译装置进化。他用“翻译”在分子生物学

---

❶ 肖景发，于军. 遗传密码的新排列和起源探讨[J]. 中国科学（C辑：生命科学），2009，39(8)：717-726.

❷ Woese C R, Kandler O, Wheelis M L. Towards a natural system of organisms: proposal for the domains Archaea, Bacteria and Eucarya[J]. Proc. Natl. Acad. Sci. USA, 1990, 87(12): 4576-4579.

❸ Gold L. The kingdoms of Carl Woese[J]. Proceedings of the National Academy of Sciences, 2013, 110(9): 3206-3207.

的重要地位作为研究的突破口，来确定最有可能成为血统标记的“候选人”——rRNA，然后有意识地去关注 rRNA 而不是核糖体蛋白质。伍斯 50 余年卓有成效地推行了研究 rRNA 分子序列的想法。若没有他的工作，目前收集的大量序列将很难组织成连贯的东西。他的研究也促成了今天对分子序列海量数据的顺序组织并使人类对人类健康的技术开发充满前景。

伍斯实现了一个孤独忍者执着于科学真相永不停歇的科学诉求。他主张：rRNA 是我们进化路径的残余和驱动力。因此，对 rRNA 序列的比较很可能揭示生命之树中最早和最深刻的重要信息。这一推论导致伍斯团队开始对从许多原核物种中提取的 16S 和 18S RNA 酶消化液中发现的大量寡核苷酸进行测序，并比较其同源性水平后，最终提出了生物学的第三领域。❶

通过比对研究 rRNA 序列，伍斯确信古生菌的结构与细菌十分相似。但是，它常常生活在极端的自然环境中，如大洋底部的高压热溢口、热泉和盐碱湖等处；以厌氧菌为主，是地球上与细菌同时或比细菌略晚的生命形态。古生菌在遗传方面表现出了更加接近于真核生物的特征，因此被认为与真核生物的起源有关。古生菌在遗传方面表现出了更加接近于真核生物的特征，因此，被认为与真核生物的起源有关。正因如此，伍斯坚持把古菌与真细菌、真核生物并列起来。

然而，20 世纪的大部分时间里，原核生物被视为一组生物，并根据其生物化学的形态和代谢进行分类。在 1962 年一篇极具影响力的论文中，罗杰·斯塔尼尔（Roger Stanier）和 C. B. 范·尼尔（C. B. van Niel）首先将细胞组织划分为原核生物和真核生物，将原核生物定义为缺乏细胞核的生物体。他们对微生物学家试图构建细菌的天然系统发育分类（伍斯和福克斯在 1977 年 PNAS 的报告——生命的产甲烷菌代表一个独立的王国）持怀疑态度。人们普遍认为所有的生命都有一个共同的原核生物，即使在微生物学领域，伍斯的结论也没有被立即接受。

与科学史上一些重大发现一样，承认伍斯在基于普遍存在的 rRNA 在系统发育上有效分类的正确性也是一个缓慢的过程。包括萨尔瓦多·卢里亚（Salvador Luria）和恩斯特·迈尔（Ernst Mayr）在内的权威生物学家一致反对，而且，*Science* 杂志曾评伍斯坚持不懈的分子发育研究引发了“微生物

---

❶ Fox G E, Magrum L J, Balch W E, et al. Classification of methanogenic bacteria by 16S ribosomal RNA characterization[J]. Proc. Natl. Acad. Sci. USA, 1977, 74(10): 4537-4541.

学的伤痕累累的革命”❶。越来越多的支持数据使得科学界在 20 世纪 80 年代中期接受了古菌。伍斯继续深刻研究了达尔文时代之前的“门槛”，以及后来的一个时刻，在此期间，特殊生物居住在他的“三国”之一，以长期生存。❷

经过艰苦的求证与坚持，曾一度抑郁的伍斯最终获得了多方认可，它所依据的基因不仅已经应用在进化研究方面，还承担复杂微生物群落组成探索的媒介物。伍斯还曾与测序科学家克雷格·文特尔（Craig Venter）合作，文特尔高效的鸟枪测序工作，对古菌基因的存在给予了有力证明。❸古菌的研究对科学家在其他星球上寻找生命的影响发挥了重要的作用。在伍斯和福克斯发现之前，科学家认为古细菌是从人们更熟悉的生物进化而来的极端生物。现在，大多数人认为它们是古老的，并且可能与地球上的第一批生物具有强大的进化关系。与极端环境中存在的那些古生物类似的生物可能已经在其他星球上发育，其中一些星球具有有利于极端微生物生命的条件（图 8-2）。

伍斯的研究复兴了 20 世纪初体系概念不完善、发展消沉的微生物学。无疑，是他将微生物学领域从一个本质上的描述性学科转变为一个基于进化和遗传相关性的学科。伍斯对生命之树（图 8-3）的阐释表明了微生物谱系的巨大多样性；单细胞生物代表了生物圈遗传，代谢和生态多样性的绝大部分。由于微生物对许多生物地球化学循环和生物圈的持续功能至关重要，因此，伍斯澄清微生物进化和多样性的努力为生态学家和环保主义者提供了有价值的佐证，这更是帮助人类了解生命进化历史的重大贡献。

鉴于 rRNA 数据的重要价值及意义，这里进一步追溯伍斯的核糖体数据库项目（The Ribosomal Database Project，RDP）的演进历程。此项目源于伍斯对 rRNA 比较法如何可能助力生物学发展这一设想的思考。首先在伊利诺伊大学香槟分校，然后在密歇根州立大学微生物生态学中心，其数据库达到了几亿个 rRNA 基因序列。自伍斯启动 RDP 以来的几年里，描述数据库

---

❶ Prakash O, Jangid K, Shouche Y S. Carl Woese: from Biophysics to Evolutionary Microbiology[J]. Indian Journal of Microbiology, 2013, 53(3): 247-252.

❷ Woese C R. On the evolution of cells[J]. Proc. Natl. Acad. Sci. USA, 2002(99): 8742-8747.

❸ C. 文特尔. 解码生命[M]. 赵海军, 周海燕, 译. 长沙: 湖南科学技术出版社, 2010: 274-279.

和相关工具的出版物在跨领域、多学科的期刊上被引用了 11 000 多次，而 RDP 网站每月有 10 000 名研究人员在 20 000 多个分析会议上实现访问。文章 *History and impact of RDP*（2014 年）描述了 RDP 在过去 20 年中的发展历史。伍斯和他的同事加里·奥尔森（Gary Olsen）意识到制作他们用来推导的 rRNA 序列数据，可供研究群体使用的有机体之间的系统发育关系将有助于促进此类更多研究（图 8-2、图 8-3）。1989 年，他们获得了国家科学基金会的资助，提供资源，惠及学者。1992 年 1 月 5 日，核糖体数据库项目（RDP）的第一个版本问世。

图 8-2　伍斯正在光板上研究 16s rRNA“主”指纹

图片来源：Remembering Carl Woese

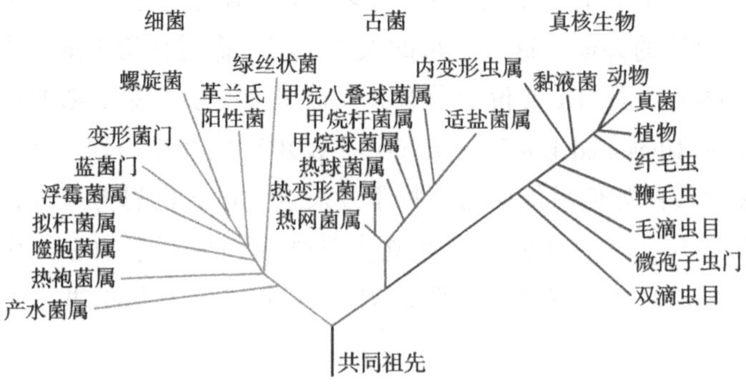

图 8-3　生命系统发生树

图片来源：http://baike. baidu. com

在未来，随着基因组数据的暴增积累，使用伍斯及合作者开创的基于 rRNA 方法所获得的知识将构成新技术的主干。例如，对系统发生学和未培养分支描述的深入了解，将基于并远远超过 rRNA 时代。[1] 因此，RDP 的前瞻性创建是伍斯团队在分子生物学、进化生物学、微生物学领域的壮举。

8.1.3 细胞进化

伍斯于 1998—2002 年千禧年前后发表的一系列四篇文章，大致集中在细胞的起源和进化上。该系列的第三篇论文直接讨论了细胞进化的问题。[2] 伍斯认为细胞进化是“进化问题中的最大问题”。而且伍斯“千禧年系列”论文的中心主题是“树”，即最后一个宇宙共同祖先（Last Universal Common Ancestor，LUCA），这个说法比与“树”没有直接联系的宇宙祖先（Universal Ancestor，UA）更精确，很可能是一个不同于任何现代细胞的实体。换句话说，在某种程度上，细胞进化被假定在宇宙树的跨度内发生，因此，应该可以通过比较基因组的方法来处理。

伍斯（2002 年）提出了一种新的假说，认为生命伊始之际，至少存在三种结构简单而松散的细胞组织形式，它们在同一个环境中生存与进化，通过基因交流，共享进化发明，从这三种独立的原始生命形式演化出了细菌、古菌和真核细胞（亲自划定三域）。他认为，这三种生命形式是独立进化而来的，但进行了基因交流，现代细胞的组织形式代表了一种嵌合关系（某些情况下三种细胞类型的两者高度相似，而另一些情况下又差异很大），而这正是它们以截然不同的组织形式开始的证据，在随后的进化过程中，它们进行了频繁的遗传“交流”与“互换”，终于合而为一。伍斯进一步将 LUCA 等同于一个“达尔文阈值”，这是一个主要的进化转变，涉及细胞血统的凝聚，即物种形成的开始或仅仅是物种的起源。三种细胞设计越过各自达尔文主义阈值的顺序首先是细菌，第二个是古菌，最后是真核［奥托·坎德勒（Otto Kandler）首先提出的顺序］。[3]

伍斯说，“如果我们禁锢于达尔文的思维模式，就不能指望对细胞进化

---

[1] James R Cole, James M Tiedje, et al. History and impact of RDP: A legacy from Carl Woese to microbiology[J]. RNA biology, 2014, 11(3): 239-243.

[2] Woese C R. Interpreting the universal phylogenetic tree[J]. Proc. Natl. Acad. Sci. USA, 2000(97): 8392-8396.

[3] Woese C R. A New Biology for a New Century[J]. Microbiology and Molecular Biology Reviews, 2004, 68(2): 173-186.

作出真正正确的解释……生物学超越达尔文共同起源假说的时代已经到来……共同起源学说以及任何共同起源学说的'变种'都没有抓住要旨，即细胞产生的进化过程的本质——动力学"。他甚至宣称，地球上细胞进化的驱动力来自基因的水平转移，即获得外来细胞的组成成分（包括基因和蛋白质等）来促进自身细胞实体的进化。❶

伍斯坚持认为细胞的进化是进化生物学的中心问题，生命的三域核糖体树是重建细胞进化的基本框架，而进化功能不同的细胞系统的动力学在本质上是不同的，信息处理系统比操作系统更早"结晶"。过去十多年进化基因组学的进展证明了伍斯观点的主要方面。尽管在细菌和古生菌之间普遍存在水平基因转移，但核糖体生命树在单个基因的系统发生树的"森林"中被认为是一个中心的统计趋势，并且因此为进化重建提供了一个合适的框架。

随着比较基因组数据的丰富，信息处理系统（主要是翻译系统）的进化稳定性变得越来越显著，这表明几乎所有少数通用基因都编码翻译系统的组成部分。尽管伍斯不接受关于真核生物起源的共生假设可能不会经受起比较基因组学的考验，但是他关于细胞生命三个领域之间的基本区别的观点得到了广泛的认可。最重要的是，伍斯关于理解微生物进化将是新进化生物学核心的关键预测似乎正在实现。

伍斯是"达尔文时代之前 HGT"的支持者。然而，HGT 与达尔文式的基因垂直进化是矛盾的。因此，上述 LUCA 有效地调和了二者之间的矛盾。在前达尔文时代，进化过程不能用组织"树"拓扑来表示。只有在细胞进化到了更高级的阶段之后，"树"表示才开始变得有用。这一阶段是达尔文主义的临界点，在此临界点之前，HGT 支配着进化动态，之后，HGT 不允许稳定的组织系谱出现。❷ 只有这样，生命系统才能最终被概念化为谨慎的、独特的物种术语。如果主要进化的细胞设计中只有一个跨越了达尔文阈值，那么树的表示就显得合适，因为仅一个血统将区别于其他系，尽管事实上其他还没有作为离散的稳定血统存在，还没有经历他们自己的达尔文主义过渡。

---

❶ Woese C R. A New Biology for a New Century[J]. Microbiology and Molecular Biology Reviews,2004,68(2):173-186.

❷ Woese C R. On the evolution of cells[J]. Proc. Natl. Acad. Sci. USA,2002(99):8742-8747.

伍斯认为：细胞进化过程可以很容易地引入，而不会破坏松散的、定义不明确的、允许的细胞组织的断点。同样，现有的组件也可能相对容易地丢失或被一些大致相等的东西（在形状或功能上）替换。今天某些特定酶的原始对应物可能只是反应类特定酶。这类细胞实体不会有稳定的系谱记录，而必须是一个短暂的组织系谱时期。原始细胞的世界就像是一个巨大的海洋，或者说是一个领域，是世界性的基因流入和流出进化中的细胞（和其他）实体。由于高水平的HGT，这个阶段的进化本质上是共同的，而不是个体的。[1] 原始进化的生物实体群落作为一个整体以及周围的基因场共同参与了一个集体的网状进化。

伍斯强调三个问题是理解细胞进化的核心：①什么时候（在什么情况下）发生了进化（蛋白质的）细胞开始？②创造第一批蛋白质细胞所需要的不可思议的新奇性是如何产生的？③所有现存的细胞生命是否最终起源于不止一个共同的祖先？其中的第二点：如何产生使现代细胞存在所需的大量新奇事物是其中最核心和最具挑战性的问题。这是一种在现代生物学中不会遇到的新奇事物时代，它必须以一种人类还没有弄清楚的方式产生。可以说，必须有一个非常明确的（可辨认）现代细胞进化的开始阶段。这一转变太激烈、太深刻，不可能不留下痕迹。此阶段很有可能是翻译的开始，在氨基酸语言中出现代表核酸序列（共线）的能力。

因此，细胞进化[2]的开始很可能发生在RNA世界的背景下。在过去的几十年里，越来越多的生物学家意识到翻译是由它的RNA组成部分来定义的，因此认为原始机制是基于RNA的设备的想法变得越来越有吸引力。[3] 这里，伍斯认为RNA世界（核酸生命的时代）是蛋白质翻译产生之前的一个时期，那时，无论存在什么，都存在能够互补（模板化）复制的核酸，并且是进化的驱动力。在这种观点下，肽可能存在，但根据定义，它们不可能是通过翻译过程产生的。

---

[1] Woese C R. On the evolution of cells[J]. Proc. Natl. Acad. Sci. USA, 2002(99): 8742-8747.

[2] Woese C R, Fox G E. The concept of cellular evolution[J]. J. Mol. Evol., 1977, 10(1): 1-6.

[3] Woese C R. Molecular mechanics of translation: a reciprocating ratchet mechanism[J]. Nature, 1970(226): 817-820.

8.2 分析与启示

8.2.1 小科学（Small science）与大科学（Big science）

纵观遗传密码、三域说和细胞研究，伍斯以“进化”为视角体现了生命科学领域小科学与大科学的互惠融合。生物学总体经历了两次大的革命：第一次以20世纪中叶在还原论基础上诞生的分子生物学为标志；第二次则是以基因组学为代表的组学（-omics）生命大科学的出现为标志。❶ 方法论和认识论层面的分子生物学研究显示：生命是一种遵循物理和化学规律的复合体可以通过分析的方法分解为各种组成成分，如基因或蛋白质，只要将基因及其产物逐个地进行研究就可揭示生物个体的活动规律。在这个时期，世界上大多数实验生物学研究者在从事小科学研究，即针对某个生物学问题通过物理和化学的手段研究个别的基因或蛋白质的结构和功能的小科学。

然而，从认识论和方法论的角度来看：其一，基因、蛋白质组学等各种组学聚焦的不再是生物体内的一两个基因或蛋白质等个别组分而是所有的基因或蛋白。这是一种注重全局性、整体性的研究理念，可谓目标大。其二，这些组学最基本的策略就是开发和应用大规模高通量的技术手段，以便能在一次实验中（或者很短的时间内）研究成千上万的基因或蛋白。这类生命大科学最明显的特征是研究规模的巨大，不论是经费的投入，还是人力的投入，都是以往的实验生物学研究不可比拟的。例如，美国政府投入到人类基因组计划的经费就高达30亿美元。

尽管小科学与大科学有其自身的界定❷，但是，“进化”提供生物学自主性的独特视角表明：伍斯的科学研究并不应该单纯地被确定为小科学或大科学，而恰恰体现了小、大科学的互惠融合。伍斯以“进化”的个体、群体和环境不同层面获得：遗传密码的通用性、物种三域说及细胞进化的

---

❶ Kreft J U, Plugge C M, Grimm V, et al. Mighty small: Observing and modeling individual microbes becomes big science[J]. Proceedings of the National Academy of Sciences, 2013, 110(45): 18027-18028.

❷ Lauer M S. Personal Reflections on Big Science, Small Science, or the Right Mix[J]. Circulation Research, 2014, 114(7): 1080-1082.

动力学特征，无不体现个体内部小科学与整个系统大科学研究的同时性。以三域说中的 RDP 数据库为例，其影响遍及分子生物学、进化生物学及微生物学若干领域，但其中不乏各物种内部 rRNA 的小科学研究。

因此，在生命科学研究中，小科学与大科学都有其独特的重要性，必须正确处理好小科学和大科学的关系，使两者之间保持必要的张力。首先，小科学对科学研究来说是绝对不可缺少的。自然科学探究的是自然界的客观规律，科学的客观性和真理性需要有客观的经验基础来保证。然而，要恰当地把握多种因素多个变量的复杂关系及其变化，单靠小科学是无能为力的，必须取得大科学的整体性把握和统领，这也正体现了一种新的哲学智慧（还原论和整体论两种思维方法相互补充）对生物学研究的指导意义。

8.2.2　整体论（Holism）与还原论（Reductionism）

伍斯团队的研究颇具哲学根基，毫无保留地彰显整体论特征。伍斯和戈登菲尔德的遗传密码研究表明：这个生命的设计图既具有普遍性，又几乎是最优的。一方面，结论并不是由于分子的微调或化学性质，而是因为这些特性是密码细化和组织复杂化共同进化过程的动力吸引器。伍斯的合作者把其认定成创新共享协议的通用过程，还预见性地称为“统一生物学”的一个特例。另一方面，古菌的概念也为生物学提供了一个可靠支柱，在此基础上可以形成一个新的整体生物学范式。作为一个进化生物学家，维护生物学的自主性，强调生物的整体论特征在伍斯科学研究的其他方面也是非常突出的。[1]

像许多前沿科学家到了晚年会不由俯瞰自己的研究及学科的发展历程一样，在生物学领域纵横 50 年的伍斯同样审视生物学本身的独特性及与社会领域的联系。他总结道：从更大的角度来看，20 世纪的生物学是一个分子的时代；19 世纪则是决定生物学命运的世纪。在那里，生物学的重大问题第一次被科学地概括和组合起来，所有这些问题都有效地处于发展的早期阶段。19 世纪的生物学存在大的难题，有些（如基因和细胞的性质）要求解剖，须按其部分进行分析，而另一些（如进化和形态发生，以及一般

---

[1] Woese C R. A New Biology for a New Century[J]. Microbiology and Molecular Biology Reviews,2004,68(2):173-186.

来说，生物形式）是整体的，具有形而上学上的挑战性，不能从根本上理解为部分的集合。

伍斯清楚19世纪的生物学领域存在明显的“还原论”世界观。❶ 当时的物理学看到了一个基本的还原论世界，在这个世界里，最终的解释完全在于原子的性质和相互作用：知道所有基本粒子在给定时刻的位置与动量，原则上就是知道它们在任何其他时刻的位置和动量，无论是过去还是将来；没有增加，没有减少，只是无休止的、不确定性的、混乱、反弹无方向的时间中的原子球。莱恩（Lane）指出伍斯在“呼吁用整体论来研究生命。这很讽刺，因为他本人掀起的生物学革命，恰恰是基于纯粹的还原论方法，即仅仅分析一个基因”❷。19世纪的生物学家也不例外于还原论的时代精神，但他们的倾向于经验的、分析的还原论，而不是形而上学的还原论。他强烈坚持仅仅用还原论的术语无法解释进化和生物多样性和复杂性的系统问题。

伍斯系统研究了“细胞的进化”。细胞有进化的维度，对“进化”的理解是真正理解细胞的充分必要条件，但这一点却被还原论者忽略，整个进化过程被当作毫无意义的历史意外。而且，根据其上述成就，发育研究显然应是生物学家探讨生物学重要问题的一条主要途径，然而，悲哀的是，却被20世纪的遗传学理论压缩成一种以基因为中心的还原论模式。❸ 伍斯并不否认还原论为分子生物学和遗传学创造的辉煌，只是背后的代价令人未免不寒而栗。因此，他给出自己生物学研究的一个定位：“我自己的职业生涯是生物学过去的分子还原论和未来的整体论之间的联系之一。”❹ 因此，整体论是大势所趋，然而，还原论的成功实践也使我们有理由相信整体论与还原论的局部融合应是最具可行性的生物学研究范式。

考虑到时代的发展，化学和物理学进入生物学是不可避免的。这些科学产生的技术不仅受欢迎，而且非常需要。而且，生物学的纷繁复杂的现

---

❶ Woese C R. A New Biology for a New Century[J]. Microbiology and Molecular Biology Reviews,2004,68(2):173-186.

❷ N. 莱恩. 复杂生命的起源[M]. 严曦,译. 贵阳:贵州大学出版社,2020:15.

❸ Woese C R. A New Biology for a New Century[J]. Microbiology and Molecular Biology Reviews,2004,68(2):173-186.

❹ Woese C R. A New Biology for a New Century[J]. Microbiology and Molecular Biology Reviews,2004,68(2):173-186.

象不会不吸引物理学家的兴趣和探索的欲望，然而，进入生物学的物理和化学（尤其是前者）是一个特洛伊木马，它最终会从内部征服生物学，并以自己的形象重塑生物学。这便最坏情况地导致生物学完全裂变，其整体的一面将被抹杀。生物学很快就会成为一门不那么重要的科学，因为它没有任何基础知识可以告诉世界。还原论者会毫不犹豫地认为物理学可为一切提供最终的解释。实际情况应该是：在科学研究中，人们须正确处理好还原论和整体论的辩证关系，让二者保持必要的平衡张力。[1]

首先，还原论[2]方法对科学研究来说是绝对不可缺少的，它的基本思路应是肯定的。毕竟自然科学探究的是自然界的客观规律，科学的客观性和真理性需要有客观的经验基础来保证。[3] 其次，整体论的方法论对于科学研究来说同样重要。要恰当地把握多种因素多个变量的复杂关系及其变化，单靠还原论是无能为力的，必须具备整体论的思维方式。这两种方法论也需要互相补充和互相制约。其一，还原论有其不可克服的狭隘性[4]，它需要用整体论的思维方法来加以弥补。[5] 其二，整体论的思维方法也有其自身难以克服的模糊性，有必要用还原论加以辨别。因此，兴起的系统生物学(Systems Biology)[6] 是解决生物学未来发展的必然之趋！

参考文献

桂起权,2015. 解读系统生物学:还原论与整体论的综合[J]. 自然辩证法通讯,37(5):1-7.

---

[1] Wolfe C T. Chance between holism and reductionism:Tensions in the conceptualisation of Life[J]. Progress in Biophysics & Molecular Biology,2012,110(1):113-120.

[2] 张鑫,李建会. 生物学中的弱解释还原论及其辩护[J]. 自然辩证法通讯,2019,41(2):8-15.

[3] Esfeld M,Sachse C. Conservative Reductionism[M]. New York:Taylor & Francis e-Library,2011.

[4] S. 罗思曼. 还原论的局限——来自活细胞的训诫[M]. 李创同,王策,译. 上海:上海世纪出版集团,2006.

[5] 桂起权. 解读系统生物学:还原论与整体论的综合[J]. 自然辩证法通讯,2015,37(5):1-7.

[6] Hans V Westerhoff,Douglas B Kell. The methodologies of systems biology[J]. systems biology,2007(7):23-70.

N·莱恩,2020.复杂生命的起源[M].严曦,译.贵阳:贵州大学出版社,15.

S·罗思曼,2006.还原论的局限——来自活细胞的训诫[M].李创同,王策,译.上海:上海世纪出版集团.

米丹,安维复,2020.生物学哲学何以可能——基于生物学哲学三大争论的文献研究[J].科学技术哲学研究,37(1):104-110.

王巍,张明君,2015."如何可能"与"为何必然"——对罗森伯格的达尔文式还原论评析[J].自然辩证法研究,31(8):20-24.

C·文特尔,2010.解码生命[M].赵海军,周海燕,译.长沙:湖南科学技术出版社,274-279.

肖景发,于军,2009.遗传密码的新排列和起源探讨[J].中国科学(C辑:生命科学),39(8):717-726.

张鑫,李建会,2019.生物学中的弱解释还原论及其辩护[J].自然辩证法通讯,41(2):8-15.

Anton A Polyansky, Mario Hlevnjak, Bojan Zagrovic, 2013. Proteome-wide analysis reveals clues of complementary interactions between mRNAs and their cognate proteins as the physicochemical foundation of the genetic code[J]. RNA Biology, 10(08): 1248-1254.

Esfeld M, Sachse C, 2011. Conservative Reductionism[M]. New York: Taylor & Francis e-Library.

Eugene V Koonin, 2014. Carl Woese's vision of cellular evolution and the domains of life[J]. RNA biology, 11(3): 197-204.

Fox G E, Magrum L J, Balch W E, et al., 1977. Classification of methanogenic bacteria by 16S ribosomal RNA characterization[J]. Proc. Natl. Acad. Sci. USA, 74(10): 4537-4541.

Gold L, 2013. The kingdoms of Carl Woese[J]. Proceedings of the National Academy of Sciences, 110(9): 3206-3207.

Goldenfeld N, 2014. Looking in the right direction: Carl Woese and evolutionary biology[J]. RNA Biology, 11(3): 248-253.

Hans V, Westerhoff, Douglas B Kell, 2007. The methodologies of systems biology[J]. systems biology(7): 23-70.

James R Cole, James M Tiedje, et al., 2014. History and impact of RDP: A legacy from Carl Woese to microbiology[J]. RNA biology, 11(3): 239-243.

Kreft J U, Plugge C M, Grimm V, et al. , 2013. Mighty small: Observing and modeling individual microbes becomes big science[J]. Proceedings of the National Academy of Sciences, 110(45): 18027-18028.

Lauer M S, 2014. Personal Reflections on Big Science, Small Science, or the Right Mix[J]. Circulation Research, 114(7): 1080-1082.

Miguel A, 1999. Jiménez-Montaño. Protein evolution drives the evolution of the genetic code and vice versa[J]. Biosystems, 54(1-2): 47-64.

Prakash O, Jangid K, Shouche Y S, 2013. Carl Woese: from Biophysics to Evolutionary Microbiology[J]. Indian Journal of Microbiology, 53(3): 247-252.

Woese C R, Fox G E, 1977. The concept of cellular evolution[J]. J. Mol. Evol. 10 (1): 1-6.

Woese C R, Fox G E, 1977. The phylogenetic structure of the procaryotic domain: the primary kingdoms. Proc. Natl. Acad. Sci. USA. 74(11): 5088-5090.

Woese C R, Kandler O, Wheelis M L, 1990. Towards a natural system of organisms: proposal for the domains Archaea, Bacteria and Eucarya[J]. Proc Natl Acad Sci USA, 87(12): 4576-4579.

Woese C R, Olsen G J, Ibba M, et al. , 2000. Aminoacyl-tRNA synthetases, the genetic code, and the evolutionary process[J]. Microbiology & Molecular Biology Reviews Mmbr, 64(1): 202-236.

Woese C R, 1965. On the evolution of the genetic code. Proc. Natl. Acad. Sci. USA, (54): 1546-1552.

Woese C R, 1969. The Biological Significance of the Genetic Code[C]. Progress in Molecular and Subcellular Biology, 5-46.

Woese C R, 1970. Molecular mechanics of translation: a reciprocating ratchet mechanism. Nature. 226: 817-820.

Woese C R, 2000. Interpreting the universal phylogenetic tree[J]. Proc Natl Acad Sci USA, 97: 8392-8396.

Woese C R, 2002. On the evolution of cells[J]. Proc. Natl. Acad. Sci. USA(99): 8742-8747.

Woese C R, 2004. A New Biology for a New Century[J]. Microbiology and Molecular Biology Reviews, 68(2): 173-186.

Wolfe C T, 2012. Chance between holism and reductionism: Tensions in the conceptualisation of Life[J]. Progress in Biophysics & Molecular Biology, 110(1): 113-120.

Yarus M, Widmann J J, Knight R, 2009. RNA-Amino Acid Binding: A Stereochemical Era for the Genetic Code[J]. Journal of Molecular Evolution, 69(5): 406-429.

拓展阅读

1. https://zh.wikipedia.org/wiki/卡尔·乌斯.
2. https://blog.sciencenet.cn/home.php? mod=space & uid=61772 & do=blog & id=487845.
3. https://www.nature.com/articles/493610a.
4. https://www.britannica.com/biography/Carl-Woese.
5. https://baike.baidu.com/item/%E5%8D%A1%E5%B0%94%C2%B7%E4%B9%8C%E6%96%AF/596360? fromtitle=Carl%20Woese & fromid=11284791 & fr=aladdin.

第 9 章　克里克（F. Crick）

The ultimate aim of be much more widely understood that to think and to talk incisively about a problem, as Crick frequently did, the modern movement in biology is in fact to explain all biology in terms of physics and chemistry.

——F. 克里克

“人物”是历史研究的重要元素，堪称“题眼”。生物学领域亦是如此，以科学家和科学人物为主题是厘清相关历史研究的有益途径。因为不断推陈出新的理论模型、海量的实验数据和尖端的生物技术与工程，积累了浩瀚的历史卷宗，所以，时常出现分子遗传学领域研究的工作者对生物物理学领域发生的事情感到陌生或“不可知也”的现象。实践证明，各领域科学人物的历史贡献可为了解并深入本领域相关专业课题打开有效通路。

多年来，一些中外生物学人物传记作家功不可没。贾德森（Judson）、奥尔比（Olby）和雷利（Ridley）三位史学家的论著通过大量的第一手资料对生物学人物进行了纪实性研究；2000 年来，任本命、高翼之和郭晓强等在《遗传》《科学》《生命的化学》等学术刊物上发表了对德尔布吕克（Delbrück）、桑格（Sanger）、布伦纳、尼伦伯格等 40 多位中外生物学家的人物研究性文章。诚然，科学史研究离不开人物研究，真实的科学家人生不仅可以带领人们走进专业研究领域，理解科学事业，而且有益科普，并为后辈学者带来教益和启迪！

前几章中陆续介绍了 8 位科学家。本章的主人公是 DNA 双螺旋结构的发现者、遗传密码的重要研究者之一弗朗西斯·克里克（F. Crick）。由于 2013 年专著《弗朗西斯·克里克对遗传密码领域的历史贡献》的出版，克里克个人生平的简介已包含其中，因此，不再赘述。1947—1976 年，克里克在英国剑桥从事分子生物学研究；2004 年，在美国居住地圣地亚哥逝世。[1] 虽然斯人已去，但其科学功绩和理性精神是瑰宝，值得在科学界持续颂扬。

图 9-1　作者与彼得·劳伦斯合影
图片来源：摄于劳伦斯实验室，2014 年 12 月 17 日

这里以 2014—2015 年笔者在英国剑桥访学经历中的调查和访谈（图 9-1）为素材，进一步撰写克里克的科学精神与科学传承。在赴剑桥访学之前，从权威传记中查询了与克里克有联系的可能在剑桥生活的科学家，并设法取得联系，旨在多取视角，与时俱进，去还原研究克里克的科学初心、使命与精神。通过文献、访谈、工作单位官网多方搜求下，确定了与克里克合作过的两位伙伴劳伦斯（Lawrence）和布雷切尔（Bretscher）仍生活在剑桥，他们都为克里克的传记作家奥尔比和雷利写过真诚的书评[2]，共同见证克里克的科学生涯，且为克里克的离世撰文悼念[3]，因此，他们应是与克里克在工作中有直接关联，且最懂克里克的少数人。笔者鼓足勇气分别给他们发了我的科学史研究计划及殷切恳求见面的电子邮件，劳伦斯热情回复，表示支持，但是给布雷切尔的信却似乎石沉大海。本章正是在劳伦斯和布雷切尔的支持下进行的，这两位当今生物学领域的学者再次深入印证了克里克可作万世师表之实，且为我续写克里克传奇的科学人生提供了可靠证据！首先，详细分解克里克的两位杰出同事——劳伦斯和布雷切尔。

---

[1] 李载平. DNA 双螺旋模型共同发现者 Francis Crick 逝世[J]. 生命的化学, 2004(4): 363.

[2] Ashburner M, Bretscher M, Lawrence P. Biography of Crick aims to inspire a wider audience[J]. Nature, 2006, 444(7122): 1002-1002; Lawrence P. A scientist unparalleled[J]. Current Biology, 2009, 19(22): R1015-R1018.

[3] Bretscher M, Lawrence P. Francis Crick 1916—2004[J]. Current Biology, 2004, 14(16): R642-R645.

9.1 克里克的两位杰出同事

9.1.1 劳伦斯

劳伦斯，出生于1941年，是英国剑桥大学动物学系的发育生物学家和昆虫生理学家，如图9-2所示。此人不同寻常，酷爱舞台剧（带克里克去伦敦剧院）和园丁工作，几乎不看电视；在学术上一丝不苟，对学术不端零容忍。❶ 劳伦斯创造了自己辉煌的职业生涯，在生物系统发育模式形成和平面细胞极性方面进行了开创性的工作，他是分析形态发生梯度❷如何同时驱动模式和极性研究的先驱，是发育中间隔区的共同发现者。他一直关注动物如何设计、发育和形成的问题，能够在自己热爱的领域坚持工作50余年足以说明他对科学研究的热爱、坚守与执着。占据劳伦斯长久兴趣的主题有细胞谱系、发育分区、同源基因、平面细胞极性、细胞亲和力、梯度和生长，果蝇是他的实验室首选的模式生物。历数劳伦斯的各项成绩，人们便知其博学高才，垂范学林。

图9-2 彼得·劳伦斯

图片来源：Catarina Vicente 对 Peter Lawrence 的访谈资料

劳伦斯科研著作、论文和书评等颇丰，迄今公开成果共232项，大部分论文发表在世界顶级刊物，如 *Nature*、*Science* 和 *Cell* 等。劳伦斯的学术水平绝对是一流的。1992年，他在牛津布莱克韦尔科学出版公司出版了集合自己多年研究成果之作 *The Making of a Fly*。此书在亚马逊网站上标价飙升，其学术价值和认可度可见一斑。他的学术贡献得到了许多荣誉和认可，头衔与奖励甚多，这里枚举不易，仅选择以下几项便可羡煞旁人：1976年，

---

❶ Lawrence P. The last 50 years: Mismeasurement and mismanagement are impeding scientific research[J]. Current Topics in Developmental Biology, 2016(116): 617-631.

❷ Lawrence P, Casal J. The mechanisms of planar cell polarity, growth and the Hippo pathway: Some known unknowns[J]. Dev. Biol., 2013, 377(1): 1-8.

被选为欧洲分子生物学组织（EMBO）成员；1983 年，成为英国皇家学会成员；1994 年，被授予达尔文勋章；2000 年，被选为瑞典皇家科学院的外国成员；2007 年，荣膺阿斯图里亚斯王子科学研究奖获得者；2006 年至今，一直为剑桥分子生物学实验室（LMB）名誉科学家；2011 年获得发育生物学会（SDB）终身成就奖。[1] 另外，他还是顶尖杂志 *Cell*、*EMBO Journal* 编委会成员。劳伦斯的个人网站（http://making-of-a-fly. me）非常具有学者风范，不仅公开了自己所有的成果（包括对他的访谈），还展示工作和生活环境，非常便于科学史工作者访问和查询。

对自己取得的成绩，劳伦斯依然感谢同事克里克在他从研道路上的传授、指导、引领和积极的影响。他与克里克是非常好的朋友。1969 年，克里克和布伦纳邀请劳伦斯进剑桥的分子生物学实验室工作，因此，他们之间有过一段合作，也建立了深厚的友谊。在克里克去世后，他与布雷切尔共同写了一篇悼文，非常全面总结了克里克在科学人生，高度评价了克里克的才能和人格。当劳伦斯和我谈起来这篇文章时，他非常自豪地认为不仅实现了以文缅怀克里克之愿，而且选用的克里克的头像图片也体现出人文相配，在他的心里，克里克是永远的大英雄和榜样。我非常荣幸在 2014 年 12 月 17 日见到劳伦斯本人，如图 9-2 所示，当他不豪华办公室的墙板上贴着的唯一一张照片映入眼帘时，心潮感动之流涌动，那正是克里克夫妇晚年的生活相片，可见，克里克的精神仍在，后辈的追思无限！

劳伦斯说："For me, Francis is still here, not only in the great discoveries he made that have changed and will change our world, but also as an inspirational example of how to live life to the full, as a scientist."[2]

9.1.2 布雷切尔

马克·布雷切尔（Mark Bretscher），出生于 1940 年，是一位卓越超群的英国生物学家（图 9-3）。布雷切尔起初在剑桥大学学习化学，随后作为布伦纳的研究生，于 1961 年加入卡文迪什实验室 MRC 分子生物学实验室

[1] Lucas M, Peter A. Lawrence awarded Developmental Biology-SDB Lifetime Achievement Award[J]. Dev. Biol. ,2012(362):117-118.

[2] Lawrence P. A scientist unparalleled[J]. Current Biology, 2009, 19(22):R1015-R1018.

LMB。克里克安排他用马纳戈（Manago）制备的各种RNA在体外系统中测试合成多核苷酸的编码特性。❶ 这促使他发现并阐明了一种新的蛋白质合成中间体肽基tRNA复合物的结构和终止密码子。❷

图9-3 马克·布雷切尔

图片来源：https://www2.mrc-lmb.cam.ac.uk/about-lmb/lmb-alumni/alumni/mark-bretscher/mark-bretscher-cv

布雷切尔的研究生涯几乎完全以分子生物学实验室LMB为基础。他于1965年正式加入科研团队，后来成为项目负责人，成果多出现在*Nature*、*Science*、*J. Mol. Biol.*和*PNAS*等杂志。1973年，布雷切尔被选为欧洲分子生物学组织（EMBO）成员；1985年，荣入皇家学会会员；布雷切尔在1986—1995年担任细胞生物学部门主管（克里克离开LMB之前的职务），2005—2013年担任荣誉退休科学家。

布雷切尔的研究涵盖了一系列重要前沿论题。早期的研究（1961—1970年）集中在遗传密码和蛋白质的合成：这包括发现正在生长的多肽链与tRNA的连接，多肽链的启动是如何受到核糖体上直接结合到肽位点的tRNA的影响❸，密码子的早期编码特性和该过程的基本框架，以及一个关于易位如何受影响的拟议方案——杂交位点模型。

以人类红细胞膜为模型，布雷切尔验证了一些蛋白质以不对称的方式跨越双分子层，尽管大多数蛋白质以某种方式与内表面相关（1971—1975年）。❹ 他还发现双分子层中的磷脂不对称分布，因此，提出了这个结果是如何暗示脂质翻转酶的存在。同时，他对理解了跨膜结构域的长度如何影响

---

❶ Bretscher M, Grunbergmanago M. Polyribonucleotide-directed protein synthesis using an E. coli cell-free system[J]. Nature, 1962, 195(4838): 283-284.

❷ Bretscher M. Polypetide chain termination: An active process[J]. J. Mol. Biol., 1968, 34(1): 131-136.

❸ Anderson J, Bretscher M, Clark B. A GTP requirement for binding initiator tRNA to ribosomes[J]. Nature, 1967, 215(5100): 490-492.

❹ Bretscher M. Human erythrocyte membranes: Specific labelling of surface proteins[J]. Journal of Molecular Biology, 1971, 58(3): 775-781.

高尔基体中膜蛋白的分类作出了重要贡献。布雷切尔后来的工作主要是研究动物细胞如何迁移（1976—2013年）。❶ 他极力赞成的方案强调在细胞迁移过程具有一个不对称的内吞周期，其极性由肌动蛋白和微管细胞骨架决定；发现在移动哺乳动物细胞时，被涂层凹陷包裹的表面会返回到细胞前进的顶端：这可以为细胞提供表面和足部来延伸和附着自己。由于循环膜的特殊性质，这会导致细胞表面明显的极性。这种极性的产生可能为发育中的细胞提供不对称性。虽然变形虫有许多与成纤维细胞相同的运动特性，但它们似乎没有类似的两极化内吞周期。❷ 布雷切尔的生平业绩在 LMB 提供的网址：https://www2.mrc-lmb.cam.ac.uk/about-lmb/lmb-alumni/alumni/mark-bretscher 上可一览无余。

非常荣幸，我的真诚及对工作的执着最终得到了布雷切尔的接见，如图 9-4 所示。他尽其所能地为我提供了非常有价值的个人见解和第一手资料。正如他本人与我交流的那样，布雷切尔的研究工作主要是由他自己独立完成的。他的论文确实大部分单独署名，这在当时重视团队合作的西方学术氛围中是很少见的。布雷切尔坦然承认，尽管他是布伦纳的学生，但克里克经常指导他的实验工作，并与之交流，给了他无限灵感；克里克在遗传密码方面的分子生物学成就也来源于布雷切尔在遗传密码和蛋白质合成中的实验结果。

借给于卡斯（Ycas）1969 年出版的 *The Biological Code* 写书评之机，布雷切尔提供了自己看待“遗传密码破译”这一史实的视角。他忠实地点评了这本书，认为“遗传密码问题的解决”是 20 世纪 60 年代前 5 年理解生物学的最重要进展。在这一大背景下，书评字里行间渗透了克里克在遗传密码领域，从编码问题的提出、理论假设到实验破译阶段，一直活跃在基础研究的最前沿，金石可镂。布雷切尔将克里克对问题的警觉、智慧、思考、推理，还包括处于低谷期的失望与哀伤美妙而清晰地展现出来。❸

布雷切尔在最近一篇纪念克里克的文章中写道：“Intellectually, a quite separate development—molecular biology—arose from physicists and chemists

---

❶ Bretscher M, Lutter R. A new method for detecting endocytosed proteins[J]. The EMBO Journal, 1988, 7(13): 4087-4092.

❷ Bretscher M. Getting Membrane Flow and the Cytoskeleton to Cooperate in Moving Cells[J]. Cell, 1996, 87(4): 601-606.

❸ Bretscher M. Perspective on the Code[J]. Nature, 1969, 223(5213): 1389-1389.

studying the structure of proteins. Its intellectual thrust was to discover how information in genes is expressed and controlled. This led to a revolution in our understanding of biology, and no person was more influential in shaping and guiding this emerging field than Francis Crick."❶

图9-4 笔者与马克·布雷切尔

图片来源：摄于剑桥李约瑟研究所，2015年6月23日

9.2 克里克的科学精神与使命传承

克里克曾带领劳伦斯、布雷切尔一起在LMB下设的细胞学部工作。LMB起源于1947年，当时卡文迪什实验室主任布拉格（Bragg）向英国医学研究委员会（MRC）提议建立分子生物学单位（MBU）。起步的MBU筚路蓝缕，实验室只有两个人相互支撑：奥地利的蛋白质晶体学家佩鲁兹（Perutz）和他的英国学生肯德鲁（Kendrew）。后来，克里克成为佩鲁兹的博士研究生，当时沃森与肯德鲁从事博士后工作。接下来"科学家群体"在这里参与了震古烁今的分子生物学革命（20世纪五六十年代），在布拉格的带领下，系列重磅成果（诺贝尔奖）隆重登场：最早的蛋白质结构解析、DNA双螺旋模型、蛋白质与核酸作用的结构分析、Sanger测序法、单克隆抗体等。LMB被誉为"诺贝尔奖工厂（The Nobel Prize Factory）"。在20

❶ Bretscher M, Mitchison G. Francis Harry Compton Crick OM. 8 June 1916—28 July 2004[J]. Biographical Memoirs of Fellows of the Royal Society, 2017: rsbm20170010.

世纪 80 年代初，该实验室的固定研究人员只有 69 人，获得诺贝尔奖的却高达 8 人，成为世界上获诺贝尔奖密度最高的生物学实验室。

LMB 的荣耀令人叹为观止。那么，这里面一定赋予了一种可能自成立就有的先天的实验室文化，传承着一种“求真”的科学精神和使命。最初，虽然只有师生两位步履维艰，但二人整天待在小破屋里，充满了研究的热情、专注和干劲儿，用布拉格发展的 X 射线衍射技术探究血红蛋白和肌红蛋白的化学结构。佩鲁兹对血红蛋白的 X 射线研究始于 1937 年，但一直没有突破，直到 1959 年，较高分辨率的图像才出现。期间，科研所需经费几乎由布拉格支持。在布拉格的积极影响下，佩鲁兹和肯德鲁分别对他们的学生克里克和沃森也非常包容和支持，正是这样，克里克、沃森二人才能投入兴趣所在的 DNA 结构并反复建立模型。

不急于求成，心无旁骛又专注求真的精神弥漫在整个 LMB，“经费支持”的传承只是一个“缩影”。佩鲁兹在行政和经费上后来也支持布伦纳(做很多人视为笑柄的线虫研究)；布伦纳后来支持他人研究细胞的解析和胚胎分析……因此，正是这样的相互激励、信任、支持才传承且催生出了一个又一个创造性的成果。

正如佩鲁兹所言，“No politics, no committees, no referees, just talented highly motivated people”[1]。实验室成员彼此之间也没有年龄和声望的差别，劳伦斯、布雷切尔就在这样的实验室环境的熏染下成长起来。LMB 的成功和繁荣为世界学术团体提供了典范，它的实验室运行理念中一定蕴含了科学的人文精神，值得仿效，更重要的是，科学研究活动遵循一定的组织性，科学家团体的精神和使命具有连续性和继承性。那么，克里克究竟是如何传承科学精神和使命的呢？针对这一问题本节将从以下两个角度深入阐述。

9.2.1 根植实验，创新理论

贾德森不遗余力地评价克里克是一位杰出的理论家。的确，DNA 结构的阐明、中心法则的提出和遗传密码表的综合，包括后来为人类意识研究

[1] Radda S. Max Ferdinand Perutz 1914—2002[J]. Nat. Med., 2002, 8(3): 205; Judson F. First among Equals-Francis Crick. New England Journal of Medicine, 2004, 351(9): 858.

指明方向的“惊人的假说”无不昭示出克里克大胆睿智的理论家形象。❶ 然而，他却是先锋式的根植实验且创新不竭的理论供应者。这里必须讨论的一个细节是双螺旋结构的揭示。纵然基于有限 DNA 结构数据，并受鲍林 α 螺旋结构模型的启发，克里克与沃森共同认识到搭建 DNA 模型是解决问题的关键。❷ 但是，当双螺旋模型产生，理论上他们推断出该分子结构是双螺旋后，克里克仍然忐忑而渴望知悉伦敦帝国理工学院威尔金斯（Wilkins）和富兰克林（R. Franklin）的实验数据能在多大程度上支持他们的结论，因此，克里克固然喜欢假说、推理和演绎，但是，他的所有这些科学活动显然期待来自实验数据的反哺；与实验相比，克里克擅长出炉理论假说的能力在学术圈被广泛认可，部分原因可能是人们对诺贝尔奖的敏感度——克里克的名字与 DNA 光环是绑定的。他在 DNA 结构上的成功依赖模型建构和预测推理，而非富兰克林期许的扎实的生物学实验室工作，这一点似乎令人误认为克里克没有实验能力。事实是如果有必要，克里克会亲自动手准备实验，更不会轻视实验室研究人员的精心设计、反复操作，以及实验可能带来的耗时费力。

接下来讨论克里克在中心法则修正中对实验表现的态度。中心法则是克里克在 DNA 双螺旋框架之下，结合编码问题的思考，将分散的研究问题、经验和部分结果集合起来而提出的非常具有预测性的假说之一。这一思想来源于 1957 年 9 月 19 日在伦敦大学学院生物大分子复制研讨会上克里克（作为实验生物学学会的一分子）所作的演讲。主要内容是借助基因序列的比较来研究进化，这是生命科学史上的重大转折。这场演讲的影响力之大，超出了人们的想象，截至 2017 年——中心法则问世 60 周年，累积被引 800 多次❸，其观点至今仍然是人们理解生命整体的基本出发点，被誉为“分子生物学的框架”。然而，“中心法则”经历了源于实验方面的两次修正，其中也有来自科学史家视角的分析和诠释。❹ 1970 年，在尊重实验的基础上，

---

❶ Judson F. First among Equals-Francis Crick[J]. New England Journal of Medicine, 2004, 351(9): 858.

❷ 孙咏萍. 弗朗西斯·克里克的科学人生[J]. 遗传, 2012, 34(12): 1638-1642.

❸ Matthew C. 60 years ago, Francis Crick changed the logic of biology[J]. PLOS Biology, 2017, 15(9): e2003243.

❹ Bruno J S. A world in one dimension: Linus Pauling, Francis Crick and the central dogma of molecular biology[J]. Hist. Philos. Life Sci., 2006, 28(4): 491-512.

克里克就其中人们质疑的信息转运问题，积极而坚定地回应，并对中心法则作了必要的理论诠释与创新。

克里克是一位根植于实验的理论家，这个观点更能在遗传密码研究中找到证据。在遗传密码领域，他的研究首先是从理论上起始的，为破解密码子和氨基酸之间的对应关系，他与伽莫夫（Gamow）等合作者先后探索了多种编码方案，甚至错误提出“无逗号密码假说”❶，而当他在生物化学大会意识到美国生物学家尼伦伯格的实验结果时，原来困扰多时的编码问题开始逐渐拨开云雾，遂抛弃错误观点“无逗号密码假说”，及后来的“把 rRNA 当作 mRNA”。回到剑桥后，他开始身体力行，充分设计能在一天内有效展开多组的密码子三联体验证实验（1961 年）——被称为是密码研究中具有决定性意义的实验之一。❷ 克里克相当重视实证，而且当时用实验来确证预先的设想已然成为他密码研究中一种强烈的科学诉求；同时，他兼顾对布雷切尔的实验的指导，希望从他的无细胞蛋白质合成研究中获得有价值的结果。布雷切尔回忆，1962 年，他发表的文章用到的密码子“Codon”一词是克里克指导和建议他使用的，事实上，这个词是克里克与布伦纳讨论时布伦纳首先发明的。

生物化学家打开解码实验之门后，克里克密切关注他们的实验进展态势。他经常与霍拉纳（Khorana）、尼伦伯格和奥乔亚（Ochoa）进行实验上的数据交流，讨论密码所呈现的特征，还指引他们下一步的实验方向。1966 年克里克写道：“1965 年，我来到美国，基于早期尼伦伯格和莱德（kder）最近的实验数据整理了一张反映密码子与氨基酸排布情况的密码表。不久，我又从霍拉纳的实验数据看到了与尼伦伯格相同的一些实验结果。”❸ 1965 年 3 月，大部分密码子破解工作已经完成，克里克和奥格尔（Orgel）开始尝试讨论反义密码子问题，催生了著名的密码子“摆动假说”❹。

另外，一个更有说服力的事实是尼伦伯格和霍拉纳的实验结果都显示

---

❶ 孙咏萍. 弗朗西斯·克里克的科学人生[J]. 遗传,2012,34(12):1638-1642.

❷ Crick F, Barnett L, Brenner S, et al. General Nature of the Genetic Code[J]. Nature, 1961(192):1227-1232.

❸ Crick F. The Genetic Code—Yesterday, Today, and Tomorrow[J]. Cold Spring Harb Symp Quant Biol, 1966(31):3-9.

❹ Crick F. Codon—anticodon Pairing: the Wobble Hypothesis[J]. J. Mol. Biol., 1966, 19(2):548-555.

“UAA，UAG和UGA”没有对应的氨基酸，那么，造成这个结果的原因是具有两重性的，一方面是它们的确不编码，是无意义的密码子；另一方面就是编码还没有找到合适的证据。布伦纳从实验上验证了UAA和UAG是无意义密码子，克里克主要指导进行了UGA为第三个无意义密码子的理论预测和实验证明。❶ 克里克第一个承认密码子的语义是在实验中突破的。但64个密码子与氨基酸（终止信号）关系的发现却再次证明了：在密码研究中，理论不断创新与实验层出证据交织同向、相辅相成并螺旋式前进，这恰是自然科学研究的必由之路和正确选择。

自我意识在经典分子生物学中的使命完结，果断开辟新研究领域是克里克的坚持不懈追求真理的显著特征之一。1969—1970年，克里克开始与劳伦斯合作开赴发育生物学领域的上皮细胞“梯度”问题。❷ 劳伦斯的角色是在克里克的指导下，展开实验方面的设计操作；克里克则保持与劳伦斯实验数据联系和对话者的身份，他们共同提出了“间隙理论”❸。间隙理论正是在避开复杂细节细胞组织成分的基础上，并在回归“简单性”和“大局”（Big Picture）思维下直觉产生的创造性假说。克里克这种善于运用已有数据反复进行思想实验、提出方案并解决问题的能力启发了勤奋聪明的劳伦斯，更强烈的是，“大局”思维令克里克成为劳伦斯最佩服的科学家，为此，劳伦斯也受益匪浅，他甚至分析认为克里克的这一能力承接于导师佩鲁兹。❹

劳伦斯从他与克里克的合作中深切感受到把握“简单性”和“大局”思维在生物学研究中至关重要。1975年，他们基于“间隙理论”将发育的两个中心机制：细胞谱系和形态发生梯度联系起来的成果发表在*Science*上。劳伦斯认为在科研中应该更多地尝试模仿克里克的策略。❺ 这不是一个自然的方法，但它可以是非常有效的，这种直觉理性的判断可以帮助科学家透

---

❶ Crick F. What mad pursuit: a personal view of scientific discovery[M]. New York: Basic Books, 1988, 134-142.

❷ Lawrence P, Crick F, Munro M. A gradient of positional information in an insect[J]. Rhodnius, 1972, 11(3): 815-853.

❸ Crick F, Lawrence P. Compartments and polyclones in insect development[J]. Science, 1975, 189(4200): 340-347.

❹ Vicente C. An interview with Peter Lawrence[J]. Development, 2016(143): 183-185.

❺ Crick F, Lawrence P. Compartments and polyclones in insect development[J]. Science, 1975, 189(4200): 340-347.

过混乱的信号看到整个森林中的木头，却避免撞上树木。❶

可以肯定地认为，克里克的理论工作不是脱离而是根植于实验的，而且他对实验结果通常具有预测性的期待。克里克在转向生物学领域研究之前，是一位善于动手实验的物理学家。克里克的导师，理论物理学家安德鲁（Andrade）评价他道❷：“He showed great ability as an experimental and theoretical physicist, has an ingenious and lively mind and shaped very well as a research student. He is a very able physicist with plenty of initiative.”此后，他相继来到斯传威实验室和卡文迪什实验室，都涉猎实验研究。应该说克里克在卡文迪什实验室受过很好的学术氛围熏染，师从佩鲁兹教授，同时也影响着他的后辈——布雷切尔和劳伦斯等。其实，当时还有一位克里克细胞学部实验室的后辈施泰茨（Steitz）可圈可点，她与布雷切尔合作，专注于细菌如何知道在哪里开始 mRNA 的“阅读框架”的问题，后来成绩斐然，声名鹊起。2018 年，施泰茨因在 RNA 生物学方面取得的开创性发现以及对年轻科学家的慷慨指导荣获 Lasker-Koshland 医学科学特别成就奖。鉴于她的杰出贡献，施泰茨的同行们向她表达了最深切和崇高的敬意！

克里克根据生物学研究中的自身实践（挫折与成功）对理论与实验持有独到的见解。他充分认识到普遍的否定性假说的重要性，因为尽管假说被否定了，但它还是为研究整体趋于正确的方向迈出了关键性一步。令人担心的是理论工作中存在将一种理论看作自然机制真正的好模型，然而实际上未经实验验证的理论（假说）仅仅是一个“权宜”之计。理论家喜欢抱着自己的“理论”不放，甚至不相信他们仅在某些方面很符合、很恰当的理论极有可能是完全错误的。克里克强调理论家应该自问，“我建立的这类理论要素是什么？应该怎样检验它？是否需要用某些新的实验方法来进行检验？”。

理论家不能满足于对自己的理论小范围修补，而认为第一次尝试就能作出好的理论，那更是无可能性的。做学问的人必须保持清醒意识：在获得成功之前，必须一个接一个地提出理论。正是摒弃一种理论，大胆采用另一种理论的过程，让研究者能够获得为实现目标而具备了批判性和不偏

---

❶ Lawrence P. Francis Crick：A Singular Approach to Scientific Discovery[J]. Cell，2016(167)：1436-1439.

❷ Olby R. Francis Crick，DNA，and the Central Dogma[J]. Daedalus，1970，99(4)：938-987.

不倚的态度。一个好的理论可以提出创新的实验，不仅能产生惊人的预言，而且日后还能被证明是正确无疑的。❶ 因此，也正是克里克对理论和实验工作的深刻认识促使其形成了一方面追求在大图景下，遵循简单逻辑，相信“Don't worry hypothesis”❷，尝试理论创新；另一方面寻找不同类型的实验证据，期待深刻了解，严格推敲，最终觅到解决问题之门的钥匙。

9.2.2 治学求真，谨慎署名

献身科学、品味科学、尊重科学和治学求真的科学精神在克里克根植实验和创新理论的研究风格和科学实践中彰显尽致。他从物理学转向生物物理学、分子生物学、发育生物学和神经生物学中涉猎的每一个前沿科学问题，无不是洞察问题、深思方法、追问真相的一系列狂热追求的过程。仍以遗传密码研究为例，密码子和氨基酸的编码关系从美国三个实验陆续出炉后，密码子 UGA 的语义始终悬而未决。为了澄清它到底是否编码，克里克果断认定直接的证明必须由实验来完成。合作者布伦纳巧妙设计了复杂的遗传学检验方法，然而，实验结果总难令人满意。整理实验结果时，克里克发现实验并没有尝试所有的可能性，执着的精神命令研究组补上漏掉的所有实验。最后的真相有力地证明 UGA 的确与终止信号对应，不匹配任何氨基酸，是无意义密码子。

这篇关于“UGA 是第三个无意义密码子”的论文发表在 *Nature* 杂志上。克里克吃惊地发现论文中竟然有他的名字，遂问究竟。布伦纳回应说：“因为你总是唠叨个没完。”可见，克里克并没有充分估计他在无意义密码子 UGA 确定中的努力和贡献，甚至认为自己的名字写入作者之列真是意外。为此，克里克在自传《狂热的追求》一书中流露：“因为实验室的惯例是只写那些对实验有重要贡献的人的名字，仅有善意的建议是不够的。”

这段史实映射两个方面：其一，是“求真”，因为美国实验室没有测到与 UGA 匹配的氨基酸，并不代表它一定是无意义的密码子，需要证实；其二，论文的署名必须“谨慎”，虽然克里克是课题组的领导，但是科学研究

---

❶ Crick F. What mad pursuit: a personal view of scientific discovery[M]. New York: Basic Books, 1988: 134-142.

❷ Lawrence P. Francis Crick: A Singular Approach to Scientific Discovery[J]. Cell, 2016 (167): 1436-1439.

成果不能随意冠名，须有真正贡献❶，否则是对科学的亵渎。他的治学求真也深深感染了劳伦斯。劳伦斯刚正不阿，直言不讳地批评当前的科学研究。第一件事是他与麦金尼斯（Mcginnis）为著名的发育生物学家葛林（Gehring）的书 *Master Control Genes in Development and Evolution* 写的书评，发表在 *Nature* 上。麦金尼斯是葛林的博士后，而劳伦斯作为旁观者"揭竿而起"。通常的书评都是把一本书说得很好，然后提一点细枝末节的小意见，但在此篇评论中，两人抨击和嘲讽葛林在书中无限夸大吹捧了自己的贡献，而贬低和淡化了团队中博士后的参与和付出："this book omits the fits and starts, the blind alleys pursued, the struggles with techniques and the endless doubts. It does not illustrate the part that timeliness and luck play in nearly every discovery."❷ 并且把一些"瞎猫碰着死耗子"的发现讲述成"福尔摩斯式"的动人故事。这是尖酸刻薄的评价，却是他们真实的心声。

第二件事则是成果署名问题，劳伦斯特别抨击导师论文冠名现象。劳伦斯回忆与克里克的合作，"克里克贡献巨大，包含理论和实验两方面的智力付出，当然两个人没有谁都不能写出 1975 年刊登在 *Science* 上的作品，然而就论文署名的顺序问题，克里克让劳伦斯来决定"❸，且他们共同发表的文章也不过两篇。劳伦斯还谈到："Francis' philosophy of not putting his name on the papers of others unless it was really earned was an important one, especially nowadays when many so-called authors do not know enough about how the results were obtained to take any real responsibility for a paper's contents. This philosophy began early—Watson chose to be first on the initial DNA paper and Crick was content; authorship of the next paper was decided by the toss of a coin, which Watson won even though Crick 'almost entirely' wrote the paper."❹ 克里克提携后进，而不是去剥夺手下合作者的成果，他介绍了克里克作为导

---

❶ Crick F. What mad pursuit: a personal view of scientific discovery[M]. New York: Basic Books, 1988: 134-142.

❷ Lawrence P, McGinnis W. "Master Control Genes in Development and Evolution" by W. J. Gehring[J]. Nature, 1999(398): 301-302.

❸ Lawrence P. Francis Crick: A Singular Approach to Scientific Discovery[J]. Cell, 2016(167): 1436-1439.

❹ Lawrence P. A scientist unparalleled[J]. Current Biology, 2009, 19(22): R1015-R1018.

师的科学家胸怀和格局。例如，在美国索尔克实验室，克里克与科赫（Koch）共同致力于“意识”研究，他知道自己时日不多，极力激励年轻的科赫延续研究，且可将成果单独发表。

维森特（Vicente）和加伍德（Garwood）曾对劳伦斯做过非常有时代特点和意义的访谈。访谈中劳伦斯表达了对学术圈一些不公（rank injustice）现象的忧虑，同时讲到他本人所传承的学术规范与道德。从加伍德对劳伦斯的访谈题目——A conversation with Peter Lawrence, Cambridge “The Heart of Research is Sick” 可推断，劳伦斯对学术乱象持有很强的悲观主义态度。他大力呼吁导师和学术团队的领导绝对不能侵占正在发展自己学术生涯的年轻学子的成果，这会扼杀研究型人才的信心和科研旨趣；同时坦言自身得到了导师学术品质的教化和熏染，“In a better world, as my mentors Wigglesworth and later Crick taught me, one's career was built on one's own contribution.”❶ 在这里，劳伦斯把克里克置于与其博士导师维格斯沃思（Wigglesworth）爵士一样的地位。因此，在科学研究的方方面面，克里克影响劳伦斯至深，可称为学术佳话，值得赞美。

布雷切尔说：“没有克里克的赏识与指导，就没有我今天的成绩，在科学研究中，特别是实验方面，克里克给了我无私的指导和不计较时间的讨论。”但是他和克里克共同署名的文章数量为0。因此，从克里克在LMB从事分子生物学领域的工作氛围和涵养的学术道德来看，治学求真，不计较署名，提携后进是科学家学术团体和个人必须肩负的责任和使命。

还要附加一点，即将退休的劳伦斯先生是一个“非常真性情”的人。实际上，劳伦斯最大的兴趣就是生物学研究，并为这个给人类带来福祉的科学（包括为之奋斗的年轻学者）怀有永恒的热爱与期望。他缅怀克里克的科学人生，洞察到珍贵的理性精神和价值。劳伦斯确信：克里克接受了达尔文（Darwin）的建议——让理论去指导你的观察，否则一个人可能会陷入沙砾坑里数鹅卵石和描述颜色。劳伦斯还鼓励今天的年轻科学家树立更高的目标，但这并不意味着去发更多的文章，而是去指向更大、更有挑战和冒险意识的问题。在现实世界里，这是唯一获得创新的办法，因为，从长远来看，一个人若欲利用在当时看来显而易见且务实的东西去研究谋利

---

❶ Garwood J. A conversation with Peter Lawrence, Cambridge. “The Heart of Research is Sick”[J]. Lab Times, 2011(2): 24-31.

则终将会一事无成。❶ 这不能不说是克里克式的前瞻性“大局”思维！

9.3 分析与结论

克里克是一位有魄力、有学术风范、勇于践行“大生物科学”研究❷的先行者，他的科学生涯传奇而真实。一生勇闯生物学不同领域，求知若渴，狂热追求的克里克以对科学的热爱、奉献和尊重取得了突出的历史成就，对后世的影响之大可从基因组学、蛋白质组学、医药制造与基因工程的发展去追溯和评判。

众所周知，包括克里克的同时代的科学家们联合将我们推进了一个崭新的科学时代，使人类能够从分子水平上全面了解自身。不仅如此，克里克根植实验，创新理论的科学精神与使命传承留给了我们丰富的科学思想和不朽的精神财富；他也警醒从事科学研究的学者们：若有治学求真的格局与胸怀，就不必在意论文标题下面的署名有无与先后，这一点正是学术界必须深思的问题。

2015 年 11 月在伦敦竣工的弗朗西斯·克里克研究所辉煌雄伟，过往的人们都会不禁驻足。这个研究所是由获得 2010 年诺贝尔奖的遗传学家纳斯（P. Nurse）提议建立的一个欧洲世界领先巨型实验室。该研究所官方网站介绍：2021 年，这家耗费 6.5 亿英镑（约 63 亿元人民币）、占地 9.3 万平方米的研究所将全功率运行，将有 1600 位科学家和工作人员在这里工作；作为一个慈善机构的研究所，科学家、医生、学者、工程师、社会科学家和其他人士将组成一个跨学科的医学研究中心，他们将在此进行生物和医学研究，以帮助更好地了解疾病发展的原因，并寻找诊断、预防和治疗一系列疾病的新途径，因此，这个以克里克名字命名的王牌研究所是克里克为世界作出重要贡献名垂千古的最好纪念；它的责任与使命将激励全世界无数优秀年轻科学家共同推进生物学基础研究和应用产业的发展与繁荣！

---

❶ Lawrence P. Francis Crick：A Singular Approach to Scientific Discovery[J]. Cell,2016(167)：1436-1439.

❷ Christine A. Francis Crick，cross-worlds influencer：A narrative model to historicize big bioscience[J]. Studies in History and Philosophy of Science Part C：Studies in History and Philosophy of Biological and Biomedical Sciences,2016(55)：83-95.

克里克离世后，科学家、历史学家及档案工作者以公允的口吻写下彪炳他璀璨一生的纪念之作❶，但是我们并不认为克里克生前的一切都清晰地呈现在人们面前了，人们已经完全读懂了他，或者说对他的研究已经足够了。人物研究不能孤立地就人论人，而要考察人物生存的背景与时代，尤其要分析人物的生活经历，尽可能掌握第一手资料，这样才能理解人物的思想与行动，所谓知人论世，亦即知世论人也。我们相信包括克里克的群体科学家在分子生物学领域和神经生物学领域的科学活动值得进一步应用内外史结合的方法系统研究，这也是“大科学”研究中不能回避的科学史课题。毋庸置疑，研究科学家们相信科学、热爱科学、尊重科学和献身科学的心路历程必定会为当前科学研究提供人文关怀和方法指导，其意义炳若观火！

参考文献

李载平,2004. DNA 双螺旋模型共同发现者 Francis Crick 逝世[J]. 生命的化学(4):363.

孙咏萍,2012. 弗朗西斯·克里克的科学人生[J]. 遗传,34(12):1638-1642.

Anderson J, Bretscher M, Clark B, 1967. A GTP requirement for binding initiator tRNA to ribosomes[J]. Nature, 215(5100):490-492.

Ashburner M, Bretscher M, Lawrence P, 2006. Biography of Crick aims to inspire a wider audience[J]. Nature, 444(7122):1002-1002.

Beckett C, 2004. For the Record: The Francis Crick Archive at the Wellcome Library[J]. Medical History, 48(2):245-260.

Bretscher M, Grunbergmanago M, 1962. Polyribonucleotide-directed protein synthesis using an E. coli cell-free system[J]. Nature, 195(4838):283-284.

Bretscher M, Lawrence P, 2004. Francis Crick 1916—2004. Current Biology, 14(16):R642-R645.

Bretscher M, Lutter R, 1988. A new method for detecting endocytosed proteins[J]. The EMBO Journal, 7(13):4087-4092.

---

❶ Beckett C. For the Record: The Francis Crick Archive at the Wellcome Library[J]. Medical History, 48(02):245-260; Ridley M. Francis Crick: Discoverer of the Genetic Code[M]. USA: Harper Collins Publishers, 2006, 1-10.

Bretscher M, Mitchison G, 2017. Francis Harry Compton Crick OM. 8 June 1916—28 July 2004[J]. Biographical Memoirs of Fellows of the Royal Society(10).

Bretscher M, 1968. Polypetide chain termination: An active process[J]. J. Mol. Biol., 34(1): 131-136.

Bretscher M, 1969. Perspective on the Code[J]. Nature, 223(5213): 1389-1389.

Bretscher M, 1971. Human erythrocyte membranes: Specific labelling of surface proteins[J]. Journal of Molecular Biology, 58(3): 775-781.

Bretscher M, 1996. Getting Membrane Flow and the Cytoskeleton to Cooperate in Moving Cells[J]. Cell, 87(4): 601-606.

Bruno J S, 2006. A world in one dimension: Linus Pauling, Francis Crick and the central dogma of molecular biology[J]. Hist. Philos. Life. Sci., 28(4): 491-512.

Christine A, 2016. Francis Crick, cross-worlds influencer: A narrative model to historicize big bioscience[J]. Studies in History and Philosophy of Science Part C: Studies in History and Philosophy of Biological and Biomedical Sciences(55): 83-95.

Crick F, Barnett L, Brenner S, et al., 1961. General Nature of the Genetic Code[J]. Nature(192): 1227-1232.

Crick F, Lawrence P, 1975. Compartments and polyclones in insect development[J]. Science, 189(4200): 340-347.

Crick F, 1966. Codon—anticodon Pairing: the Wobble Hypothesis[J]. J. Mol. Biol., 19(2): 548-555.

Crick F, 1966. The Genetic Code—Yesterday, Today, and Tomorrow[J]. Cold Spring Harb. Symp. Quant. Biol. (31): 3-9.

Crick F, 1988. What mad pursuit: a personal view of scientific discovery[M]. New York: Basic Books: 134-142.

Garwood J, 2011. A conversation with Peter Lawrence, Cambridge. "The Heart of Research is Sick"[J]. Lab Times(2): 24-31.

Judson F, 2004. First among Equals - Francis Crick[J]. New England Journal of Medicine, 351(9): 858.

Lawrence P W, Mc Ginnis, 1999. "Master Control Genes in Development and Evolution" by W. J. Gehring[J]. Nature(398): 301-302.

Lawrence P, Casal J, 2013. The mechanisms of planar cell polarity, growth and the

Hippo pathway:Some known unknowns[J]. Dev. Biol. ,377(1):1-8.

Lawrence P,Casal J,2018. Planar cell polarity:two genetic systems use one mechanism to read gradients[J]. Development(145):168229.

Lawrence P,Crick F,Munro M,1972. A gradient of positional information in an insect[J]. Rhodnius,11(3):815-853.

Lawrence P, 2009. A scientist unparalleled [J]. Current Biology, 19 (22): R1015-R1018.

Lawrence P,2016. Francis Crick:A Singular Approach to Scientific Discovery[J]. Cell(167):1436-1439.

Lawrence P,2016. The last 50 years:Mismeasurement and mismanagement are impeding scientific research[J]. Current Topics in Developmental Biology(116): 617-631.

Lucas M,Peter A,2012. Lawrence awarded Developmental Biology-SDB Lifetime Achievement Award[J]. Dev. Biol. (362):117-118.

Matthew C,2017. 60 years ago,Francis Crick changed the logic of biology[J]. PLOS Biology,15(9):e2003243.

Olby R,1970. Francis Crick,DNA,and the Central Dogma[J]. Daedalus,99(4): 938-987.

Radda S,2022. Max Ferdinand Perutz 1914—2002[J]. Nat. Med. ,8(3):205.

Ridley M,2006. Francis Crick:Discoverer of the Genetic Code[M]. USA:Harper Collins Publishers:1-10.

Vicente C, 2016. An interview with Peter Lawrence [J]. Development (143): 183-185.

扩展阅读

1. https://www. nobelprize. org/prizes/medicine/1962/crick/facts.

2. 诺贝尔医学奖奖章落户百慕迪再生医学中心. 新民晚报数字报[引用日期 2014-10-30].

3. DNA 之父家书被拍卖 530 万美元天价落槌(图). 人民网. [引用日期 2013-04-11].

第 10 章　罗辽复（L. F. LUO）

生命是作为一种基因的装置而存在。对人来说除了生物基因，还有另一种酷似基因，可复制可传播并进化着的东西，这就是文化基因。我们每一个人为传播文化基因而作的种种努力，都是美丽动人的。

——罗辽复

在揭示生命奥秘的过程中，人们日益深刻地认识到大自然以遗传密码的形式提供生命体发育程序的意义，生物体的形体、结构、特征和功能都主要是 DNA 信息通过遗传密码表达于蛋白质组的结果。遗传密码这组生命世界“内部信号”始终为理论生物物理学、分子生物学和分子遗传学前沿研究的核心问题。分子生物学家将遗传密码的一个代码定义为表示四个字母的核酸语言和 20 个氨基酸字母的蛋白质语言之间关系的“小字典”❶。自此字典建立以来，遗传密码的变异❷、扩展❸和进化❹，终止密码子的特殊

---

❶ Gamow G. Possible Relation between Deoxyribonucleic Acid and Protein Structures[J]. Nature,1954(173):318;Crick F H C. On the Genetic Code[J]. Science,1963,139(3554):461-464.

❷ Turmel M,Otis C,Lemieux C. A deviant genetic code in the reduced mitochondrial genome of the picoplanktonic green alga Pycnococcus provasolii[J]. J. Mol. Evol.,2010,70(2):203-214;Matsumoto T,Ishikawa S A,Hashimoto T,et al.,A deviant genetic code in the green alga-derived plastid in the dinoflagellate Lepidodinium chlorophorum[J]. Mol. Phylogenet. Evol.,2011,60(1):68-72.

❸ Wang L,Brock A,Herberich B,et al.,Expanding the genetic code of Escherichia coli[J]. Science,2001,292(5516):498-500;Chin J W. Expanding and reprogramming the genetic code of cells and animals[J]. Annu. Rev. Biochem,2014(83):379-408.

❹ Wetzel R. Evolution of the aminoacyl-tRNA synthetases and the origin of the genetic code[J]. J. Mol. Evol.,1995(40):545-550;Seaborg D M. Was Wright right? The canonical genetic code is an empirical example of an adaptive peak in nature;deviant genetic codes evolved using adaptive bridges[J]. J Mol. Evol.,2010,71(2):87-99.

性[1]便成为这一领域的焦点问题[2]。

遗传密码的确是人类加深生命起源与本质认识的重要媒介，50余年来，国内外科学家从实验和理论角度仍然保持着遗传密码研究的高度热情，涌现出很多杰出的学者及重要成就。在国内，罗辽复在遗传密码方面的研究起步最早，成果颇多，在国际上影响力很大。1988—1989年罗辽复在*Origins of life*上发表了讨论遗传密码逻辑的高质量研究论文，得到了多国研究者的广泛认可。在“群体科学家对遗传密码领域的历史贡献研究”中，罗辽复的工作不仅让课题无法绕开，而且是弥足珍贵的组成部分。罗辽复的研究成果为遗传密码研究的发展提供了新的方向与思路。于此，我们首先尝试将罗辽复的科学人生做一个概括性介绍，旨在易于理解先生的科学研究背景和科学活动全貌。

10.1 罗辽复生平及主要贡献

10.1.1 人物履历

罗辽复，1935年9月19日出生于上海，男，汉族，安徽歙县人。在他的眼里，父亲是一位半生潦倒的诗人，国学根底深厚，母亲善良而坚毅。父母为他起名“辽复”，是为了提醒他永不忘出生于国难纪念日。抗战胜利那年，罗辽复该升中学了，因为交不起学费而辍学在家几个月，父亲教他《论语》和《孟子》。“天将降大任于是人也，必先苦其心志，劳其筋骨，饿其体肤，空乏其身，行拂乱其所为，所以动心忍性，增益其所不能。”这些经典语句潜入罗辽复内心深处，暗暗地影响着一个少年的成长和成熟。从中学开始，罗辽复就对科学产生了浓厚的兴趣。课余时间，他总是找来科

---

[1] Stahl F W. The amber mutants of phage T4[J]. Genetics, 1995, 141(2): 439-442; Brenner S, Barnett L, Katz E R, et al. UGA: A Third Nonsense Triplet in the Genetic Code[J]. Nature, 1967, 213(5075): 449-450; 陈颖丽，李前忠. E. coli 和 Yeast 基因起始与终止密码子邻近序列碱基保守性、关联性的对比研究[J]. 内蒙古大学学报(自然科学版), 2000(2): 164-167.

[2] 罗辽复. 基因组信息、密码进化、折叠动力学和熵产生——理论生物学的几个基本问题[J]. 科技导报, 2010, 28(15): 106-111.

学方面的课外书，常常徜徉书海，废寝忘食。

有一次，他看到一本书中讲到“一个人如果用超光速的速度在运动的时候，他看到地面上的景象就是倒过来的”。罗辽复觉得这个奇异的现象特别有意思，便开始寻找原因，追寻答案的过程激发了他对物理最初的热爱。从那以后，罗辽复心里埋下了一个愿望：去物理学科排名全国第一的北京大学上学。

1958 年，罗辽复毕业于北京大学物理系，支边来到内蒙古大学工作。他历任讲师、副教授、教授、理论物理研究室主任，博士生导师，是内蒙古大学建校元勋、物理学科奠基人、内蒙古的最美支边人。❶ 60 余年来，一直默默钟情地奉献在教学第一线。在职期间，曾担任《内蒙古大学学报》（自然科学版）副主编、内蒙古物理学会理事长、《物理学进展》编委、中国物理学会理事、中国生物物理学会理事、连续三届全国政协委员及国际生命起源学会会员等职。1959 年，罗辽复开始研究理论物理，连续在《中国物理学报》《科学通报》等刊物发表“粒子物理”论文。1974 年，复刊的《物理学报》最初几期经常有罗辽复及其与别人合写的文章发表。他十分热衷于粒子物理、高能天体物理及理论生物物理学领域的研究。

1976 年，杨振宁访华回美后曾说：“中国的科技正以惊人的速度向前发展，在广州、云南甚至边远地区的内蒙古大学都有许多先进的科学成就。”（见 1976 年 6 月《参考消息》，这包含对罗辽复业绩的肯定。）20 世纪 70 年代中后期，罗辽复与南京大学、中国科技大学的研究组合作，对高能天体物理的一系列课题进行了研究，发表了多篇论文。当时，高能天体物理这一边缘学科在我国是初创时期，这些成果在学术界产生了积极的、良好的反响。1982 年后，罗辽复开始转向理论生物物理研究。当时，从理论物理转向生命科学的研究全国可能只有极少数人。

罗辽复带领他的研究团队探索着这个崭新的方向。在生物分子手性起源、构象电子场理论和构象动力学、遗传密码的逻辑、核酸和氨基酸序列的进化、序列和结构功能的关系等课题上进行了多方面的研究，其研究论

---

❶ http://inews.nmgnews.com.cn/system/2019/08/22/012763814.shtml。在全党深入开展“不忘初心、牢记使命”主题教育，以崭新面貌迎接中华人民共和国成立 70 周年之际，中央宣传部发布“闪亮的名字”——2019 年“最美支边人物”先进事迹。内蒙古大学建校元勋、物理学科奠基人、教授罗辽复在发布仪式上被中央宣传部授予“最美支边人物”称号。罗辽复是全国获得该项荣誉的 20 人之一。

文在物理学、生物学高级别刊物上连续发表，使得内蒙古大学在全国物理学界独树一帜，并引起国际同行关注。在 1988 年后的 3 年中，就有 30 多个国家 300 多件来函（作为罗辽复先生的学生，我有幸得到了他这些函件并收藏）索取理论生物物理论文油印本。

著名加拿大学者 Trainor 教授在访华报告中说："在内蒙古大学有一个很强的小组在罗辽复教授的领导下从事进化问题的理论研究，这个组肯定是此研究领域中国最强的一个组，从其国际声誉就可证明这一点。"罗辽复的理论生物物理学研究曾获 1989 年国家教委科技进步二等奖和 1994 年乌兰夫奖金奖。近年来，理论生物物理学的研究在国内已形成热门，罗辽复参与开拓的方向已经得到公众认可。

10.1.2　主要成果

罗辽复早年从事粒子物理学研究，在弱作用理论和高能天体物理学领域合作发表过多篇有创见的论文，内容包括：中微子质量不为零的可能性及宇宙中中微子成团、轻子和夸克的内部对称性和结构模型、左右对称的弱电统一理论的唯象学、奇异粒子非轻子衰变的选择定则，层子相互作用和基本粒子质量关系、新窄共振粒子特性、磁单极子对束缚态的高自旋特性、脉冲星的统计分析、反常中子星及中微子回旋辐射、高密物质夸克集团相、天体非均匀磁场中电子的运动和辐射，天体的引力透镜和超光速膨胀等。

《内蒙古自治区志·科学技术志》记载了罗辽复的开拓性工作，记载了他的"第一"。1980 年，罗辽复等人的两篇论文 *The Power Law of Masses of Heavy Quarks*，*Weak Electrom Magnetic Unification and Broken S_4 Symmetry* 发表于国际权威性学术刊物上，属国内学者最早之列。1981 年，罗辽复参加巴黎第 17 届国际宇宙线会议，这是内蒙古自治区物理学家首次参加国际性学术会议。在会上宣读论文《由磁单极对组成的高自旋介子及其在宇宙线中的观察》《中微子成团和中微子质量》。1982 年，中国物理学第三次全国代表大会在北京召开，纪念中国物理学会成立 50 周年，内蒙古物理学会派代表罗辽复、冯启元、巴特尔参加大会。1984 年北方七省区市热学讨论会在呼和浩特举行，来自北京、天津、河北、山西、陕西、内蒙古自治区、宁夏回族自治区及全国其他地区的 260 多位物理学家云集内蒙古自治区。1985

年，罗辽复等 4 人参加在无锡举行的第一届中日双边生物物理会议，在会上发表和宣读了 3 篇论文。❶

罗辽复把理论物理学的概念和方法成功地运用到生命科学中，提出了“密码—序列—构象—动力学”的研究路线，在分子进化、基因信息学、蛋白质折迭动力学、大分子结构与功能等方面开展了一系列深入、系统、开创性的研究。罗辽复（含合作者）发表的科学论文总计约 300 篇，大部分被 SCI 收录。其中，理论生物物理领域的工作已编成文集。出版了《量子场论》（1990 年）、《非平衡统计理论》（1990 年）、《物理学家看生命》（1994 年）、《理论生物物理学理论集》（1995 年）和《生命进化的物理观》（2000 年）等很有影响力的专著。其中《量子场论》《非平衡统计理论》成为我国多所高等院校研究生喜欢的参考教材。罗辽复虽然是一个理科出身的研究者，但是文笔不逊于大文学家。可以说他的语言严谨且丰富、表述精练且优美。这一才能不仅为论文撰写，例如《分子生物学的理论物理途径（英文版）/中国科学丛书》（*Theoretic-Physical Approach to Molecular Biology*）增添了色彩，而且有助于他翻译润色 20 世纪的伟大科学经典著作之一《生命是什么》（薛定谔著，罗辽复译，2007 年）。

罗辽复的踏实工作、辛勤钻研和不停探索令其成就滚滚而来。精湛的科学研究让罗辽复屡次获奖。他获得了 1978 年全国科学大会先进工作者荣誉称号，1980 年内蒙古科技成果一等奖，1983 年内蒙古自治区“高校先进工作者”，1986 年国家突出贡献中青年科学技术专家，罗辽复的基本粒子和高能天体物理研究，曾获 1978 年全国科学大会先进工作者荣誉称号和 1980 年内蒙古科技成果一等奖。1987 年，获全国先进科技工作者称号。1989 年获国家教委科技进步二等奖❷；1992 年，被美国传记研究中心授予杰出领头人奖，收入《国际杰出领头人》词典，同年，被英国剑桥国际传记研究中心授予“收入国际名人词典证书”；1994 年基础科学乌兰夫奖金；1996 年内蒙古科技成果一等奖；1999 年“宝钢优秀教师”和国家自然科学三等奖；2000 年获内蒙古自治区劳动模范；2001 年 5 月，获中国科学技术协会授予的全国优秀科技工作者荣誉，2001 年 6 月，专著《生命进化的物理观》获华东优秀科技图书一等奖，2001 年 9 月，获教育部全国模范教师称号；

---

❶ 引自：内蒙古基础科学之物理. 内蒙古自治区志 · 科学技术志. 2017-04-30.

❷ 引自：内蒙古基础科学之物理. 内蒙古自治区志 · 科学技术志. 2017-04-30.

2006年9月，获老教授科技教育工作优秀奖；2006年12月，获中组部、中宣部、人事部、科技部联合授予的杰出专业技术人才荣誉称号；2007年9月，获内蒙古大学颁发的教育成就奖；2007年10月，获科技部何梁何利基金会颁发的何梁何利科学与技术进步奖、生命科学奖；2007年12月，基于人类基因组三核苷重复序列的结构和动力学及其在相关领域中应用的研究获内蒙古自治区人民政府授予的内蒙古科技奖一等奖；2008年1月，获物理改变世界科技部国家科学与技术进步奖二等奖。南京大学、南京师范大学、苏州大学、西安交通大学等把目光落在内蒙古大学，邀请罗辽复任兼职教授。

业界赞誉罗辽复："为奠定我国在这一新型交叉学科的研究基础作出了重要贡献。他的科学研究课题始终处于国际前沿，尤其在基因序列的理论研究方面，80年代率先在我国开辟了一个新的领域，新作迭出，硕果累累。"罗辽复却说："我是一个能力有限的人，我不能同时做几件事，我把这件事做好了，就满足了。"

10.1.3　教育家情怀

罗辽复不仅在科研上独树一帜，而且在教学上追求卓越，可谓桃李满天下。在《理论力学》教学中，罗辽复这样讲道："当时物理系最高班是二年级，1959年初我就被派到此班教理论力学。明知上头几堂课效果并不好，学生们反映听不懂，好在那时候年轻，容易和学生打成一片，我逐渐懂得了如何让学生听懂、如何激发学生的兴致，经过两个月的努力，情况就好转了，讲到分析力学就能应付自如了，分析力学比较抽象难懂，我设计了一个陌生客人来到物理世界漫游，搜索物理规律的故事。这一章教得很成功，学生听得入了迷，后来从内蒙古大学校刊中知道有的学生兴奋不眠，有的学生企图以分析力学的几个原理为基础，总结整个自然界的规律。这一学期也许是我三十几年（按罗辽复讲此段话时计算）教学生涯中最值得怀念的篇章之一。在学期即将结束之际，我还介绍了一些科学前沿动态，讲了1920年法卡斯波约致函亚诺士波约，劝他儿子不要再研究非欧几何的故事。"

罗老师曾在黑板上抄下如下的话："你必须像憎恶淫荡的交际一样憎恶它，它能够剥夺你的所有时间，你的健康，你的休息，以致你一生所有的快乐，这个无底的黑暗或许可以吞掉一个灯塔样的牛顿而大地将永不会光明。”这段话使很多学生愕然，但他相信学生之中的不少人还是懂得它的分量与多层含义的。

20世纪80年代后，罗辽复的教学工作逐渐转向了研究生培养。在全国高等教育快速发展的形势下，他参与了几个学位点的开创与建设。几十年来，内蒙古大学为国家和自治区培养与输送了一批高质量的硕士生、博士生。他个人认为：“这首先应归功于一个良好学风的建立。1984年我给新入学的研究生上第一课时，我强调了三个问题：一是要珍惜似锦年华，‘一切都不是我们的，而是别人的，唯有时间才是我们自己的财产’，我介绍了苏联昆虫学专家柳比谢夫的时间统计法，从26岁到82岁，全天为自己的时间价值打分，从不间断。二是要闯创，独立思考，有批判能力，搞研究工作不是从ABC循序渐进，而往往一开始就是XYZ，然后转回去学ABC。三是要在理论生物学这门新学科中注意理论和实验的结合，我介绍了物理学家费米并以他为榜样。”

1984年10月，罗辽复为硕士研究生颁发证书会议上特别讲了学风。他引用了爱因斯坦的一段话：“人类的命运在今天比起历史更有赖于他的道德力量……只有伟大和纯洁道德的模范才能产生优美的思路和崇高的行为，金钱只能引起自私，而且总会诱惑它的所有者不可抗拒地去滥用它。”这是何等的境界与格局！

许多内蒙古大学校友和前辈曾追忆罗辽复年轻时的教学工作，谈及他的教学理念、教学方法、教学手段和策略，无不心悦诚服。一位前辈曾这样回忆：“1961年，大三时迎来一门新课《量子力学》，主讲人就是罗辽复先生。那时我们用的指定参考书是：布洛欣采夫的《量子力学教授》（俄文原版）和北京大学周世勋的《量子力学》（注：1962年版周世勋的《量子力学》比现在内容多多了）。第一节课罗先生告诫我们量子力学是一门很很深奥的课程，莫斯科大学物理系的学生如果能考试合格是要举杯畅饮庆祝一番的。由于罗老师讲课不苟言笑、一本正经地表述，把我们这些莘莘学子吓得魂飞魄散，所以以后每个人都加倍努力，认真学习。罗先生当时虽然非常年轻，但是讲课表述非常清晰严谨，板书规范，给我们的感觉是学识渊博，气场强大。老实说量子力学的学习我并没有感到困难，当时我是58级的学习委员，和罗先生有了一些接触，罗先生也很喜欢我。有一次竟然表扬了我，我们 1958 年高考，内蒙古大学物理系只在内蒙古全区招了 2 名学生，一个是呼和浩特一中毕业的我。罗先生告知我是当年内蒙古高考第一名，用现在的话说就是理科状元，因为当时政审不合格不能出内蒙古自治区，所以被内蒙古大学录取（我第一志愿清华大学无线电工程系，第二志愿内蒙古大学物理系）。先生鼓励我努力学习，敢于独立思考，标新立异，这对我的人生取向产生了很大影响，毕业论文本来罗先生想带我，可黄念宁先生执意带我，罗先生只好作罢。”

他接着回忆说 1963 年 7 月毕业离校前夕，罗先生又给我们理论物理专业的 12 名同学做了语重心长的教诲，给我印象最深的是先生告诫我们两件事：第一，不论今后从事什么工作，不能丢掉诚实；第二，不论今后身处何种环境，不能丢掉希望！进入 20 世纪 80 年代，各高校开始重视科研和论文，可是当时工作的河北师范院校根本没有这方面的人才，我向系、学校提出请罗辽复先生讲学的意向。当时全国科学大会开完不久，记述罗辽复、陆埮科研事迹的报告文学《奇异的书简》❶ 影响深远，学校希望我千方百计把先生请来。当我怀着忐忑的心向先生提出邀请时先生立即答应了，第一次在河北师范大学待了半个月主讲天体物理，一年后又莅临河北师范大学历时一周主讲理论生物物理。

罗辽复本人回忆起 1978 年刚刚改革开放的时候谈到：年轻人学习热情非常高，这些学生现在好多已经成为我们国内科学界、技术界的中坚力量。1977 级的张杰是罗辽复最得意的学生之一，1993 年，张杰从英国牛津大学写信给罗辽复感谢他的教诲：“我一直从事 X 射线激光方面的研究，在这一领域作了一些较大的理论和实验工作，处于领先地位……在与牛津大学的同事们讨论工作时，我利用数学方式推导公式的功夫，常使他们叹服，而这一功夫的形成要归功于在跟您学习量子力学时的言传身教。”

让罗辽复感到遗憾的是，在曾经一段时间比较浮躁的学风影响下，能够沉下心来做研究的青年为数不多。课堂的出席率也不容乐观，往往第一次上课人很多，两三次课以后就会有大约四分之一的学生缺席，一下课学生就围过来问问题的现象再也看不见了……为了改变这一现状，罗辽复做了不少努力：2010 年前，他便在内蒙古大学新开了一门课《近代物理选

❶ 柯岩. 奇异的书简[M]. 北京：人民文学出版社，2005.

题》，为学生介绍有趣的前沿物理理论，尽量让课程的内容深入浅出，这对引领学生爱物理、学物理起到了重要作用。

以上种种表现出罗辽复对教育事业的热爱。他爱惜人才、鼓励晚进，口碑载道；在人才培养方面，一贯严格要求、绝不敷衍；在教学中，罗先生为人师表，作风正派，业精于勤，诲人不倦。从事教育后，罗老师自己培养博士 21 人，硕士 29 人，教授 39 人，博导 12 人。罗老师领导的生物物理和生物信息学团队培养博士 56 人，教授 49 人（国内外），硕士 150 余人。可以肯定的是，罗辽复为我国的科学和教育事业奉献了全部心力，他的业绩和品德必将激励和鼓舞更多怀揣科学报国梦的后来者。

10.1.4 人物专访

随着新媒体时代的到来，互联网逐步发展成熟。在进入存量时代的背景下，宣传报道杰出科学家事迹，塑造英雄人物形象，弘扬科学家精神，引领人们的价值观，进而最大限度地提升科技力量是新时代的职责与挑战，这里，新媒体必须担当重任。[1] 作为罗辽复的学生，我个人觉得罗先生非常低调，并不愿意在公众场合抛头露面，接受采访。然而，如果自己的成长之路、科学追求和家国情怀能帮助后辈汲取力量，他会心生慰藉。整理历年来报纸、网络、电视台等媒体对罗辽复的人物专访（部分报道由内蒙古大学相关部门整理后发表）如下："生命因物理而美丽"（2016-02-05）、"世界读书日感言——罗辽复"（2016-04-21）"罗辽复：教学漫笔"（2016-05-24）、"最美支边人——罗辽复先生"（2019-07-22）[2]、"罗辽复：生命因物理而美丽 | 2019 最美支边人"（2019-08-03）[3]、"我就在这里，不走了！"（2021-07-28）等可以让人们更多地了解和走近这位为内蒙古甚至中国教育与科研事业奉献毕生精力的人。以下重点引用和分析"生命因物理而美丽"此篇报道的内涵。

"生命因物理而美丽"（内蒙古日报记者杨洪梅、院秀琴报道）表达了罗辽复眼中的物理之美及"生命为何因物理而美"的简单且深邃的观点。

---

[1] https://www.sohu.com/a/457385408_819391.

[2] http://news.cctv.com/2019/07/25/VIDE211wsYOHPdi0slrnpONr190725.shtml.

[3] http://news.cctv.com/2019/08/03/ARTIlegupsxIf5GbrQPGXq8W190803.shtml.

其中，以痴迷物理的美、扎根大草原56年、奇异的两地书、学术研究大转向、科学晴空中的两朵乌云、罗辽复的困惑、原来老罗这么关心我们为标题展现了罗辽复对专业领域的痴迷与感悟、对科学研究的坚守与执着、对前沿难题的思考与探索、对教育事业的热爱与奉献、对妻子儿女的关心与深情。这里细致讲述了罗辽复对待物理也有一份像修道士、像恋人般的情愫，这份情愫支撑他完成了一生对科学的坚守。

罗辽复56年来扎根大草原的无私与情怀令人为之动容。有记者问他："如果回内地，科研环境要好得多，您为什么不回去？"罗辽复回答："我没时间，得找人谈话，得填写表格。"他从来没有闲暇去考虑这类调动的事，整天在第一线忙忙碌碌，这一待，就是56年，2万多个日日夜夜。一个人能在这漫长的岁月中坚守一处、做着同一份工作，可敬可叹！他的父亲曾来信勉励他："愿你和同事一道，把内蒙古大学办成国内最好的大学之一。"这份期盼，每每让罗辽复增添决心和动力。经过罗辽复和同人的努力，人们看到了内蒙古物理学从无到有的发展；看到了一批一批学生毕业，为国家作出杰出贡献；看到了内蒙古大学曾进入大英百科全书中国名大学的前18位（作者在内蒙古大学读书时，常听导师罗辽复为内蒙古大学的这一排名津津乐道，勉励学生努力学习）……这些都令他兴奋不已："我知道我所从事的这个工作，是会有经济效益的，对我们的国家、对我们的社会、对人类都会是一个重要的贡献。基础科学理论和应用之间往往需要经过很长一段时间，你在做这些基础研究的时候，往往看不到它的应用前景，但是你必须那么做下去。"

他与好朋友南京大学天文系教授、2003年中国科学院新当选院士陆埮之间鸿雁传书缔造的科研奇迹和"革命"情谊已成为学术界佳话。在罗辽复的科研生涯中，有一段非常美妙的故事，那就是他和陆埮20多年间往返的2800多封信，后来罗先生曾对这些信件做过评述："这2800多封信里头，有一大半都是弯路，都是不成功的东西，成功的是很少的。"正如麦金泰尔（McIntyre）在《科学态度》一书中指出的：理解科学非凡之处的最好方式，反而是从遭遇挫败的例子中切入，观察科学家的"科学态度"，从失败中前进。[1] 没有引路人，他们跌跌撞撞，摸索研究的发展轨迹和学科的前沿方

---

[1] L. 麦金泰尔. 科学态度[M]. 王惟芬，译. 台北：阳明交通大学出版社，2021.

向，但这恰恰是科学研究的必由之路。在当时，正是凭借这些通信收集信息，他们探讨了粒子物理和高能天体物理的深奥物理学问题。

罗辽复与陆埮的情谊，开始于他 17 岁那年。1952 年高考后，罗辽复在前往北京俄专留苏预备部报到的路上认识了陆埮，1953 年，他们同时转入北京大学物理系。1962 年，罗辽复开始对他们之间的学术通信进行编号。罗辽复的信用 LF 打头，陆埮的来信用 LT 打头。他们的通信非常频繁，常常隔三四天就要寄出一封。据 1981 年 7 月的记录，单从罗辽复处发出的标号信件就有 1516 封，从陆埮处发出的标号信件为 1290 封。“文革”的“高压”并没有使其中断学术讨论，反而让二人凭借着对科学的浓厚兴趣及对真相的追求好奇支撑着彼此 20 余年的亲密通信。

1974 年 12 月，二人在《参考消息》上看到丁肇中关于 J/PSI 粒子的发现持续关注。从 LT576 草拟了他们研究 J/PSI 粒子的初稿开始，经过了几次紧张激烈的讨论，LF593 最终定稿。LF593 中记载了这样的经历：“此文于 1974 年 12 月 18 日下午送出，半个月来，多少不眠之夜，多少斗争之场”。很快，他们收到《物理学报》主编朱洪元的回信，当时学报编辑部的稿件积压现象非常严重，但他们的这篇稿子迅速在 1975 年 2 月的《物理学报》上发表了。这是罗辽复和陆埮通信合作搞科研的紧张忙碌又有些尴尬的传奇故事。在两人通信期间，发表了基本粒子理论方向科学论文 70 余篇。至此，罗辽复的研究风生水起，受到了国内外学者的关注与好评。

1982 年，罗辽复已经 47 岁了。之前，他的研究领域是粒子物理和高能天体物理，已经产生一定的影响力。然而，他却突然“转了向”，研究起理论生物物理。罗辽复披露那时研究粒子理论的困难已经显露。因为它所依赖的实验设备不是一般实验室能够做出来的，它要求高能加速器（不是三年两年就能建造成功的，它要几十年，耗费几十亿元的资金，这太难了）。“高能实验的周期愈来愈长，实验资料的积累愈困难，理论的推测成分也就愈多。”于是，罗辽复有了转行的想法。

实际上，罗辽复学术大转向的念头可以追溯至 1978 年在庐山召开的全国物理学会。罗辽复和陆埮注意到了 Dyson 介绍卡文迪什实验室经验的文章：“7 年后，当布拉格从卡文迪什退休，这时候谁都可以清楚地看到，当年布拉格说他要教世界干些别的事情的时候，他并不是在吹牛皮说大话，他给卡文迪什留下了一个热火朝天的研究中心，在两个新领域内居于世界最前列，这就是射电天文学和分子生物学。”读了这篇文章，他们感到极大的震撼。这是创新的冲动，求实的呼喊，他们决心改行！陆埮成功地转到天文学，罗辽复则转到生物学。这种大转行需要投入巨大的精力，需要冒很大的风险，对于他这样一个已经 47 岁“高龄”的科研人员来说，接受一门全新的科学并非易事。然而，罗辽复这种积极主动的“转行”则在一定程度上说明了他的魄力出众、能力超群和视野宏阔。

这篇报道从罗辽复科学人生的整体视角呈现了他对科学事业的热爱，对个人选择的坚守及不忘科研初心，牢记个人职责使命的教育和科研情怀。下面本书用一些精选的图片（图 10-1～图 10-10，来源于网络、图书馆等报道材料）展示罗辽复科学生涯的朴实足迹和非凡印记！

图 10-1　罗辽复的信件和推导手稿　光明网记者 李伯玺/摄

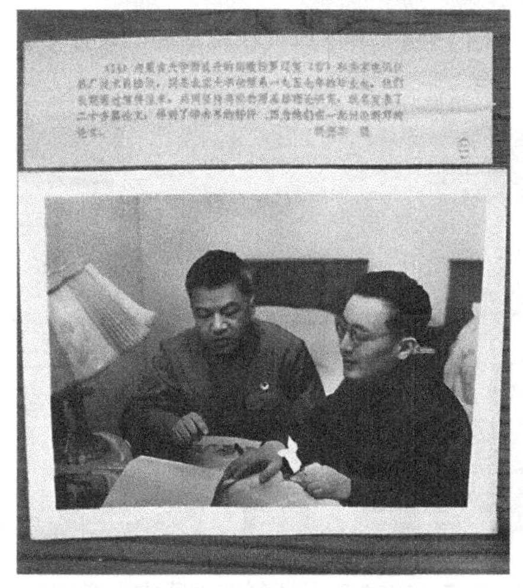

图 10-2　罗辽复与陆埮在进行科研问题讨论

图 10-3 （右起）许伯威、罗辽复、杨振宁、陆埮
在 1995 年全球华人物理学大会上合影

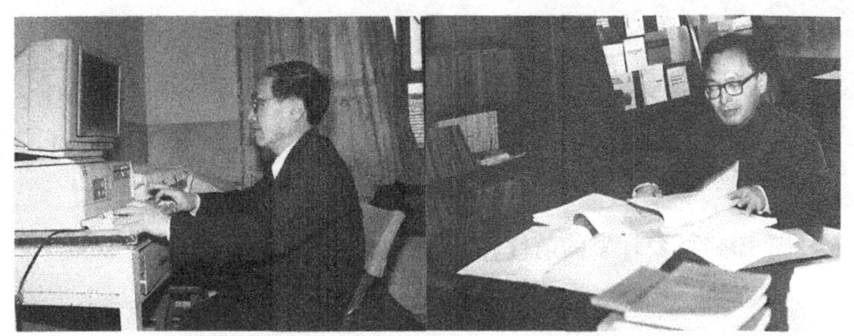

图 10-4 青年时代伏案钻研的罗辽复

图 10-5 2005 年罗辽复在内蒙古大学图书馆

图 10-6　罗辽复与学生孙咏萍（左一）、冯永娥（右一）
在内蒙古科技大学参加学术会议（2016 年）

图 10-7　晚年仍然保持科研热情的罗辽复　光明网记者 李伯玺/摄

图 10-8　2019 年最美支边人电视报道图片

图 10-9　2019 年最美支边人电视报道图片

图 10-10　2019 年最美支边人电视报道图片

科学的道路上从来就没有一帆风顺，但罗辽复从未因此而大受打击，也从未后悔自己的选择，甚至从未产生过放弃的念头。他说：“我不太跟别人作比较，只跟自己比，容易看见自己的进步，而且成功或者失败对我来说并不重要，我只是坚持自己所做的。”罗辽复认为理论生物物理“遍地黄金”，谁先闯进去谁就会有较大的收获。他断言：“理论生物学将成为生命科学的一个重要组成部分，正如理论物理学之于物理学一样。”

尽管当时业内从来没有理论物理学和生物学的交叉理论，这两个学科一般也被认为是并不相通的，但罗辽复觉得二者之间应该存在某种内在联系。因为物理学是研究自然界的基本规律的，而生命现象也无非就是原子、分子的一种高级的组织状况，它也应该遵循物理学的基本原理。事实证明，罗辽复是正确的，他在理论生物物理学领域，从核酸、遗传密码至蛋白质都取得了广泛的成功。限于篇幅，这里仅聚焦罗辽复在遗传密码领域贡献的理论成果。

10.2　在遗传密码领域的历史贡献

1986年，罗辽复开始将研究目光锁定在遗传密码这一前沿领域。当时，64个密码子的全部破译已经走过了20年的光阴，但是密码的系统化的理论研究在国内还是空白。前文详述了20世纪60年代，生物物理学家克里克对密码的各种理论问题就已经进行了深入的探索，他特别指出生命科学的研究必须在分子水平上展开才能够达到真正理解生命本质的目的。

罗先生无愧为国内系统研究遗传密码的第一人。[1] 1988年、1989年，他在英文国际杂志 *Origin of Life* 上发表两篇非常有影响力的密码研究论文，获得许多国际学者的惊羡和崇拜，陆续收到了索取论文复印件的函件。[2] 1990年前后的三年里，就有30多个国家300多件来函索取理论生物物理论文抽印本。当时网络尚未流行，论文交流全靠邮寄，在短短几个月内一篇论文收到如此多的函件是罕见的。他的突变危险性理论避开遗传密码形成的复杂的生物学机制，从进化稳定性（突变危险性极小）的原则考虑了密码多重态的分布[3]，首次导出了普适密码表，并用同样的方法说明反常密码的出现符合突变危险性的进一步极小化，从而给出普适密码和反常密码统一的理论解释。

该理论的形成大体包括三个历史阶段：1986—1989年，重心在“遗传密码的简并规则”；1992—1993年：重心在“遗传密码的对称性和亲-疏水

---

[1] 孙咏萍. 弗朗西斯·克里克对遗传密码领域的历史贡献[M]. 武汉：武汉大学出版社，2013.

[2] 1991年前向罗先生索要其在“the Origin of Life”（1988，1989年）杂志上发表的两篇讨论遗传密码的论文复印件的各国函件及回执已整理。

[3] 罗辽复. 生命进化的物理观[M]. 上海：上海科学技术出版社，2000：56-156.

性”；2000—2002年：重心在“密码进化的稳定性原理”，通过大量的数理计算，讨论标准密码表在进化中的地位。本节将对此密码起源与进化理论进行重述和解析。

10.2.1 突变危险性理论产生的理论背景

对一个科学史研究工作者来说，深入挖掘各个重要理论的学术价值和现实意义是责无旁贷的。鉴于任何理论的形成都有其特定的历史渊源，本章先对突变危险性极小化理论产生前的相关假说做一个历史性的回顾。

10.2.1.1 立体化学作用理论

立体化学作用理论的代表人物是伍斯。他认为密码起源于氨基酸和密码子或反密码子（或更一般地和RNA）的立体化学相互作用。[1] 这个观点可以追溯至1962年，伍斯推测编码关系可能是核酸与氨基酸间的立体化学作用，他把“简并性”中涉及的密码子看作相等的核苷酸[2]，1965年5月，伍斯发表题为《密码的规则》的论文，阐明遗传密码的排布规则，认为利用氨基酸色谱可以为分析“简并性”提供有用的证据，倾向于密码关系是一种核苷酸与氨基酸间的立体化学作用。[3] 此时，普适密码还没有完全确立，伍斯研究的编码关系还具有一定的推测性。事实上，全部密码关系的最佳立体化学匹配从来也没有被证明过。但是，氨基酸的疏水性和反密码子3′二核苷的疏水性顺序相同是已确认的事实，说明立体化学作用的因素确实重要地影响着氨基酸和反密码子的识别。[4]

10.2.1.2 冻结偶然性理论

冻结偶然性理论的代表人物是克里克。该理论认为密码关系是进化过程中的偶然性被固定下来的结果，这种关系一旦建立便永久保留下来。密码子与氨基酸的对应关系是在某个生命发生时段里被固定下来，并且很难被改变，克里克在这篇论文中讨论的编码关系来源于他在1966年冷泉港会议上呈现的密码表，这张表除了起始密码与UGA外，与今天公认的普适密码是基

---

[1] Woese C R. On the Evolution of the Genetic Code[J]. PNAS,1965(54):1546-1552.

[2] Woese C R. Nature of the Biological Code[J]. Nature,1962(194):1114-1115.

[3] Woese C R. Order in the Genetic Code[J]. PNAS,1965(54):71-75.

[4] Crick F H C. The Origin of the Genetic Code[J]. J. Mol. Biol.,1968(38):367-379.

本一致的。一方面，尽管这个假说一直受到来自密码的适应性、历史性和化学特性三方面论点的挑战❶，但是，从密码结构的角度不难看出，克里克当时的密码研究已经具有较强的客观性和前瞻性了。另一方面，从氨基酸的生物合成看，在一条合成路径上的几个氨基酸所用编码的密码子往往只差一个碱基。看来，后期形成的氨基酸和早期出现的氨基酸的编码存在关系❷，这种氨基酸和密码字典的协同进化说明编码关系并非纯属偶然。❸

10.2.1.3　共进化假说

共进化假说提出传统的密码是从原始的简单密码进化而来的，密码子的进化与氨基酸生物合成的进化是并列的。❹ 主要证据是这个原始的密码可能是由 64 个密码子通过高度简并只编码少量的氨基酸，在而后的进化中，那些来自相关合成路径的物理化学性质不同的氨基酸却具有相似的密码子，表明密码子的进化与氨基酸生物合成具有密切相关性。王子晖认为后引入的氨基酸密码可能是通过篡夺与它具有相近生物合成路径氨基酸的密码而得到的，共进化理论鉴定了 8 组成对的前体和产物。这个假说后来还由朱利奥（M. Di Giulio）加以发展。❺

10.2.1.4　试管选择理论

艾根等在研究遗传密码起源时进行试验❻：在试管里没有任何酶和模板的参与下，仅仅依靠锌离子的催化，将核苷酸单体聚合成寡核苷酸，并通过彼此互为模板的复制、扩增，最终在不同条件的继代培养下，优选出不同的 tRNA 克隆，然后形成 RNA 分子的准种群。这个实验被称为“试管选

---

❶ Knight R D, Freeland S J, Landweber L F. Selection, History and Chemistry: the Three Faces of the Genetic Code[J]. Trends. Biochem. Sci., 1999, 24(6): 241-247.

❷ Trifonov E N. Consensus Temporal Order of Amino Acids and Evolution of the Triplet Code[J]. Gene, 2000(261): 139-151.

❸ Wong J T. Role of Minimization of Chemical Distances between Amino Acids in the Evolution of the Genetic Code[J]. Proceedings of the National Academy of Sci-ences of the U. S. A, 1980(77): 1083-1086.

❹ Wong J T. A Co-evolution Theory of the Genetic Code[J]. PNAS, 1975(72): 1909-1912.

❺ Giulio M D, Medugno M. The Historical Factor: the Biosynthetic Relationships between Amino Acids and their Physicochemical Properties in the Origin of the Genetic Code[J]. J. Mol. Evol., 1998(46): 615-621.

❻ Eigen M, Gardiner W, Schuster P, Winkler-Oswatitsch R. The Origin of Genetic Information[J]. Sci. Am., 1981, 244(4): 88-92.

择性理论”，证明在无生命力作用的情况下，在自然条件下完全可以形成启动生命形成的核糖核酸。根据地球形成之后的物理化学环境，推测生物大分子形成的活跃期是在距今38亿年至40亿年。依据实验获得的启示，研究者认为地球的早期条件会影响早期短序列RNA的产生及密码进化。但这个理论并没有对密码表结构本身给予足够的关注。

10.2.2 突变危险性理论的本质内容

20世纪60年代，人们已经看到了遗传密码具有高度普适性。这是一个生命进化早期已经发生的事件，而1979年后反常码的出现又说明它仍在进化着，而且经历了漫长的进化历程。只有从密码表构成的基本角度，才能理解这种普适性和可进化性。突变危险性极小化理论正是基于这样一个中心问题，并致力于建立一个统一的密码（普适密码和反常密码）理论的明确目标而产生的，可以分解为以下五个部分。[1]

10.2.2.1 提出突变危险性概念并导出密码简并规则

遗传密码表的结构包含20种氨基酸和终止密码在密码表上的排布。这个问题包含两个方面：一是导出每一给定多重性的多重态的简并规则，二是解释这些多重态的出现以及如何分布于密码表上。前一个是局部性问题，后一个是总体性问题。实际上，这是密码结构中隐含着的局部与整体的双向协调关系。

为什么编码不同氨基酸的密码子数目相差如此之大，除5外，简并度从1到6都有？这种令人困惑的现象可能就隐含着进化的痕迹。罗辽复在1987年提出两个基本假设[2]：①现有密码是密码系统长期历史发展的产物，这种发展总趋势是朝着稳定化方向前进的。也就是说，现有密码字典和其他假想字典相比，是最稳定的，最能抵抗碱基突变的干扰的。对于每一假想的密码子多重态，可定义一突变危险性（Mutational Deterioration，MD）系数，代表这个多重态受到突变干扰的频率和引起的危险性。②描述突变危险性的参数分为三类。单碱基转换突变（U↔C，G↔A）系数u，颠换突变

---

❶ Luo L F. A Unified Theory on Construction and Evolution of the Genetic Code[R/OL]. [2022-10-29]. http://arxiv.org/abs/0908.3067.

❷ Luo L F. The Degeneracy Rule of Genetic Code[J]. Origins of Life, 1988(18):65-70.

（U，C↔G，A 即 U↔A，U↔G；C↔G，C↔A）系数 v 和附加的摆动突变系数 w 或 w_u，w_v。“克里克摆动”也等价于一种突变，而这种摆动是发生于第三个碱基上的。因此，突变危险性理论考虑了“克里克摆动”这个关键因素。早在1966年，克里克就已经从碱基配对的角度解释了密码的简并性，提出了“摆动假说”。

突变危险性理论基于上述两个假设逻辑地导出密码的简并结构。令假想的密码子多重态的MD值等于多重态中各个密码子的三个碱基的突变系数 u、v、w（或 w_u，w_v）值之和。罗辽复证明，只要假定突变危险性系数满足条件 $u>2v$，$w_u>2u$，就可以从突变危险性的极小化导出全部密码子多重态的简并规则，并且证明这样导出的20种氨基酸的突变危险性和由血红蛋白序列资料得到的氨基酸的不可取代性❶很好相关。

简并规则的生物学意义是：这样排布的简并密码子多重态可使高频率突变尽量发生于多重态内部，从而减少突变造成的有害影响。这一严谨的论证结果与1964年索恩的观点是一致的，索恩提出选择压力的作用在密码排布中会起到重要的限制作用，简并密码可以使突变带来的有害影响性降至最小❷，但未得到定量的具体结果。《科学》（1990年）编辑部在发表罗辽复论文前按言：“遗传密码是自然界的一项伟大创造，理论物理学教授罗辽复引进密码字典突变危险性的概念，成功地导出了密码的简并规则，受到国际同行的关注。”

这项研究结果表明，在两个简单假设的基础上就可逻辑地导出遗传密码的简并规则。这说明了密码作为噪声影响下的信息系统，其进化总是趋向于某个稳定的结构，也说明了在生命科学中渗透进数学和物理，使它与数学物理的理性精神相协调，就可以很大程度上提高生命科学的水平，把它变成为一门理性的定量的富有预见力的学科。

10.2.2.2 导出密码表的氨基酸亲-疏水畴

密码的简并规则解决了遗传密码表的局部结构问题。罗辽复进一步从密码表的全局突变危险性极小化（Global Mutational Deterioration，GMD）导出了密码表的亲水-疏水畴。在此，他发展了突变危险性的概念，认为突变危险性由两个因素构成：一是用 u，v，w_u，w_v 描述的突变频率，二是由碱基突变造成的氨基酸取代造成的危险性。如果这种取代不引起氨基酸物理

---

❶ 罗辽复. 生命进化的物理观[M]. 上海：上海科学技术出版社，2000：56-156.

❷ Sonneborn T M. The Differentiation of Cells[J]. PNAS，1964，51(5)：915-929.

化学性质的巨大变化，突变危险性较小；反之，突变危险性较大。例如，亲水（或疏水）氨基酸之间的取代危险性较小，而亲水和疏水氨基酸间的取代危险性较大。事实上，从密码表中的氨基酸分布上看，它确实具有亲-疏水氨基酸分别连成一片的畴状分布特征，罗辽复从密码表整体的突变危险性极小化解释了亲-疏水畴。[1]

阴阳统一也是中国古代《易经》的核心思想，中医理论认为，生命是两种矛盾因素——阴阳的统一。这种统一不仅在细胞层次上，也应在更基本的层次上（氨基酸和核苷酸）表现出来。根据这一思想，1992 年罗辽复提出了 4 种核苷酸的阴阳对偶性表示。在此表示 4 种核苷酸既具有内部对称性，又具有一定的阴阳顺序（系统的性质差异）UCGA，这个顺序和假基因中碱基相对突变频率完全符合，也和 4 种碱基的抗辐射电离稳定性等其他性质相一致。通过引入这种表示，他从一个新的视角——阴阳对偶性更深刻地说明密码表中亲水氨基酸和疏水氨基酸畴状分布的必然存在和鲁棒性[2]（图 10-11）。阴阳对偶性显示生命密码与中国古代《易经》之阴阳统一有着惊人的相似性，关于这一点，国外后来也在类似的研究。[3]

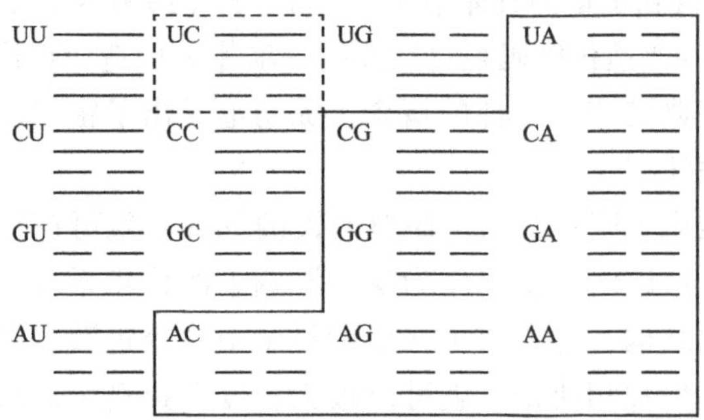

图 10-11　基于核苷酸阴阳双线表示的遗传密码图示

（实框内为亲水畴，框外为疏水畴）[4]

---

[1] Luo L F. Distribution of Amino Acids in Genetic Code[J]. Origins of Life, 1989, 19(6): 621-631.

[2] 见《生命进化的物理观》，罗辽复著。

[3] Kay L E. Who wrote the book of life? A History of Genetic Code[M]. California: Stanford University Press, 2000.

[4] 为了显示密码表较强的亲疏水对称性，把通常的碱基顺序 UCAG 换成阳阴顺序 UCGA，详见《生命进化的物理观》，罗辽复著。

10.2.2.3 导出GMD极小的表

在密码表亲水-疏水畴研究的基础上还要进一步从总体突变危险性极小化讨论20种氨基酸和终止密码在密码表上的排布，这是前述密码结构研究中的后一个问题。用 $\boldsymbol{U}$ 代表一个假想的密码表，$\boldsymbol{U}$ 是64×21阶矩阵，$U_{i\alpha}=1$ 代表第 i 个密码子编码第 α 个氨基酸（或终止信号），否则 $U_{i\alpha}=0$，故有

$$\begin{cases} \sum_{i}^{64} U_{i\alpha} = \text{氨基酸}\ \alpha\ \text{的简并度} \\ \sum_{\alpha}^{21} U_{i\alpha} = 1 \end{cases} \qquad (10-1)$$

根据突变危险性的概念，罗辽复等提出用

$$Q(U) = \sum_{i\neq j,\alpha,\beta} U_{i\alpha} U_{j\beta} f_{ij} D_{\alpha\beta} \qquad (10-2)$$

来描述密码表 U 的总体突变危险性。这里 f_{ij} 为描述密码子 i 突变为 j 的突变频率的参数，可用 u、v、w_u、w_v 表示，它们的值已在简并规则的研究中得到；$D_{\alpha\beta}$ 为氨基酸 α 和 β 的理化距离，反映氨基酸取代引起的突变危险性的大小，可从实验资料提取。极小化的过程相当于把 $\boldsymbol{U}$ 矩阵进行置换，求出式（10-2）的结果进行比较，取其最小为极小值。如果终止密码子固定下来，这还需做（64-（终止密码子数））！次运算，实际是很困难的。为了简化计算，需要以密码子多重态的简并规则作为导出GMD极小表的理论支撑。简并规则（局域极小）是突变危险性理论的重要组成部分，也是总体突变危险性极小化研究得以成功实施的关键，同时体现了密码结构中局部与整体双向协调关系的。这样，在给定简并规则下，问题就转化为求20种氨基酸在密码表4×4的方格中（两个2度简并密码子占据一个方格）的所有轮换排列中式（10-2）值最小的一个排列。依据这个途径，2002年罗辽复等首次逻辑地导出在给定氨基酸简并度下的总体突变危险性极小表（表10-1）。❶

---

❶ Luo L F, Li X Q. Coding rules for amino acids in the genetic code-The genetic code is a minimal code of mutational deterioration[J]. Origins of Life, 2002, 32(1): 23-33.

表 10-1 普适密码的总体突变危险性极小表

（总体突变危险性极小值 $Q=41722$）

<table>
<tr><th></th><th>U</th><th>C</th><th>A</th><th>G</th><th></th></tr>
<tr><td rowspan="4">U</td><td rowspan="2">Leu</td><td rowspan="4">Leu</td><td rowspan="2">Cys</td><td rowspan="2">Tyr</td><td>U</td></tr>
<tr><td>C</td></tr>
<tr><td rowspan="2">Phe</td><td rowspan="2"></td><td rowspan="2">Trp</td><td>A</td></tr>
<tr><td>G</td></tr>
<tr><td rowspan="4">C</td><td rowspan="2">Ile</td><td rowspan="4">Val</td><td rowspan="2">Arg</td><td rowspan="4">Arg</td><td>U</td></tr>
<tr><td>C</td></tr>
<tr><td rowspan="2">Met</td><td rowspan="2">Lys</td><td>A</td></tr>
<tr><td>G</td></tr>
<tr><td rowspan="4">A</td><td rowspan="4">Gly</td><td rowspan="4">Ala</td><td rowspan="2">Ser</td><td rowspan="2">Glu</td><td>U</td></tr>
<tr><td>C</td></tr>
<tr><td rowspan="2">Asn</td><td rowspan="2">Asp</td><td>A</td></tr>
<tr><td>G</td></tr>
<tr><td rowspan="4">G</td><td rowspan="4">Thr</td><td rowspan="4">Pro</td><td rowspan="4">Ser</td><td rowspan="2">His</td><td>U</td></tr>
<tr><td>C</td></tr>
<tr><td rowspan="2">Gln</td><td>A</td></tr>
<tr><td>G</td></tr>
</table>

这个极小化的过程可看作一种误差极小化，但和误差极小化理论不同，这里的 $Q(U)$ 具有独立的生物学意义，它是遗传密码（非）适应性的度量。[1] 突变危险性 $Q(U)$ 极小化就是赖特（Wright）遗传适应性的极大化，反映了密码进化的真实选择过程。在弗里兰-赫斯特（Freeland-Hurst）的误差极小化理论中导出的极小表[2]（表 10-2）和标准密码表相距甚远，标准密码表是实际不可及的，而罗辽复得到的极小表在 90% 的水平上和标准表相同，标准密码表是在一定条件下可以达到的。

---

[1] Luo L F, Li X Q. Construction of genetic code from evolutionary stability[J]. Biosystems, 2002, 65(2/3): 83-97.

[2] Freeland S J, Hurst L D. The Genetic Code is one in a Million[J]. J. Mol. Evol., 1998(47): 238-248.

表 10-2　由弗里兰-赫斯特导出的极小表

<table>
<tr><th></th><th>U</th><th>C</th><th>A</th><th>G</th><th></th></tr>
<tr><td rowspan="4">U</td><td rowspan="2">Ile</td><td rowspan="4">Ala</td><td rowspan="2">Gln</td><td rowspan="2">His</td><td>U</td></tr>
<tr><td>C</td></tr>
<tr><td rowspan="2">Cys</td><td rowspan="2"></td><td rowspan="2">Gly</td><td>A</td></tr>
<tr><td>G</td></tr>
<tr><td rowspan="4">C</td><td rowspan="4">Cys</td><td rowspan="4">Leu</td><td rowspan="3">Thr</td><td rowspan="4">Ser</td><td>U</td></tr>
<tr><td>C</td></tr>
<tr><td>A</td></tr>
<tr><td>Phe</td><td>G</td></tr>
<tr><td rowspan="4">A</td><td rowspan="3">Trp</td><td rowspan="4">Pro</td><td rowspan="2">Asp</td><td rowspan="2">Ala</td><td>U</td></tr>
<tr><td>C</td></tr>
<tr><td rowspan="2">Glu</td><td rowspan="2">Ser</td><td>A</td></tr>
<tr><td>Val</td><td>G</td></tr>
<tr><td rowspan="4">G</td><td rowspan="4">Tyr</td><td rowspan="4">Met</td><td rowspan="3">Asn</td><td rowspan="4">Arg</td><td>U</td></tr>
<tr><td>C</td></tr>
<tr><td>A</td></tr>
<tr><td>Lys</td><td>G</td></tr>
</table>

10.2.2.4　证明标准密码表是约束条件下的 GMD 极小表

标准密码并非给定氨基酸简并度下的总体突变危险性极小表，因此，如何解释标准密码（表 10-3）的稳定性是这个理论下一步研究的焦点问题。

比较极小表和标准密码（表 10-1 和表 10-3），差别主要在于标准密码中 Ser 的特殊安排及两密码表中不同的二重态组合。❶ 基于遗传密码的适应性，突变危险性理论吸收了冻结偶然性理论（早期氨基酸预先编码的可能性）和共进化理论（共前体的氨基酸捆绑组合）的研究成果，提出两个极小化的约束条件。第一，普适密码具有的 Cys/Trp 和 Lys/Asn 的二重态组合是由于分别具有共前体的氨基酸（其余二重态捆绑由突变危险性极小来解

❶ 极小表的二重态组合是〔Leu,Phe〕,〔Glu,Asp〕,〔His,Gln〕,〔Arg,Lys〕,〔Ser,Asn〕, Tyr,Trp〕;标准密码表的二重态组合是〔Leu,Phe〕,〔Glu,Asp〕,〔His,Gln〕,〔Arg,Ser〕,〔Lys,Asn〕,〔Cys,Trp〕。

释)。第二，地球上的早期氨基酸 Gly、Ala、Ser、Asp、Glu 和 Val 可以较早被编码，具有较大的被“冻结”的可能性。约束条件实际上可以理解为适应于氨基酸进化早期的条件，是一种适应性。

表 10-3　标准密码表（总体突变危险性极小值 $Q=54940$）

<table>
<tr><th></th><th>U</th><th>C</th><th>A</th><th>G</th><th></th></tr>
<tr><td rowspan="4">U</td><td rowspan="2">Phe</td><td rowspan="4">Ser</td><td rowspan="2">Tyr</td><td rowspan="2">Cys</td><td>U</td></tr>
<tr><td>C</td></tr>
<tr><td rowspan="2">Leu</td><td rowspan="2"></td><td rowspan="2">Trp</td><td>A</td></tr>
<tr><td>G</td></tr>
<tr><td rowspan="4">C</td><td rowspan="4">Leu</td><td rowspan="4">Pro</td><td rowspan="3">His</td><td rowspan="4">Arg</td><td>U</td></tr>
<tr><td>C</td></tr>
<tr><td>A</td></tr>
<tr><td>Gln</td><td>G</td></tr>
<tr><td rowspan="4">A</td><td rowspan="3">Ile</td><td rowspan="4">Thr</td><td rowspan="3">Asn</td><td rowspan="3">Ser</td><td>U</td></tr>
<tr><td>C</td></tr>
<tr><td>A</td></tr>
<tr><td>Met</td><td>Lys</td><td>Arg</td><td>G</td></tr>
<tr><td rowspan="4">G</td><td rowspan="4">Val</td><td rowspan="4">Ala</td><td rowspan="3">Asp</td><td rowspan="4">Gly</td><td>U</td></tr>
<tr><td>C</td></tr>
<tr><td>A</td></tr>
<tr><td>Glu</td><td>G</td></tr>
</table>

基于这些约束条件，在普适表中预先设定少量编码关系，然后利用 $Q(U)$ 的全局极小化，罗辽复等逻辑地证明标准密码是总体突变危险性极小表。❶ 突变危险性极小体现了进化中的稳定性原理，约束条件则反映了进化中的“冻结偶然性”原理，约束条件的变化导致 GMD 极值的变化。这个理论证明了标准密码表是冻结在总体突变危险性极小值上方的 10% 处。标准密码是 20 种氨基酸的简并度约束，以及与氨基酸合成途径有关的早期编码约束下的最优（GMD 极小）编码，它也是考虑了进化早期约束条件下遗

❶ Luo L F, Li X Q. Construction of Genetic Code from Evolutionary Stability[J]. Biosystems, 2002, 65(2): 83-97.

传适应性的极大化编码。

10.2.2.5　密码反常现象的诠释

以上工作全部完成并发表于 2002 年之前。其后，罗辽复提出通过书写密码子作用方程和利用各密码子多重态的 MD 极小值来估算由于约束条件变化引起的 GMD 变化的方法，证明了现已发现的 30 种反常密码与标准密码相比，基本上是 GMD 减小的，它们是适应于变化约束条件的最佳码。这方面的总结呈现于 2009 年以 *A Unified Theory on Construction and Evolution of the Genetic Code* 为题发表于著名的预印本刊物。❶ 期间，2005 年，该组用突变危险性理论对一些反常密码进行了具体而细节性的讨论，推导了物种符合历史顺序的进化关系，同时发现无义密码的突变及其逆过程是关键影响因素，密码进化倾向于无意义密码子减少的方向。❷ 关于反常密码问题，木村（M. Kimura）等也认为❸：各有机体的反常密码由普适遗传密码在鲁棒性和可改变性的选择压力下进化而来，但缺乏具体机制的定量的说明。不明确中间体假说和密码子捕获假说❹提出了一定的机制，但未能进行定量的计算和论证。看来，tRNA 的变化、某些 tRNA 的突变和丢失可能是关键性步骤，机制是多种多样的。罗辽复的方法抛开了复杂的细节，抓主要矛盾，忽略次要因素，把反常密码和标准密码统一在一个理论中，从计算突变危险性的变化的角度进行研究，首次得到了定量的结果，能较好解释各种反常密码为何出现的原因。

10.3　总结

罗辽复的科学人生确实令人深受鼓舞，同时昭示出科学的传承是科学

---

❶ Luo L F. A Unified Theory on Construction and Evolution of the Genetic Code[R/OL]. [2022-10-29]. http://arxiv. org/abs/0908. 3067.

❷ 孙咏萍. 线粒体与细胞核反常密码表及其进化关系的研究[D]. 呼和浩特：内蒙古大学，2005.

❸ Maeshiro T, Kimura M. The Role of Robustness and Changeability on the Origin and Evolution of Genetic Codes[J]. PNAS, 1998(95):5088-5093.

❹ Santos M A S, Moura G, Massey S E, et al. Driving Change: The Evolution of Alternative Genetic Codes[J]. Trends in Genetics, 2004(20):95-101.

家为社会所作的重要贡献之一。❶ 他也曾撰文讨论了亚里士多德科学产生的三个条件：惊异、闲暇与自由和内在持久的科学热情。❷ 正是秉持对科学的热爱、对真理的追求、对教育事业的奉献和对国家建设的情怀，罗辽复张开“惊异”双臂，充分利用“闲暇”时间、涵养“自由”思想；钻研科学难题、探索科学方法、孕育科学思想，传承科学精神及培养科技人才，在工作中凭一己之力建立了不朽之功。

罗辽复生在上海，学于北京，却主动选择到祖国的北疆去奉献光热；岁月沧桑，世事纷纭，改变不了他在专业领域数十年如一日的执着坚守。无论周遭环境如何变化，这样一位专业领域响当当的学术大师，依然顶住种种诱惑，放弃了“孔雀东南飞”，扎根边疆，不断攀登理论物理和生物物理的科学高峰，孜孜不倦培养出一批又一批科研人才。

一个人，究竟应当如何度过自己的一生？有评论言：“罗辽复用一杯水的单纯，面对一辈子的复杂。静水流深，真水无香。无为而无不为，激活了生命中最纯真的魅力。”志比山高，笃定前行，不畏路途遥远之艰辛，不因世事变幻而易志，这是怎样的坚守者和幸福者呢？答案或许藏在他的专业中——理论物理与生物物理，从科学出发去探寻生命的源头，让人更真切地体悟生命的本质和意义，从而在面对功名利禄时有一种独特的豁达。

罗辽复的成就与他的贤内助王爱德老师的支持分不开。近 60 年来王老师与罗辽复风雨同舟。为了支持丈夫的事业，她将养育一子一女及家务劳动全部承担下来，并时常帮助他整理图书，为罗辽复的教学和科研节省了大量时间，生活上的照顾和精神上的鼓励更是无微不至。

“守得住纯真，耐得住寂寞，用青春拥抱祖国边疆，把韶华奉献科学研究”是对罗辽复真实人生的客观评价。他的经历是新中国一代知识分子的生动写照，也是个人努力与时代发展相结合的典范，这对当下正在选择人生道路的莘莘学子而言，一定会带来种种思考和启迪。

罗辽复的科学活动领域涉猎宽泛，成绩卓著。他在遗传密码研究中创造性地提出了突变危险性理论。遗传密码的进化包含两个方面：一是给定约束（氨基酸数量和简并度）下适合度函数 GMD 的极小化；二是约束条件

---

❶ 饶毅等. 辛酸与荣耀——中国科学的诺奖之路[M]. 北京：北京大学出版社，2016.

❷ 罗辽复. 亚里斯多德科学产生三条件和内在持久的科学热情[J]. 内蒙古大学学报(自然科学版)，2011，42(6)：601-603.

的变化导致 GMD 极值的变化。因此，遗传密码既具有稳定性，又具有可进化性。正如克里克在《狂热追求》一书中讲道："DNA 双螺旋结构的意义究竟有多大，这件事情的确应该由科学史工作者来回答。"[1] 对突变危险性理论而言，借用此语并不过分，突变危险性理论的意义足以激起科学史工作者探索生命密码理论本质的欲望。作为一个统一的密码进化理论，它具有的科学价值将被这个理论的进一步定量检验和工程应用所证实。

遗传密码领域的贡献进一步彰显他的数理逻辑，同时印证他对中国传统文化的自信。在揭示生命奥秘的今天，科学家们发现分子生物学、分子遗传学竟然与古代的《易经》是相通的。他们并发现《易经》中的卦是宇宙空观的符号，表示了宇宙时空的动态平衡及空间结构层次的关系。三元组元是宇宙的基本要素，八卦是空间 8 个方向的力场，64（密码子数 64）卦是最优化的省能量的时空状态变化。这使得人们对世界有一种科学的认识，自然科学与思维哲学是一个完整的整体。遗传密码与《易经》结合应该是一项颇为复杂的研究，然而罗辽复在突变危险性理论中明确揭示了密码的阴阳对偶性——阴阳的世界由携带 64 种均衡态力的遗传密码系统通过我们身体中的每一个细胞显示出来。这在一定程度上体现了中国传统思想文化中自然哲学与伦理实践的根源及东西方文化思想在本质上的统一性。

参考文献

论文

陈颖丽，李前忠，2000. E. coli 和 Yeast 基因起始与终止密码子邻近序列碱基保守性、关联性的对比研究[J]. 内蒙古大学学报(自然科学版)(2):164-167.

罗辽复，2010. 基因组信息、密码进化、折叠动力学和熵产生——理论生物学的几个基本问题[J]. 科技导报，28(15):106-111.

罗辽复，2010. 基因组信息、密码进化、折叠动力学和熵产生——理论生物学的几个基本问题[J]. 科技导报，28(15):106-111.

Brenner S, Barnett L, Katz E R, et al., 1967. UGA: A Third Nonsense Triplet in the Genetic Code[J]. Nature, 213(5075):449-450.

[1] F. 克里克. 狂热的追求——科学发现之我见[M]. 吕向东，等译. 合肥：中国科学技术大学出版社，1994:20-105.

Brenner S L, Barmett E R Katz, Crick F H C, 1967. UGA: a Third Nonsense Triplet in the Genetic Code[J]. Nature(213): 449-450.

Chin J W, 2014. Expanding and reprogramming the genetic code of cells and animals[J]. Annu. Rev. Biochem. (83): 379-408.

Crick F H C, Griffith J S, Orgel L E, 1957. Codes Without Commas[J]. PNAS (43): 416-421.

Crick F H C, Barnett L, Brenner S, et al., 1961. General Nature of the Genetic Code[J]. Nature(192): 1227-1232.

Crick F H C, 1959. Biochemical Activities of Nucleic Acids. The Present Position of the Coding Problem[J]. Brookhaven Symp. Biol. (12): 35-39.

Crick F H C, 1963. On the Genetic Code[J]. Science, 139(3554): 461-464.

Crick F H C, 1966. Codon—Anticodon Pairing: the Wobble Hypothesis[J]. J. Mol. Biol., 19(2): 548-555.

Crick F H C, 1968. The Origin of the Genetic Code[J]. J. Mol. Biol. (38): 367-379.

Crick F H C, 1970. Central Dogma of Molecular Biology[J]. Nature, 227(8): 561-563.

Gamow G, 1954. Possible Relation between Deoxyribonucleic Acid and Protein Structures[J]. Nature(173): 318.

Knight R D, Landweber L F, 2000. The Early Evolution of the Genetic Code[J]. Cell(101): 569-572.

Liu Qingpo, Feng Ying, Dong Hui, 2004. Comparative Studies on Synonymous Codon Usage Bias in Twenty Species[J]. J. Northwest Sci-Tech. Univ. Agri. For (Nat. Sci. Ed), 32(7): 67-71.

Luo L F, Li X Q, 2002. Coding Rules for Amino Acids in the Genetic Code-The Genetic Code is a Minimal Code of Mutational Deterioration[J]. Origins of Life, 32(1): 23-33.

Luo L F, Li X Q, 2002. Construction of Genetic Code from Evolutionary Stability[J]. Biosystems, 65(2/3): 83-97.

Luo L F, 1988. The Degeneracy Rule of Genetic Code[J]. Origins of Life(18): 65-70.

Luo L F, 1989. Distribution of Amino Acids in Genetic Code[J]. Origins of Life,

19(6):621-631.

Maciej Szymański, Jan Barciszewski, 2007. The Genetic Code-40 Years on[J]. Acta. Biochimica. Polonica, 54(1):51-54.

Maeshiro T, Kimura M, 1998. The Role of Robustness and Changeability on the Origin and Evolution of Genetic Codes[J]. PNAS, 95:5088-5093.

Matsumoto T, Ishikawa S A, Hashimoto T, et al., 2011. A deviant genetic code in the green alga-derived plastid in the dinoflagellate Lepidodinium chlorophorum[J]. Mol. Phylogenet. Evol., 60(1):68-72.

Miller J H, 1996. Discovering Molecular Genetics: a Case Study Course with Problems and Scenarios[M]. USA: Cold Spring Harbor Laboratory Press.

Seaborg D M, 2010. Was Wright right? The canonical genetic code is an empirical example of an adaptive peak in nature; deviant genetic codes evolved using adaptive bridges[J]. J. Mol. Evol, 71(2):87-99.

Stahl F W, 1995. The amber mutants of phage T4[J]. Genetics, 141(2):439-442.

Turmel M, Otis C, Lemieux C, 2010. A deviant genetic code in the reduced mitochondrial genome of the picoplanktonic green alga Pycnococcus provasolii[J]. J. Mol. Evol., 70(2):203-214.

Wang L, Brock A, Herberich B, et al., 2001. Expanding the genetic code of Escherichia coli[J]. Science, 292(5516):498-500.

Wetzel R, 1995. Evolution of the aminoacyl-tRNA synthetases and the origin of the genetic code[J]. J. Mol. Evol. (40):545-550.

论著

罗辽复,2000. 生命进化的物理观[M]. 上海:上海科学技术出版社.

罗辽复,2000. 物理学家看生命[M]. 长沙:湖南教育出版社.

罗辽复,2004. 分子生物学的理论物理途径英文版中国科学丛书 Theoretic-Physical Approach to Molecular Biology[M]. 上海:上海科学技术出版社.

洛伊斯·N. 玛格纳,2001. 生命科学史[M]. 刘学礼,译. 天津:百花文艺出版社.

L. 麦金泰尔,2021. 科学态度[M]. 王惟芬,译. 台北:阳明交通大学出版社.

扩展阅读

罗辽复在遗传密码及相关领域的代表性论文

[1] Luo L F. A Unified Theory on Construction and Evolution of the Genetic Code[R/OL]. http://arxiv. org/abs/0908. 3067.

[2] Luo L F. The Degeneracy Rule of Genetic Code[J]. Origins of Life, 1988(18):65-70.

[3] Luo L F. Distribution of Amino Acids in Genetic Code[J]. Origins of Life, 1989, 19(6):621-631.

[4] Luo L, Lee W, Jia L, et al. Statistical correlation of nucleotides in a DNA sequence[J]. Physical Review E Statistical Physics Plasmas Fluids & Related Interdisciplinary Topics, 1998, 87(1):861-871.

[5] Li H, Luo L F. The Statistical Analyses of Base Elements for E. coli Coding Sequences[J]. Acta Entiarum Naturalium Universitatis Nmongol, 2000(4).

[6] Luo L. Theoretic-physical Approach to Molecular Biology(1 ref)[M]. shanghai: Shanghai Scientific & Technical Publishers, 2004.

[7] Li X Q, Luo L F. The recognition of protein structural class[J]. Progress in Biochemistry and Biophysics, 2002, 29(6):938-941.

[8] Hong L, Luo L. The relation between codon usage, base correlation and gene expression level in Escherichia coli and yeast[J]. Journal of Theoretical Biology, 1996, 181(2):111.

[9] Luo L F, Qin L X. tRNA Copy Number is a Factor Affecting the Formation of Protein Secondary Structure[J]. Acta Scientiarum Naturalium Universitatis Neimongol, 2003, 34(5):518-529.

[10] Luo L F. The Rise of Bioinformatics and the Rationalization of Biology[J]. Journal of Hefei University, 2004(5).

[11] Luo L, Li X. Recognition and architecture of the framework structure of protein[J]. Proteins-structure Function & Bioinformatics, 2015, 39(1):

9-25.

[12] Zhang L R, Luo L F, Xing Y Q, et al. The prediction for alternative and constitutive splice sites in human genome[J]. Progress in Biochemistry and Biophysics, 2008, 35(10): 1188-1194.

[13] Luo L F. Quantum theory on protein folding[J]. Science China Physics, Mechanics and Astronomy, 2014(2).

[14] Luo L F, Li X Q. Coding rules for amino acids in the genetic code-The genetic code is a minimal code of mutational deterioration[J]. Origins of Life, 2002, 32(1): 23-33.

[15] Luo L F, Li X Q. Construction of Genetic Code from Evolutionary Stability[J]. Biosystems, 2002, 65(2/3): 83-97.

[16] Lu J, Luo L, Zhang L, et al. Increment of diversity with quadratic discriminant analysis-an efficient tool for sequence pattern recognition in bioinformatics[J]. Open Access Bioinformatics, 2010(4).

罗辽复新书

陆琰，罗辽复. 物质探微：从电子到夸克[M]. 北京：科学出版社，2021.

罗辽复金句集锦

[01] 甘于寂寞，珍惜寂寞吧。它虽然沉重，却一步步引你走进事业成功的天国。

[02] 叹吾生之须臾，惊夕阳之红粲；曷扬鞭而奋蹄，求物我于无尽？彼凤凰之涅槃，经浴火而重生；师贝芬之暮年，奏九響于聋聩。

[03] 感谢命运把我安排在一个沙漠的边缘（内蒙古大学），有着创造的自由，能够连续若干年地进行多方面的独立思考。

[04] 我是一个能力有限的人，我不能同时做几件事，我把这件事做好了，就满足了。

[05] 唯有创造才是欢乐。

[06] 人生是一幕剧，剧的高潮往往在结尾部。我愿把有生之年再交给大学，和青年同事们一道，为开拓新学科，再造辉煌，为提高大学的内在

竞争实力而贡献智慧,奋蹄前进。

[07] 我认为这样掷地有声的誓言就是科学研究的内在动力,科学家应该是一个纯粹的人。

[08] 置身于当代科学的最前沿,才有最广阔的视野,才能把最新的知识传授给学生,并在传授知识时让学生对科学的社会功能有丰富生动的了解。

[09] 有了不畏艰险攀登科学高峰的切身体验,才能把宝贵的科学精神、科学作风和科学方法传递给下一代。

[10] 有了无数次失败和最终收获成功的身体力行,才能在授业中让青年学子分享从事科学研究的苦和乐,坚定他们献身科学的信念。

罗辽复人物报道

“罗辽复生命因物理而美丽”。http://gushi.nmgnews.com.cn/system/2016/12/02/012204401.shtml。

“世界读书日感言——罗辽复”。https://news.imu.edu.cn/info/1003/2977.htm。

“罗辽复:教学漫笔”。http://tlhp.imu.edu.cn/3294/。

“最美支边人”——罗辽复。http://inews.nmgnews.com.cn/system/2019/08/22/012763814.shtml。

“罗辽复:生命因物理而美丽 | 2019 最美支边人”。http://news.cctv.com/2019/08/03/ARTIlegupsxIf5GbrQPGXq8W190803.shtml。

“我就在这里,不走了!”。https://baijiahao.baidu.com/s?id=1706475684474924740& wfr=spider & for=pc。

3

第三篇

思考与辨析

科学精神是人们在长期的科学实践活动中形成的共同信念、价值标准和行为规范。施一公认为，求真、质疑、合作、开放是科学精神的重要内涵。要善于发现问题、提出问题；不迷信学术权威、不盲从既有学说，大胆质疑、实验求证；同时具有开放的心态，依托团队内部、团队之间，甚至跨时代、跨学科的科研合作，通过多元文化、不同思维的碰撞迸发出创新的火花。[1]

---

[1] https://news.sciencenet.cn/htmlnews/2020/11/448463.shtm.

第 11 章　科学史与科学哲学视角下中国人眼中的克里克

在科学史上，弗朗西斯·克里克（Francis Crick，1916—2004）是一位卓越超群的生物物理学家。他主持的双螺旋 DNA 结构的发现、提出的分子生物学轮廓——中心法则（central dogma）、论证的遗传密码理论与实验研究及为人类意识领域创作的“惊人的假说”都已经成为自然科学、哲学、社会科学中的学术经典，其科学追求的一生彰显了鲜明的科学精神，足可绵泽后世。

国际上有五本权威论著：沃森的 *The Double Helix*：*A Personal Account of the Discovery of the Structure of DNA*（1968 年）、贾德森的 *The Eighth Day of Creation*（1980 年）、奥布的 *The Path to the Double Helix The Discovery of DNA*（1994 年）、雷利的 *Francis Crick*：*discoverer of the Genetic Code*（2006 年）和奥布的另一本 *Francis Crick*：*Hunter of Life's Secrets*（2009 年）从不同的侧面翔实记载了克里克的科学活动和学术业绩。2004 年，档案学家贝克特（Beckett）发表论文 *For the Record*：*The Francis Crick Archive at the wellcome Library*，说明了为保存克里克“遗产”，Wellcome Library 是如何将克里克一切生前文献、通信、照片等资料分类归档[1]以方便研究者查阅、引用和研究的。当然，允许该博物馆收藏毕生之作，再次证明克里克高瞻远瞩，胸怀世界。上述资料均囊括了与克里克直接或间接接触的第一手材料，为后辈深入研究克里克提供了珍贵的文本和音像资源。

2004 年 7 月 28 日，克里克与世长辞。科学巨星陨落，来自英国剑桥和

---

[1] Beckett C. For the Record：the Francis Crick Archive at the Wellcome Library［J］. Medical History，2004，48（2）：245-260.

美国索尔克研究所等地的悼文纷至沓来，表达了对克里克一生功绩的赞美与崇敬以及对其离世的悲哀和惋惜，*Nature*，*Science*，*Cell* 和 *Current Biology* 杂志上都有追思克里克的讣文；回顾克里克生平、成就及为人类科学的贡献❶，中国学者李载平院士也在 2004 年 24 卷第 4 期的《生命的化学》杂志上沉痛悼念克里克教授的逝世❷。

纵观克里克的科学人生，仅就其建立了分子生物学基本框架之举便可断定他思维创新、贡献卓著。在分子水平上研究生物学的前瞻性视野影响了整个生物学、物理学、化学乃至人文科学的历史进程，艾卡迪（Aicardi）曾在 *Studies in History and Philosophy of Biological and Biomedical Sciences* 杂志撰文 *Francis Crick，cross-worlds influencer：A narriative model to historicize big bioscience*——此文被视为对赫赫有名的克里克的实证案例研究，证实克里克一生涉猎多项研究领域，组织研究机构，是一个跨多学科且横扫世界的影响家。❸ 在中国，大学、中学、小学的生物或自然类教科书中早已融入克里克的研究成果——DNA，遗传密码和中心法则。然而，在中国的学术界及社会领域，人们在理解克里克的科学思想、学术贡献及其传承问题上经历了怎样的路径？

这一部分则以科学史和科学哲学视角解析中国学者对克里克的历史贡献研究及蕴含的科学精神。具体从三个层面进行分析：一是在学术方面，基于文献研究，揭示了中国人对克里克科研成果的诠释；二是根据围绕“DNA 结构发现”的一系列纪念活动和发表的相关文献，厘清学术界对“克里克与沃森于人类智力贡献”的缅怀及为克里克从学术圈到公众视野起到的助力作用；三是以《惊人的假说》（克里克著）中译本的多版发行，说明中国学者对其作品的喜好程度；通过克里克与中国的互动，理解克里克科学研究的世界主义格局。

---

❶ Rich A，Stevens C F. Obituary：Francis Crick（1916—2004）[J]. Nature，2004，430（7002）：845-847；Orgel L E. Molecular Biology. Retrospective：Francis Crick（1916—2004）[J]. Science，2004，305（5687）：1118；Holliday R. Francis Crick（1916-2004）[J]. Cell，2004，119（1）：1-2.

❷ 李载平. DNA 双螺旋模型共同发现者 Francis Crick 逝世[J]. 生命的化学，2004（4）：363.

❸ Aicardi C. Francis Crick，Cross-worlds Influencer：A Narrative Model to Historicize Big Bioscience[J]. Studies in History and Philosophy of Biol. & Biomed Sci.，2016（55）：83-95.

11.1　学术研究——克里克的历史贡献

在中国，以史学或哲学视角进行克里克（图11-1）研究的文献共35篇（CNKI统计截至2019年底）。这些论文与论著分别站在科学史或科学哲学的立场研究了克里克在物理学、分子生物学和神经生物学的科学活动。这些研究集中在两个方面：一是对克里克科学研究客观的史实进行梳理与揭示，褒贬不一；二是对克里克在DNA、中心法则、蛋白质、遗传密码及意识问题中突出的洞察力、科研感觉、科学精神和整体科学人生的赞美，也有对其理论观点的哲学思考与批评。其中，出现了三项比较系统研究“克里克贡献与传承”的科学史和科学哲学类成果。

图11-1　弗朗西斯·克里克❶

（画像为正值科学事业创作高峰时期四十多岁的克里克，沃森建议画这个年龄段的克里克，而且应该展示他在讲台前的风采，这样就能表现出克里克在科学交流方面的出色技能。画像由爱尔兰艺术家R. 巴拉创作，在伦敦弗朗西斯·克里克研究所展出）

在科学史维度，《弗朗西斯·克里克对遗传密码研究的历史贡献》

---

❶ 许林玉.弗朗西斯·克里克画像揭幕,以纪念其突破性DNA工作[J].世界科学,2016,456(12):11.

(2012年)以克里克的原始论文和相关学术研究文献等第一手资料为依托，系统再现了克里克密码研究的理论成果。[1][2][3] 研究在解析克里克的科研人生的基础上将克里克的遗传密码观作为研究主体，首次将克里克的密码研究细分为基础性和综合性研究两个层次。[4]

同时，这项工作也关注了克里克密码研究的影响问题。分析了密码研究的一系列焦点问题：多重码和反常码、无义密码子的再编码、遗传密码的扩张、起源与进化。作为典型案例，揭示中国学者在遗传密码研究中取得的成果——突变危险性密码理论，纪实理论形成的背景、历经阶段和本质内容；首次分析和论证了克里克的密码观对突变危险性密码理论的直接影响。突变危险性理论起源于20世纪80年代，是一个成功的数理模型，当时在国际上影响较大。

《弗朗西斯·克里克意识观的历史考察》(2015年)是另一篇较为系统地研究克里克的文献。文章纪实了20世纪70年代后期，英国著名科学家、诺贝尔奖获得者克里克在“分子生物学转向意识领域”的历史。作品以1994年克里克完成的《惊人的假说》为中心，对克里克的“意识观”展开了历史性考证。[5] 该文献介绍了克里克意识研究的心路历程，并基于对《惊人的假说》全面而细致的解读，概括和分析了克里克的意识观。克里克坚持“还原论”(我个人认为克里克指的是研究中应用了“还原论方法”，而并非他认为自己是还原论者，二者是不同的)，极力主张用意识的神经相关物(NCC)作为基础，将视觉觉知为切入口，从而获取对意识的科学性认知。

笔者认为：克里克倡导的用“科学实验”来研究“意识”的观点，打破了过去意识研究所采用的“黑箱”或者“类比”的方法策略。在意识问题解释上，克里克的主张要比行为主义和功能主义有些优势。但是，克里

---

[1] 孙咏萍. 弗朗西斯·克里克对遗传密码研究的历史贡献[M]. 武汉：武汉大学出版社，2013：64-165.

[2] 孙咏萍，郭世荣. 克里克与遗传密码摆动假说[J]. 科学技术哲学研究，2012，29(3)：77-82.

[3] 孙咏萍，郭世荣. 克里克之终止密码子研究[J]. 自然辩证法通讯，2014，36(1)：41-44，126.

[4] 孙咏萍. 弗朗西斯·克里克对遗传密码研究的历史贡献[M]. 武汉：武汉大学出版社，2013：64-165.

[5] 高思美. 弗朗西斯·克里克意识观的历史考察[D]. 杭州：浙江大学，2015：1-10.

克“意识”思想的理论本身是存在一些局限性的。文中给出反对者的例证：塞尔反对克里克分块研究的模式，认为此法不适用于意识研究。查尔默斯则认为：克里克的意识研究仅仅停留在一些“易问题”，却并没有涉及意识的“难问题”。此外，克里克还相对缺乏与哲学领域的跨学科沟通。

在哲学维度上，《意识研究中还原论方法的限度——评克里克的“惊人的假说”》（2001 年）以克里克《惊人的假说》为对象讨论了意识研究中还原论方法的限度。文章指出：克里克假说认为人的精神活动完全取决于神经细胞、胶质细胞的行为以及构成和影响它们的原子、离子和分子的性质；克里克尝试运用纯粹神经生物学的模式和方法去解释意识问题；克里克这种激进的“还原论”观点得到了一些人的响应，同时也不乏持批评态度的言论。❶

此研究试图以马克思主义的立场、观点和方法对“还原论”方法进行辨析，从而作出合理中肯的评价。研究结果显示：克里克意识研究的合理之处在于他是这个问题“新范式”的倡导者；在研究意识的时候，克里克秉持朴素的唯物主义立场，具有重大的现实意义、实践意义和指导意义。其不足之处是在意识的“难解问题”上，并未给出建设性的观点，从而致使他整体意识研究的方法显得没有充分的解释力；克里克在“可感受性”问题上，表现出悲观主义和不可知论；另外，他重科学而轻哲学的倾向是有害的。

在中国，克里克的成就在各级教育的教科书中已司空见惯，影响力得以彰显不容置疑。但是，经查证，收录克里克的编著为数不多（但只要包含分子生物学内容，就会有克里克的名字），如 W. 普勒塞的《世界著名生物学家传记》、赵功民的《自然科学史话外国著名生物学家传》、于松的《影响人类历史发展进程的 100 位科学家》、程汉华的《在科学的入口处 30 位生命科学家的贡献》和郑艳秋的《基因科学简史生命的秘密》。因此，体现科学家生物学功绩的书籍编撰工作应该进一步推进。

11.2　纪念“DNA 结构的发现”

克里克蜚声科学界的标志是 DNA 结构的发现。在中国较为权威的数据

---

❶　商卫星. 意识研究中还原论方法的限度：评克里克的“惊人的假说”[D]. 武汉：华中师范大学，2001：1-8.

库——中国知网（CNKI）上，以“纪念双螺旋”为“全文模糊”查找的文献有811篇（图11-2），可见30年、40年、50年、60年的DNA纪念文章明显多于其他年份，且呈现递增趋势（2003年，DNA结构发现50年的纪念文章最多，这可能与中国人传统意义上对重大事件“50周年”的重视程度有关）。这些文章或追忆DNA双螺旋结构发现过程中三个团队的竞赛、或聚焦于推崇沃森与克里克追求真相、无所畏惧的合作精神，遗憾忽略团队力量的感叹、亦或对“解开DNA结构的一段史实”的揭示与评价兼有之。

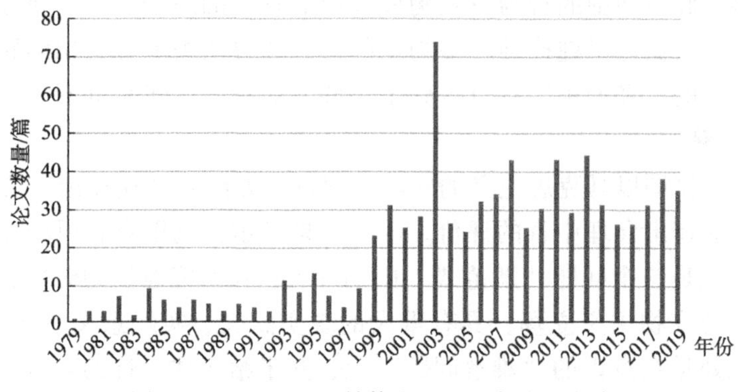

图11-2　纪念DNA结构发现的文章数量统计

最早纪念双螺旋发现的文章是1983年李载平在《遗传工程》杂志发表的《纪念DNA双螺旋结构发现30年》。文中指出：“1983年正好是沃森和克里克发表DNA双螺旋结构的三十年。这个工作的科学意义是的巨大的。”作者还介绍了在纪念双螺旋结构发现20年后的1974年，*Nature*杂志将1953年那篇揭示DNA结构的短文再次刊登的事实。毕竟，国际顶尖杂志将同一篇文章重复登载的做法在科学上是罕见的，且还为这篇1974年重现的文章添加了“分子生物学时代已经到来”的标语。[1] 李载平的文章充分体现DNA结构顺序在分子生物学研究中的重要性，强调任何表型的存在，任何蛋白分子的存在都是由DNA结构顺序决定的，阐明30年前的DNA结构已成分子生物学建立的根基。

1993年，为纪念发表DNA结构40年，中国权威生物化学专业杂志《生命的化学》刊登了克里克与沃森1953论文的中译版——核酸的分子结构——脱氧核糖核酸的结构，并组织出版庆祝DNA发现的专辑。1994年，

[1] 李载平. 纪念DNA双螺旋结构发现30年[J]. 遗传工程，1983(3)：6-7.

中国国际知名生物化学家人工合成胰岛素的发起人邹承鲁（1923—2006）做了纪念双螺旋结构发现 40 周年的重要发言："四十年前，DNA 双螺旋结构的发现，开辟了分子生物学的新时代，成为生命科学发展史上重要的里程碑，它对人类社会生活所产生的深远影响也许直到今天我们还不能充分理解和完全看清。"邹承鲁利用 DNA 结构，引出前沿研究——基因和蛋白质工程，激励中国生物学者以基础研究推动应用研究，为提高人类物质生活质量作出贡献。❶

2003 年，冯永康在中国科学社主办最早的综合性刊物《科学》杂志"科学源流"栏目中发表文章，再次回顾 DNA 发现中生物化学家、物理学家和化学家的贡献，科学发现中的竞争与合作、双螺旋曲折历程及其历史与现实意义❷；《遗传》杂志在 2003 年第 3 期也发表多篇文章缅怀这项划时代的重大发现❸❹；清华大学生物系教授昌增益撰文《改变生物学进程的 DNA 双螺旋结构——纪念 DNA 双螺旋模型发现 50 周年》；北京大学生命科学学院与共青团北京大学委员会原准备在 2003 年 5 月共同举办"生命科学改变世界"的系列讲座。委员会筹划邀请中国科学院院士、北京大学校长许智宏教授，中国科学院院士、国家自然科学基金委副主任朱作言教授，北京大学未名生物工程集团董事长潘爱华教授以及瞿礼嘉、朱圣庚、樊启昶等教授做精彩讲演，因客观原因未能如愿。北京大学生命科学学院前院长周曾铨介绍：后来北京大学学报（自然科学版）决定与生命科学学院合作将这部分讲演内容作为学报"纪念 DNA 双螺旋结构发现 50 周年"专栏发表，以补缺憾。❺

2013 年是 DNA 结构发现 60 周年。付雷在《不再陌生的 DNA——纪念 DNA 双螺旋结构发现 60 周年》中讲到：自 DNA 结构开启了分子生物学时

❶ 邹承鲁. 邹承鲁教授在"纪念 DNA 双螺旋结构模型提出四十周年"大会上的讲话[J]. 生物工程进展,1994(1):4.

❷ 冯永康. 生命科学史上的划时代突破:纪念 DNA 双螺旋结构发现 50 周年[J]. 科学,2003,55(2):39-42.

❸ 阎春霞,魏巍,李生斌. 詹姆斯 · 沃森与弗朗西斯 · 克里克[J]. 遗传,2003,25(3):241-242.

❹ 任本命. 解开生命之谜的罗塞大石碑:纪念沃森、克里克发现 DNA 双螺旋结构 50 周年[J]. 遗传,2003,25(3):245-246.

❺ 周曾铨. 纪念 DNA 双螺旋结构发现 50 周年[J]. 北京大学学报(自然科学版),2003(6):746.

代的60年来，生命科学已经进入了后基因组时代——揭开基因的功能秘密，蛋白质组学、功能基因组学等成为生命科学的热点问题。作者根据新时代的特点，融合DNA与医学、法学、食品安全问题的联系，陈述DNA的影响力，并根据科学技术协会组织公众科学素质调查（2010年前8次），提出了让DNA进一步走进公众的呼吁。[1]

文章的发表和纪念活动的开展令人激动振奋。这在肯定克里克（与沃森）的功绩同时，也促使中国人去了解DNA，认知科学家的智慧、洞察力和勇闯科学不同领域的科学家风范，让更多的中国人了解克里克，进而推进了克里克从学术圈走进公众视野的进程。

在中国，科技时代的飞速发展与人们日益增长的科技文化需要催生了各地科技馆相继兴起。DNA走进科技馆也为公众了解克里克起到了积极作用。2009年，世界最高的室内单体雕塑——“生命螺旋”亮相中国科学技术馆北京科技馆一层南大厅。此巨型展品高47米，从场馆地下一层直冲顶层天窗；直径6.4米，由20个青年男女手拉手构成。这座由人体组成的巨大双螺旋雕塑造型表现了DNA是地球上所有生命的基础及其造型之美（图11-3）；2016年，重庆科技馆进行科普生命知识，弘扬科学精神的“疯狂DNA活动”；2018年2月，上海科技馆STEM科技馆奇妙日，开启DNA探秘之旅。

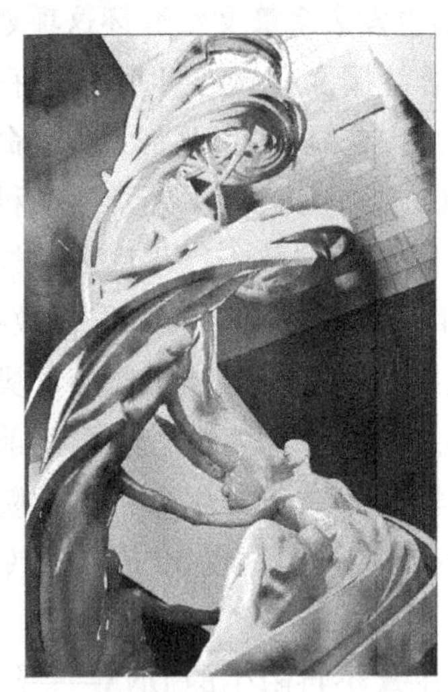

图11-3　单体雕塑——“生命螺旋”

图片来源：作者自拍并作过滤处理

2019年5月18日，揭秘生物谷十景之双迪国际DNA健康科技馆，发起带领人们探索生命奥秘的特色活动。它是国内最大的一家由民营企业投资兴建的以生命为主题的科技馆，是国家级工业旅游示范点、全国科普教育基地，国际DNA与基因组活动周的永久会址。这里集生命科学、科普展示、互动娱教、企业文化于一体，通过幻

[1] 付雷. 不再陌生的DNA：纪念DNA双螺旋结构发现60周年[J]. 科技导报，2013，31(18)：84.

影成像、裸眼 3D 等现代声光电展示手段，引领参观者遨游在生命科学的殿堂，探索奥妙无穷的健康世界。因此，DNA 健康科技馆更被赋予“生命意义”这一独特的内涵。

11.3　克里克著作的中译本

克里克在细胞质、蛋白质、DNA、遗传密码和人类意识等方面的杰作，主要发表在国际权威杂志《自然》《科学》《美国国家科学院院刊》及以定量生物学著称的冷泉港实验室承办的一些期刊上。他的专著主要有 4 部（图 11-4）：《狂热的追求》《论分子与人》《生命：起源和本质》和《惊人的假说》。这些学术论文和专著汇聚了克里克的学术思想，凝练了克里克的科研精神。

图 11-4　克里克的论著

图片来源：相应的专著 PDF 版

克里克毕生 4 部专著中，除了《论分子与人》，其他 3 部都有中文译本，销量可观。《惊人的假说》被视为心理学、神经生物学和哲学领域研究生的教材和参考书。克里克虽没来过中国，但是对中国的“生物学发展”寄予了很大期望。他对东方中国表示出强烈的兴趣，可惜身体不便，已无法作国际旅行了，但他还为《狂热的追求》和《惊人的假说》中译本真诚地做序。

1994 年，吕向东和唐孝威合译的《狂热的追求》（原著在 1989 年问世）中译本出版，副标题为“科学发现之我见”。克里克自认为这是一部不完整的自传体。他在序言[1]中谈到：“我很高兴这本书能被翻译成中文，这使它

[1] F. 克里克. 狂热的追求：科学发现之我见[M]. 吕向东，等译. 合肥：中国科学技术大学出版社，1994.

的内容更容易为中国的读者所了解。中国是人类文明的发源地之一，我相信她在不久的将来也一定会对现代科学作出巨大贡献。”“今天，进行生物学研究的科学家是如此之多，每周都有众多引人注目的文章从大量的科学期刊中涌现出来，申请资金的竞争也比以前激烈多了。世界各地都在召开重要的会议，以致那些最有成就的科学家们被迫非常频繁地旅行。即使是在他们自己的实验室中，电话、电传及电子邮件也以日益增长的速度潮水般涌来。极少有人能像我们在50年代时那样以一种宽松的方式从事科研工作。也许在中国，科研工作仍然能够以一种不那么紧张的方式进行。不过我担心即使现在如此，这种情况也不会持续太久。生物学的复杂性和我们在揭示所有分子细节过程中的成功将使我们不可避免地面临数量巨大的实验结果。”由此，克里克已经预料到中国的生物学科研工作也一定会进入数据剧增，节奏变快的境地，结果所言极是。

克里克在《惊人的假说》（汪云九等译，原著1994年完成，中译本有1995年、1998年、2002年、2007年和2018年版，图11-5）序言中表达了“很高兴《惊人的假说》一书已被译成中文。这使得它可以供许许多多有学识的中国读者阅读。这本书是为对意识问题感兴趣的非科学界人士，同时也为科学家，特别是那些具有一些神经科学背景的科学家而著”“我希望这本译著能够引起中国读者在意识问题方面的兴趣，并且能鼓舞其中一些人对这一困难且具有极大魅力的课题开展实验研究”。

图11-5 《惊人的假说》的不同版本

图片来源：作者自拍

译者在《惊人的假说》的中文序言中进一步对克里克的研究兴趣、分析方法和其引出问题的意义及影响对中国读者做了指导性说明。他指出，克里克是学界泰斗，在继分子生物学框架构建结束后，克里克又一次站在科学的前沿，把他的注意力转到对人类意识奥秘的探索上来。克里克决定要揭示脑的复杂性，他选择了视觉的神经生物学研究作为突破口。对大脑究竟怎样“看”东西，他作出了科学分析，内容翔实，妙语横生，令人信服。❶ 在科学史上第一次明确提出用自然科学的方法能够解决意识问题的人就是克里克。霍根在《科学的终结》（*The End of Science*）一书（孙雍君译）中赞扬，“只有尼克松才能打开与中国的外交僵局；同样地，也只有克里克才能使意识成为合法的科学对象”。

《惊人的假说》与《生命是什么》（E. 薛定谔著，罗来欧、罗辽复译）是入选湖南科学技术出版社 2007 年“第一推动”丛书中生命系列仅有的两种书。湖南科学技术出版社对“第一推动”给予最高的评价，精选了一批真诚体现科学思想、科学精神和科学真谛的世界级名著，目的是传播科学的精神与思想，从而倡导科学精神，推动科技发展，对全民进行新的科学启蒙、科学教育和科学普及，为中国的进步作一点推动。因此，从《惊人的假说》被“第一推动”丛书选中可见克里克的理论在中国学界的认可度。《惊人的假说》的连续翻新再版也充分证实了中国读者对它的认同与喜爱。

1993 年，中译本《生命：起源和本质》（王淦昌、姚瑗译，原著完成时间是 1982 年）出版。译者在前记❷中指出：“本书是 1962 年诺贝尔生理学及医学奖获得者弗朗西斯·克里克（Francis Crick）所著，它向广大读者展示了精深广博的科学知识和惊世骇俗的想象力。”显然，一位诺贝尔生理学或医学奖的科学大师突发奇想，举重若轻地对生命的起源的本质展开了惊世骇俗的探索，并由此引出了对当代科学技术一系列问题的讨论，其中涉及宇宙学、天文学、生物学、地质学、细胞学、化学、物理学、统计学，甚至工程设计等各个方面，读来异趣横生。本书在深入浅出的叙写中，展示了克里克广博的科学知识、丰富的科学想象力和非同寻常的科学张力，堪称一部美妙的科普读物。

1993 年 12 月 6 日，《生物工程进展》杂志决定在 1994 年第 1 期上刊登克里克致“中国生物工程学会”的贺信全文。❸ 文中，克里克认为，他相信在生物科学的迅猛发展中，中国应该能够担当起重要的角色，他特别希望中国在由 DNA 结构、DNA 重组与测序技术造成的生物产业迅速发展的形式

---

❶ F. 克里克. 惊人的假说[M]. 汪云九，译. 长沙：湖南科学技术出版社，2007：1-16.

❷ F. 克里克. 生命：起源和本质[M]. 王淦昌，译. 北京：科学普及出版社，1993：1-7.

❸ F. 克里克. 弗朗西斯·克里克的贺信[M]. 生物工程进展，1994(1)：5.

下，中国学者能够在医学界、发育生物学及对脑的研究等方面起到重要的作用，同时克里克还表达了“随着世界人口的增长，人们从人类长远的利益考虑，维护世界生态系统的工作也变得越来越重要了”的忧虑。自然科学技术与人类社会的实际发展表明他的忧虑是对生态环境，生物伦理问题的先见之明；克里克还指出“生物学知识的普及不只对专业人员而言，而且应包含在大众教育中”，期待中国生物工程学会能强有力地支持中国的生物学教育、研究及技术开发。

克里克也曾应《生命的化学》副主编祁国荣之邀，为纪念“DNA 双螺旋结构发表四十周年”的特刊签名（图 11-6）并题词，祝愿中国的生物化学家会在基于这个美丽分子 DNA 的实验与实践中收获成功！

图 11-6　弗朗西斯·克里克的签名

可见，克里克本人的专著被全部且多版翻译成中文版本，这一事实无疑说明了中国学者对他作品的需求。最后，从克里克与中国权威学术杂志的互动、寄语及对中国学术研究的期待，人们应该可以感受和理解：一个自然科学家所持的“研究无国界，每一个国家的研究者都应该担当历史重任的”世界主义格局。

11.4　分析与讨论

克里克的传记作家雷利（Ridley）认为“克里克（1916—2004）可与伽利略（1564—1642）、爱因斯坦（1879—1955）齐名”❶。的确，他们的名字都势不可挡地走进了全世界的学术著作、教材、杂志、报纸和各级媒体。“伟人研究”是科史哲研究的一个重要分支——科学发现历程、科学家精神、科学史公案等议题也会随着时代的发展赋予学术界研究者不同的研究旨趣。如果若干年后“人们要不要再研究伽利略和爱因斯坦？”这一问题可以得到“要研究”的答案，那么从史学视角“去继续研究克里克”当然是毫无疑问的。发生在科学家身上的历史事件固然定格了，但是，随着时代

❶ Ridley M. Francis Crick：Discoverer of the Genetic Code［M］. USA：Harper Collins Publishers，2006：208.

的更新变迁和不同编史学方法的兴起，人们可诉诸语境论历史解释（historical explanation）❶，“历史的内在生成与演化”去思考探究历史动态。❷

伽利略、爱因斯坦和克里克三者生活的年代显然不同，但是他们的历史贡献都为自然科学理论与实验体系的发展，人类文明与进步的延续产生了超越其自身领域的广泛影响。开启实验物理征程、相对论和 DNA 这些冲破传统思想束缚的发现与创造引领人们的生活方式发生了翻天覆地的变化。公众对科学家成果的认可、科学思想的领悟与科学精神的传播会伴随据此引起的社会变革、国人文化水平的提高和社会各方面条件的跟进不断向前发展。人们的科学家“贡献与传承”意识也一定会随着素质教育的推进而增强。

相关中译本畅销书在克里克成果的传承中起到了有益的作用。《双螺旋——发现 DNA 结构的故事》（J. D. 沃森著，刘望夷译，1984 年）、《20 世纪的生命科学史》（G. E. 艾伦著，田洺译，2000 年）、《生命科学史》（L. N. 玛格纳著，刘学礼译，2001 年）、《创世纪的八天》（F. H. 贾德森著，李晓丹译，2005 年）、《通往双螺旋之路——DNA 的发现》（R. 奥尔比著，赵寿元，诸民家译，2012 年）和《遗传密码 14 位遗传学家的探索与发现》（L. 杨特著，邹晨霞译，2014 年）这些著作都依据丰富确凿的历史资料，以不同的角度和主旨、谨慎而中肯的语言，遍及克里克在 DNA、遗传密码、中心法则和人类意识问题的科学足迹，吸引了越来越多热爱生命科学史和希望深入了解克里克的中国公众。当然，克里克本人传承的科学成果、理性、智慧、执着与远见卓识的科学家精神及科学活动蕴含的科学精神：求真、质疑、合作、开放对后世同样产生了积极的影响。这种影响是世界性的，更为中国生物学、物理学和化学以及由此产生的一系列交叉学科、基因工程和技术的正向发展指明了方向。

参考文献

蔡仲，郝新鸿，2012. “百川归海”与“河岸风光”——对当代中国科学史学的方

❶ 马健，殷杰. 历史解释的语境论进路探析[J]. 科学技术哲学研究，2019，36(4)：14-21.

❷ 蔡仲，郝新鸿. “百川归海”与“河岸风光”——对当代中国科学史学的方法论反思[J]. 科学技术哲学研究，2012，29(5)：74-78.

法论反思[J].科学技术哲学研究,29(5):74-78.
冯永康,2003.生命科学史上的划时代突破:纪念DNA双螺旋结构发现50周年[J].科学,55(2):39-42.
付雷,2013.不再陌生的DNA:纪念DNA双螺旋结构发现60周年[J].科技导报,31(18):84.
高思美,2015.弗朗西斯·克里克意识观的历史考察[D].杭州:浙江大学:1-10.
F.克里克,1993.生命:起源和本质[M].王淦昌译,北京:科学普及出版社.
F.克里克,1994.弗朗西斯·克里克的贺信[M].生物工程进展(1):5.
F.克里克,2007.惊人的假说[M].汪云九译,长沙:湖南科学技术出版社.
F.克里克,1994.狂热的追求:科学发现之我见[M].吕向东,等译.合肥:中国科学技术大学出版社:171-175.
李载平,1983.纪念DNA双螺旋结构发现30年[J].遗传工程(3):6-7.
李载平,2004.DNA双螺旋模型共同发现者Francis Crick逝世[J].生命的化学(4):363.
马健,殷杰,2019.历史解释的语境论进路探析[J].科学技术哲学研究,36(4):14-21.
任本命,2003.解开生命之谜的罗塞大石碑:纪念沃森、克里克发现DNA双螺旋结构50周年[J].遗传,25(3):245-246.
商卫星,2001.意识研究中还原论方法的限度:评克里克的“惊人的假说”[D].武汉:华中师范大学:1-8.
孙咏萍,郭世荣,2012.克里克与遗传密码摆动假说[J].科学技术哲学研究,29(3):77-82.
孙咏萍,郭世荣,2014.克里克之终止密码子研究[J].自然辩证法通讯,36(1):41-44,126.
孙咏萍,2013.弗朗西斯·克里克对遗传密码研究的历史贡献[M].武汉:武汉大学出版社,64-165.
许林玉,2016.弗朗西斯·克里克画像揭幕,以纪念其突破性DNA工作[J].世界科学,456(12):11.
阎春霞,魏巍,李生斌,2003.詹姆斯·沃森与弗朗西斯·克里克[J].遗传,25(3):241-242.
周曾铨,2003.纪念DNA双螺旋结构发现50周年[J].北京大学学报(自然科

学版)(6):746.

邹承鲁,1994. 邹承鲁教授在“纪念 DNA 双螺旋结构模型提出四十周年”大会上的讲话[J]. 生物工程进展,(1):4.

Aicardi C,2016. Francis Crick,Cross-worlds Influencer:A Narrative Model to Historicize Big Bioscience[J]. Studies in History and Philosophy of Biol. & Biomed Sci. (55):83-95.

Beckett C,2004. For the Record:the Francis Crick Archive at the Wellcome Library[J]. Medical History,48(2):245-260.

Bretscher M,Lawrence P,2004. Francis Crick 1916—2004[J]. Current Biology,14(16):R642-R645.

Holliday R,2004. Francis Crick(1916—2004)[J]. Cell,119(1):1-2.

Orgel L E,2004. Molecular Biology. Retrospective:Francis Crick(1916—2004)[J]. Science,305(5687):1118.

Rich A,Stevens C F,2004. Obituary:Francis Crick(1916—2004)[J]. Nature,430(7002):845-847.

Ridley M,2006. Francis Crick:Discoverer of the Genetic Code[M]. USA:Harper Collins Publishers,208.

第12章　科学追求的哲学辨析

——以科学家克里克的科学研究为案例

如果把哲学理解为在最普遍和最广泛的形式中对知识的追求，那么，哲学显然就可以被认为是全部科学之母。可是，科学的各个领域对那些研究哲学的学者们也发生了强烈的影响，此外，还强烈地影响着每一代的哲学思想。

——A. 爱因斯坦

《惊人的假说》被公认为克里克“还原论”主张的经典之作，尽管褒贬不一，但多数学者认为克里克对脑奥秘的探索反映出明显的还原论方法。分子生物学是克里克从事脑科学研究之前创造巅峰之作的重要领域，然而，在此考察克里克科学活动中蕴含的哲学思想的研究却很鲜见。现以分子生物学领军人物克里克的科学研究为案例，辨析其狂热科学追求背后兼顾整体论的还原论思想。“简单性”（simplicity）和“大局”（big picture）意识在克里克的科学思想中清晰可见。他怀有显著的物理主义，并成为体现生物学特异性和自主性❶，且具有整体论特征的“自然选择”的拥护者；克里克极力主张“结构决定功能”，确信若能找到因果的结构规律，便可推出生物实体的机体功能。因此，对克里克的科学研究作进一步的哲学思考有助于深化对其研究特征的整体性认识，同时映射哲学—科学间保持的互动关系。

---

❶ 颜青山. 论物理学对生物学的规范作用[J]. 湖南师范大学社会科学学报,1998,27(6):96-101.

12.1　克里克科学研究的哲学根源

12.1.1　还原论：自然界存在的简单性原理

罗森伯格（Rosenberg），出生于1946年，在《达尔文式还原论》中尝试论证：所有物理主义者都必须是还原论者。[1] 还原论方法确实在物理学研究中取得了广泛成功。早在19世纪，德国物理学家亥姆霍兹（Helmholtz，1821—1894）就持有"一旦把一切自然现象都化成简单的力，而且证明自然现象只能这样来简化，那么科学的任务就算完成了"[2] 之见。现代物理学则更是借助"还原"，把自然的存在归于基本粒子及其之间的作用；生物学家（特别是在分子生物学领域）也坚信分子水平的研究将揭开生命复杂性的全体奥秘。实际上，现代生物学的基本核心信念——还原论自科学诞生之日起，就一直是科学研究的主要驱动力。甚至依据这一带有科学方法标签的"还原"，化整为零，便可使在最基本的层面上进行探究已成一种时尚。[3]

从根本上讲，"物理"的确是克里克分子生物学领域获得成功的基石。除了累积物理学知识和研究方法的早期学校教育，其导师物理学家安德鲁（Andrade，1887—1971）的指导使克里克在基础物理研究中尽享19世纪前物理学的蓬勃与光辉，骤增跻身物理学家的自豪感；在品味物理科学的荣耀中，滋生了其在生物物理学中大显身手的决心与激情。[4] 第二次世界大战期间，著名理论物理学家马赛（Massey，1908—1983）的物理思维更深刻激发了克里克在应用物理方面的潜能，促其在战争武器制造方面颇有造诣。坚定物理学成功的"还原"研究进路必然催生克里克对其他领域进行尝试

---

[1] 王巍，张明君."如何可能"与"为何必然"——对罗森伯格的达尔文式还原论评析[J].自然辩证法研究，2015，31（8）：20-24.

[2] 刘大椿.科学活动论·互补方法论[M].桂林：广西师范大学出版社，2002：317.

[3] 斯蒂芬·罗思曼.还原论的局限——来自活细胞的训诫[M].李创同，王策，译.上海：上海世纪出版集团，2006.

[4] 弗朗西斯·克里克.狂热的追求——科学发现之我见[M].吕向东，唐孝威，译.合肥：中国科学技术大学出版社，1994.

的强烈好奇与动机。终于，一本充满物理学研究大格局的小册子《生命是什么》——物理学家薛定谔（Schrodinger，1887—1961）物理思维之于生物学对象思考❶的感召成为克里克毅然加入生物物理学领域基础性研究，开启分子生物学领域一系列重磅成果之征程的助推剂。

作为一个有深厚物理背景的生物学家，克里克坚信物理学可为生物学提供“确定性的基础”❷。物理学家具有“一切系统都只由物质构成”意义下的物理主义，那么他们必然秉持还原论，因为人们难以想象，一个仅由物质构成的系统，其性质就一定通过这些物质的性质获得解释。但是，事情又远非这么单纯。罗森伯格不解地指出，尽管大部分人接受上述意义下的物理主义，但相当一部分却拒绝还原论。李建会研究组则认为有充分的理由拒绝从物理主义成立推出还原论成立，原因是这强烈依赖于主体的认知水平。❸ 然而，克里克一定是怀有这种物理主义的还原论者，第一，他具有坚实的物理学教育经历；第二，战争期间，承担过应用物理学的工作；第三，受物理学家寻求统一性信仰的感召和影响，克里克具有将物理学规律应用到生物学领域的科学动机。因此，克里克在物理学的认知水平一定会建立物理主义与还原论匹配的桥梁。

因此，克里克在其物理学背景中的积淀架构了他还原论思想的根基。他的传记作家奥尔比（Olby，出生于1933年）给予公允的评价：克里克在生物学领域的主要贡献就是他具有洞察事物本质的物理感觉和能力；还指出克里克在1967年的学术演讲中也强调了“物理学的对称性与简洁性”在其思考生物学问题中起到了重要的指导作用。❹

12.1.2 整体论：自然选择思想是克里克狂热科学追求的重要主题

整体论哲学认为：以整体的系统论观点来研究事物本身及发展规律是

---

❶ 弗朗西斯·克里克.狂热的追求——科学发现之我见[M].吕向东，唐孝威，译.合肥：中国科学技术大学出版社，1994.

❷ Crick F H C. Of Molecule and Men[M]. Seattle：University of Washington Press，1966.

❸ 张鑫，李建会.生物学中的弱解释还原论及其辩护[J].自然辩证法通讯，2019，41(2)：8-15.

❹ Olby R. Francis Crick，DNA，and the Central Dogma[J]. Daedalus，1970，99(4)：938-987.

全面和不失本真的。因为，将复杂整体解离成组成部分的行为是受限的，对复杂度高的系统，则更难实施。例如，若考察一台复杂的计算机系统，还原论者会立即拿起有效工具将机器整体拆散成几千个、几万个甚至更多的零件部分，并分别进行细节深究，且不论效果，这种做法在整体论者看来显然耗时、费力及没有重点。整体论者则逆行之，他们不分解电脑本身，而是试图启动运行这台计算器，输入相关的操作命令，观察机器运行，进而建立 Input-Output 关联，以此考察整体的功能。持整体论的人几乎可归纳为功能主义者，他们试图把握的主要是系统的整体功能，对系统如何去实现功能却并不深究，所以，实则此过程也不排除有丢失重要信息的风险。

物理学家海森伯（Heisenberg，1901—1976，量子力学的奠基人德国核物理之父）说："把世界分为主观和客观、内心和外在、肉体和灵魂，这种常用的分法已经不再适用……自然科学不是简单地描述和解释自然，它是自然和我们人类之间相互作用的一个组成部分。"按照这一新的物理学——量子物理，观察者和被观察对象是以某种方式连在一起的，主观精神与客观世界是相互交融的。他应该是整体论这一观点的支持者。物理学家玻尔的名言——在存在的这出伟大戏剧中，我们既是演员又是观众，同样是对整体论的维护。❶

"自然选择"是一种典型的生态整体论。"自然选择"是达尔文（Darwin，1809—1882）跳出本质论框架，接纳群体思想的产物。❷ 自然选择不仅作用于基因，而且多层次地作用于基因组、细胞、有机体和生态系统，体现整体论思维。❸ 克里克在《狂热的追求》一书旗帜鲜明地拥护"自然选择"这一重要主题。他并不认为每个理解这一机制本身的人都真正接受了它，因为：其一，"自然选择"过程经历了亿万年时间后所产生的生物机体的特性效应令人出乎意料；其二，"自然选择"总是授权附属机制使得最初的简单过程变得愈加复杂。❹

基于"自然选择"，克里克对生物学与物理学的差异性曾有过这样的阐

---

❶ 施大宁. 物理与艺术[M]. 北京：科学出版社，2010：9.

❷ 李建会. 生物科学中存在规律吗？[J]. 科学技术与辩证法，1994，11(5)：20-24.

❸ 董华，李恒灵. 基因认识中的还原论和整体论[J]. 自然辩证法研究，1996，12(9)：26-29.

❹ 弗朗西斯·克里克. 狂热的追求——科学发现之我见[M]. 吕向东，唐孝威，译. 合肥：中国科学技术大学出版社，1994.

述:“物理学中的基本定律通常能够用精确的数学公式表达出来,而且它们很可能在宇宙中任何地方都是正确的,相比之下生物学中的定律只是大致概括,因为它们描述的是自然选择经过亿万年所形成的精密的化学机制。”❶“自然选择”是生物学中的形而上学,就算所有的理论都得到了物理学上的解释,形而上学的论点也会持续保留,同时诠释出生物学的独立和自主性。克里克认为在自然选择下的进化论简明地概括了生命有机体秘密的基本特征。他进一步阐述:在进化中,大量的随机变化对生物机体是无益的,然而突然一个特殊的随机突变能让一个生物体获得选择优势,也就是说,最后这一生物体将留下更多的后代;若此“优势”在它的后代中保留下来,那经过若干代,有益的突变就会逐渐传播到整个群体;如此美妙漂亮的“自然选择”机制将偶然事件转变成了普遍事件。❷

因此,整体论实则为克里克生物学研究提供了哲学资源。他应用《盲目的钟表匠》一书的观点驳斥怀疑“自然选择”力量的人,特别指出,“环境”为整体水平的“自然选择”提供了方向,而且无论是实验室,还是地头田野,不管是分子水平,还是在群体系统水平上都可以找到“自然选择”作用的实例。❸

12.2 克里克科学研究蕴含的哲学逻辑

12.2.1 分子结构决定功能因子:因果思维下的还原论

克里克认为:“我自己的爱好和功能主义者正相反。‘要了解功能,就得研究结构’。”❹ 这种特指微观结构的“还原论”思维不仅在克里克个人

❶ 弗朗西斯·克里克. 狂热的追求——科学发现之我见[M]. 吕向东,唐孝威,译. 合肥:中国科学技术大学出版社,1994:10.

❷ 弗朗西斯·克里克. 狂热的追求——科学发现之我见[M]. 吕向东,唐孝威,译. 合肥:中国科学技术大学出版社,1994:23-25.

❸ 弗朗西斯·克里克. 狂热的追求——科学发现之我见[M]. 吕向东,唐孝威,译. 合肥:中国科学技术大学出版社,1994:153.

❹ 弗朗西斯·克里克. 狂热的追求——科学发现之我见[M]. 吕向东,唐孝威,译. 合肥:中国科学技术大学出版社,1994:68.

学术生涯的选择上，而且在科学研究中都起到了决定性的作用。第二次世界大战后的克里克面临下一步人生选择，他表现出审慎和周详。因为综合自己年龄劣势和喜好优势（原因：自身条件的结构），并通过个人身体与心理实验发明了“闲聊检验”，所以，把兴趣和理想（结果：自身未来可能的功能价值）“还原”为两个主要领域“生命和非生命的界限”和脑的活动方式。❶ 为了这两个目标，他以高度的献身精神先后投入至今天依然蓬勃发展的分子生物学和神经生物学两个学科。

在研究对象：DNA、蛋白质、遗传密码和意识问题的讨论中，“从‘结构’入手”，始终保持着克里克思考的优先权。获得诺贝尔奖之DNA双螺旋结构的阐明自不必多讲，因为分子遗传学的相对完整性，在基因结果属性标记及其因果关系下，必然存在结构上可用的还原性解释。分子遗传学可用因果分析解释基因在什么条件下以什么方式表达进而带来其特有的效果。❷ 在蛋白质研究中，克里克仍然聚焦在基本结构方面。他提出两种处理蛋白质结构问题的方法：其一先进行单个分子衍射，之后才做规则的晶格处理；其二是预言同晶型置换法能够得出蛋白质的结构细节。后来证明，这些富有预见性的观点确实正确。在“意识”问题上，克里克选择了从哺乳动物（在进化上与人相近）的视觉问题入手。他认为：要想正确评估人类在广袤星宇中的地位，本质上彻底了解人的脑结构应是真正发端。克里克在《惊人的假说》中指出：“还原论的思想是，只要有可能，至少在原则上就是用较少复杂的构成来解释现象。”❸ 此语生动再现了还原论者的宣言，也说明了他对因果结构规律的依赖。《惊人的假说》更为神经生物学的发展指明了方向。❹

在其他方面，克里克以结构为首要任务的实证研究这里不再赘述。那么，可以坦言的是：还原论者相信——如果能找到一组因果的结构规律，

---

❶ 弗朗西斯·克里克. 狂热的追求——科学发现之我见[M]. 吕向东，唐孝威，译. 合肥：中国科学技术大学出版社，1994.

❷ Esfeld M, Sachse C. *Conservative Reductionism*[M]. New York: Taylor & Francis e-Library, 2011.

❸ 弗朗西斯·克里克. 惊人的假说[M]. 汪云九，译. 长沙：湖南科学技术出版社，2004.

❹ 商卫星. 意识研究中还原论方法的限度——评克里克的“惊人的假说”[D]. 武汉：华中师范大学，2001.

就可导出生物实体的目标或者功能。这样根据“结构决定功能”，自主论者坚持的不能简化为因果规律的功能规律就与因果规律重新联系起来。❶ 若将因果按“整体指向部分”及“部分指向整体”两个方向细分为在下行因果和上行因果。❷ 就因果律而言，克里克有体现还原论的表述：“在研究一个复杂系统时，除非站在更高层次上研究这个系统，否则人们甚至连问题是什么都弄不清。但是较高层次的理论证明，总是要有较低层次的详尽数据，这样才能可靠地确立理论。”❸ 该表述中，前一句是下行因果的主要表现形式——高层次的复杂系统整体对低层次的部分的控制能力、协调能力、选择能力等；后一句反之，则呈现为上行因果。

因此，在克里克还原思想中，很大程度上的一个实践是在“结构决定功能”观点之上把因果律运用在分子遗传学中。分子遗传学和经典遗传学之间的显著区别在于分子遗传学可以解释遗传过程、基因表现等方面的因果细节，而经典遗传学虽然保持着宏观实用价值，但更多时候无法给出精确解释。❹ 具体来讲，在进化论的背景下，经典遗传学提供了功能解释，这一点使得经典遗传学聚焦于生物功能特性和关系。这意味着：在经典遗传学概念下，某基因标记的特征效应在相关的环境中的表现是不确定的，而分子遗传学则提供了精确的解释，包括生物大分子、细胞、膜、核酸、蛋白质等成分的不同而导致的形状出现差异。

这种因果律蕴含在克里克的研究中，表现为两点：其一，大自然中的生物学过程在化学组成上有惊人的相似性；其二，尽管从表面上看，有机体的生物学机制很复杂，但是从分子结构水平上入手，可以获得相当简单的方式，而这种方式一定是由具体的因果关系决定的。基于上述两点规则，可以推断克里克在生物学问题中采取的研究方法将是从复杂现象中抽取规律性和简单性。他崇尚科学研究的内禀特性——“简单入手，多元思考”，同时，也不难看出这样从局部到整体且整体统领局部的上、下行因果分析

---

❶ 李建会.生物科学中存在规律吗？[J].科学技术与辩证法,1994,11(5):20-24.

❷ 董春雨.从因果性看还原论与整体论之争[J].自然辩证法研究,2010,26(10):24-29.

❸ 弗朗西斯·克里克.狂热的追求——科学发现之我见[M].吕向东,唐孝威,译.合肥:中国科学技术大学出版社,1994.

❹ Esfeld M,Sachse C. Conservative Reductionism[M]. New York:Taylor & Francis e-Library,2011.

使得其还原论思想实现了更高层次的解释。

克里克面向“结构”这一基本问题的思考对进一步深入科学研究具有指导意义。其关于生命问题的系列研究也几乎为人们作出了正确的回答，使人们意识到能够以现代物理、化学为基础通过分子结构水平达到了解生命本身的主旨，进而深化对生命本质的认识。毫无疑问，任何系统都不得不考虑内部结构和外部功能两方面因素。“结构”是事物自身动态发展的内在根据和规定，内部结构的各组分间相互制约；“结构”意指组成整体的各部分的搭配和安排，所以“结构”本身既考虑局部又兼顾整体；功能则是结构内质的外在表现，与环境相关。因此，还原论在生物学系统研究中的确功不可没，但系统中各组成要素的相互作用绝对不容忽视，亦不能仅孤立考察某个或某些要素的性质和功能。也正如欧内斯特·内格尔（Ernest Nagel，1901—1985）的还原论主张，生物体是一个定向组织系统，其内部的各个部分之间存在复杂而紧密的相互作用。通过对定向组织系统的分析，内格尔认为功能描述可还原为因果性非目的论的描述❶，但是各组分的相互作用与制约关系仍不丧失考虑的必要性。

12.2.2　中心法则和自然选择机制：大局意识和集体思维下的整体论

克里克在不同问题上的科学活动表明：还原论确居主体指导地位。然而，还原论思想源于因果规律，因果分析又需从不同局部审视整体效果，于是，其中的整体论思想痕迹也并不含糊。DNA 结构预示着生物体的大局轮廓已经搞清。“基因确定蛋白质”的关系理论为克里克在分子生物学方面的研究提供了成熟的思想，直觉再一次将思维锁定问题起因的关键点：基因是由什么组成的？它们到底怎样精确地复制？它们怎样控制蛋白质的合成？于是，在 DNA 两条反向螺旋结构的基础上，经缜密推理，克里克做了对生物学本质问题充满极具预测性的精彩演讲（1957 年 9 月 19 日，起初标题是《蛋白质合成》）。❷

---

❶ 商卫星. 意识研究中还原论方法的限度——评克里克的“惊人的假说”[D]. 武汉：华中师范大学，2001.

❷ Matthew C. 60 years ago, Francis Crick changed the logic of biology[J]. PLOS Biology, 2017, 15(9): e2003243.

克里克在演讲中提出的“中心法则”❶将DNA、RNA和蛋白质纳入一个整体系统，被誉为分子生物学的大局理论框架。因此，还原主义者认为：生命的本质存在于DNA、RNA和蛋白质分子中，中心法则是无所不包的生物学表述；根据历数因果性的基因及产物蛋白质的种种情形，已然能对生命作出完全详尽的认知；甚至可以说如果掌握了诸如蛋白质和DNA作为生命机体组成部分的足够信息，就能够对生命的任何问题进行完全的解释。❷尽管此信念赞叹有加，但仍受部分科学家质疑：关于构成生命系统的部分知识，无论多么巨细无疑和严密精确，是否完全可解释整体性的生命机体功能呢?❸

理论的反复修正是科学进步的体现。中心法则在1965年和1970年分别经斯皮格尔曼（Spiegelman，1914—1983）、特明（Temin，1934—1994）和巴尔的摩（Baltimore，出生于1938年）做了两次修正。中心法则的两次修正过程引起了一些学者的怀疑和非议。为澄清此中疑虑和治学求真，克里克在*Nature*上发表了《分子生物学的中心法则》（1970年）。文章就“中心法则”的内容和含义进行了客观的历史性回顾。在大局意识下，克里克成功地将信息转运问题做了系统、全面和整体性的阐述，进一步厘清在中心法则大框架下三类家族多聚物（DNA、RNA和蛋白质）作为一个整体之间的信息传递问题，以翔实的信息雄辩反驳了“中心法则是错误的，它过于简化”的观点，说明“中心法则作为分子生物学智慧的根基，其重要性没有改变”❹，同时彰显了大局思维引领下的中心法则在理论预测方面局部和整体并重的方法论意义。

克里克主张：中心法则中的“DNA复制”是“自然选择”发挥作用的一个必要条件。正是一代又一代突变本身的有益变异，才能被“自然选择”保留。对“自然选择”思想的拥护是克里克承认生物学自主性特征的一个最有效的论据。既然他深受自然选择机制的影响，那么，其思想体系必然

---

❶ CrickF H C. On protein synthesis[J]. Symposia of the Society for Experimental Biology, 1958(12):139-163.

❷ 斯蒂芬·罗思曼. 还原论的局限——来自活细胞的训诫[M]. 李创同,王策,译. 上海:上海世纪出版集团,2006.

❸ 斯蒂芬·罗思曼. 还原论的局限——来自活细胞的训诫[M]. 李创同,王策,译. 上海:上海世纪出版集团,2006.

❹ Crick F H C. Central Dogma of Molecular Biology[J]. Nature,1970,227(8):561-563.

包含机体思维。克里克坚信："就自然选择而言，或许首先要掌握的要点就是：一个复杂的生物机体或是生物体中的某个复杂的部分，例如眼睛，并非在一个进化步骤中出现的，而是经过了一系列的进化步骤……。"❶ 自然选择会让人们通过达尔文的方法，把生命理解成一个整体与环境休戚相关的现象，而 DNA 结构的发现、中心法则的提出及遗传密码破译只是为人们理解生命提供了显而易见的理论依据，却不能将基因与生命进化等同起来。因为，基因并没有在其本身之内造就一种有机体，进而灵活万变地适应环境的突发事件，这种适应性变化能力一定是有机体整体所具有的独特属性。基因只是生命机体的仆从，非主宰，基因和蛋白质本身也并不赋予生命所具有的众多整体特性。❷

根据自然选择机制，反还原论者非常有底气地认为：所有的生命整体、形式和体现都可以被看作一直在进化着的和曾经存在过的所有适应性变化的总和，在这种意义上，生命是物质的某种突现性的存在物，而非物质的某一内在属性。这种突现性的属性生发于物质世界，但不能被还原为物质。无论是 DNA、遗传密码，还是蛋白质，如果没有从生命物质实体中突现出来的特殊性质去提供生命赖以生存的适应性变化能力，生命机体就不会存在。❸ 因此，克里克在从 DNA、蛋白质、中心法则至遗传密码的分子生物学领域，始终处于达尔文自然选择的框架下，他的认知法则兼顾生命机体的整体论属性。

12.3　进一步分析与结论

从克里克事业选择的思维、科学研究的过程与方法来看，他确确实实是个复杂的还原论者。因为他一方面怀揣物理主义，坚持还原——生命现象可简化至 DNA 分子；另一方面，克里克理智地认同生物学的自主性（自主论者是反还原的），为蕴含整体论的自然选择思想欢呼。在他晚年从事脑

---

❶ 弗朗西斯·克里克. 狂热的追求——科学发现之我见[M]. 吕向东，唐孝威，译. 合肥：中国科学技术大学出版社，1994.

❷ 斯蒂芬·罗思曼. 还原论的局限——来自活细胞的训诫[M]. 李创同，王策，译. 上海：上海世纪出版集团，2006.

❸ 斯蒂芬·罗思曼. 还原论的局限——来自活细胞的训诫[M]. 李创同，王策，译. 上海：上海世纪出版集团，2006.

科学研究时，处理问题的还原论倾向愈发明显，且常与许多持还原论的哲学家交流合作。克里克自己也非常清楚有很多人视他为还原论头目，遗憾的是“还原论”在当时是个贬义词。❶ 克里克的观点与做法和功能主义相背离。他坚持：结构决定功能，结构具有考虑的优先权。❷ 而且，还应该在各种不同层次上研究这个结构组成。事实证明，这种还原论思想打开了经典遗传学的大黑箱，迎来了在分子生物学领域的成就巅峰——人类基因组计划，更切实指导了脑科学研究。

克里克利用“自然选择”有效区分了物理学和生物学，可是他并没有因生物学的这一特殊性而产生对还原论效力的怀疑。尽管生物学中包含着物理学难以企及的复杂性，但是生物学家相信，通过研究更少可变和更多易于定性的分子、细胞活动等，会更加接近物理学研究的简洁性。❸ 由此可断，在克里克的教育背景中，无论是物理学，还是生物学，其中的定律、规律、逻辑和简洁性都为其还原论思想提供了丰厚的“土壤”。然而，我们必须于此强调生物学的还原与物理学的还原是不同的。物理学追求本质还原（Fundamentalist reductionism），而生物学则是实证还原（Empirical reductionism）。❹ 在生物学研究中，确实存在保守的还原论。它认为，在功能性和物理性之间设想一种对立，并在多重实现上建立一种反还原论的论点是错误的。

就科学研究中的“理论”与“实验”而言，克里克更是将两者作为互助之整体。实至名归，他本人是一个根植于实验的理论家❺，曾警惕地谈道：“理论工作者的工作，特别是在生物学领域中，是提出新的实验。一个好的理论不但要给出预言而且要给出惊人的预言，并且在以后能被证明是对的。”❻ 正如温伯格（Weinberg，1933—2021）所言，“一般认为，一个理论的真正检

---

❶ 弗朗西斯·克里克.狂热的追求——科学发现之我见[M].吕向东,唐孝威,译.合肥:中国科学技术大学出版社,1994.

❷ 弗朗西斯·克里克.狂热的追求——科学发现之我见[M].吕向东,唐孝威,译.合肥:中国科学技术大学出版社,1994.

❸ 李建会.生物科学中存在规律吗?[J].科学技术与辩证法,1994,11(5):20-24.

❹ Woese C R. A New Biology for a New Century[J]. Microbiology and Molecular Biology Reviews,2004,68(2):173-186.

❺ 弗朗西斯·克里克.狂热的追求——科学发现之我见[M].吕向东,唐孝威,译.合肥:中国科学技术大学出版社,1994.

❻ 弗朗西斯·克里克.狂热的追求——科学发现之我见[M].吕向东,唐孝威,译.合肥:中国科学技术大学出版社,1994.

验在于它的预言与实验的对比”“广义相对论为大家所接受，既不单靠实验数据，也不单靠理论的内在性质，而是依赖于理论和实验交织的一张复杂的网。我已经强调了故事的理论一方，以平衡对实验质朴的过分强调”❶。

不管是还原论，亦或是整体论，它们都是因果观念：上行、下行因果的不同表现。然而，在人们诠释问题的初衷上，“还原论”与“整体论”是一致的。从因果视角，在方法论层面上将还原论和整体论达到互补融通，二者辩证统一的局面已早有学者预见。❷ 在此，重点以克里克的分子生物学研究为案例，其科学思想正是在物质结构基础决定功能的因果分析基础上，并兼顾中心法则和自然选择整体思维下的适应性变化能力的影响，最终树立了还原论与整体论融合的典范，可成二者辩证统一之证明。在方法论层面，克里克的科学研究仍具有一定的启发性，如图 12-1 所示。

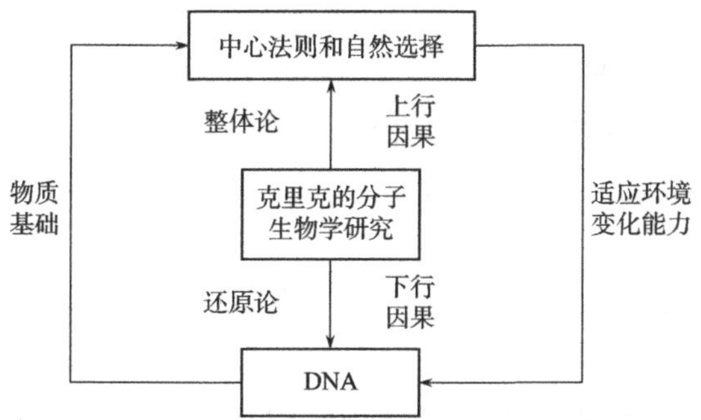

图 12-1　克里克研究中还原论与整体论的辩证统一

事实证明：还原论对系统组分的精细结构和低层次物理基础进行彻底挖掘的行为，加上继之而来的超大量实验数据组，以及其所诠释的因果行为，恰恰是充实了整体论。❸ 纵观克里克的科学人生，从物理学到生物学，转战不同的研究领域，其狂热的科学追求背后，还原论思想的确是占上风的。也曾有学者把克里克的还原论称为“强微观还原论”❹。然而，克里克

❶ 斯蒂芬·温伯格. 终极理论之梦[M]. 李泳，译. 长沙：湖南科学技术出版社，2018.

❷ 董春雨. 从因果性看还原论与整体论之争[J]. 自然辩证法研究，2010，26(10)：24-29.

❸ 桂起权. 解读系统生物学：还原论与整体论的综合[J]. 自然辩证法通讯，2015，37(5)：1-7.

❹ 斯蒂芬·罗思曼. 还原论的局限——来自活细胞的训诫[M]. 李创同，王策，译. 上海：上海世纪出版集团，2006.

的科学研究明显表现出对整体及分子间相互作用的关注与强调，因此，因果分析贯穿研究始终，间接和有效地融合了还原论及整体论思想和方法，使其成为解决问题的真正途径，这一点也在很大程度上克服了“强微观还原论”。近年来，大数据时代背景下系统科学论顺势兴起，且迅速发展，期待它能成为还原论与整体论的真正综合！

参考文献

董春雨,2010. 从因果性看还原论与整体论之争[J]. 自然辩证法研究,26(10):24-29.

董华,李恒灵,1996. 基因认识中的还原论和整体论[J]. 自然辩证法研究,12(9):26-29.

弗朗西斯·克里克,1994. 狂热的追求——科学发现之我见[M]. 吕向东,唐孝威,译. 合肥:中国科学技术大学出版社.

弗朗西斯·克里克,2004. 惊人的假说[M]. 汪云九,译. 长沙:湖南科学技术出版社.

桂起权,2015. 解读系统生物学:还原论与整体论的综合[J]. 自然辩证法通讯,37(5):1-7.

李建会,1994. 生物科学中存在规律吗?[J]. 科学技术与辩证法,11(5):20-24.

刘大椿,2002. 科学活动论·互补方法论[M]. 桂林:广西师范大学出版社:317.

商卫星,2001. 意识研究中还原论方法的限度——评克里克的“惊人的假说”[D]. 武汉:华中师范大学.

斯蒂芬·罗思曼,2006. 还原论的局限——来自活细胞的训诫[M]. 李创同,王策,译. 上海:上海世纪出版集团.

斯蒂芬·温伯格,2018. 终极理论之梦[M]. 李泳,译. 长沙:湖南科学技术出版社.

王巍,张明君,2015. “如何可能”与“为何必然”——对罗森伯格的达尔文式还原论评析[J]. 自然辩证法研究,31(8):20-24.

颜青山,1998. 论物理学对生物学的规范作用[J]. 湖南师范大学社会科学学报,27(6):96-101.

张鑫,李建会,2019. 生物学中的弱解释还原论及其辩护[J]. 自然辩证法通讯,41(2):8-15.

Crick F H C,1966. Of Molecule and Men[M]. Seattle:University of Washington Press.

Crick F H C,1970. Central Dogma of Molecular Biology[J]. Nature,227(8):561-563.

CrickF H C,1958. On protein synthesis[J]. Symposia of the Society for Experimental Biology(12):139-163.

Esfeld M,Sachse C,2011. Conservative Reductionism[M]. New York:Taylor & Francis e-Library.

Matthew C,2017. 60 years ago,Francis Crick changed the logic of biology[J]. PLOS Biology,15(9):e2003243.

Olby R,1970. Francis Crick,DNA,and the Central Dogma[J]. Daedalus,99(4):938-987.

Woese C R,2004. A New Biology for a New Century[J]. Microbiology and Molecular Biology Reviews,68(2):173-186.

扩展阅读

施大宁,2010. 物理与艺术[M]. 北京:科学出版社.